拟似然非线性模型中参数估计的渐近理论

夏 天 著

科 学 出 版 社
北 京

内 容 简 介

本书研究了拟似然非线性模型中参数估计的渐近理论. 拟似然非线性模型按照设计变量来分, 可以分为三类: 带固定设计的拟似然非线性模型、带随机回归的拟似然非线性模型和自适应拟似然非线性模型. 本书主要研究了这三类拟似然非线性模型中参数估计的大样本性质. 此外, 还研究了带随机效应的拟似然非线性模型中参数估计的大样本性质.

本书可供统计学、经济学和数学等相关专业的学生、教师和科研人员使用.

图书在版编目(CIP)数据

拟似然非线性模型中参数估计的渐近理论/夏天著. —北京: 科学出版社, 2018.6

ISBN 978-7-03-058061-0

Ⅰ.①拟… Ⅱ.①夏… Ⅲ.①非线性-线性模型-参数估计-渐近-研究 Ⅳ.①O212.1

中国版本图书馆 CIP 数据核字(2018) 第 132906 号

责任编辑: 李静科 / 责任校对: 邹慧卿
责任印制: 张 伟 / 封面设计: 陈 敬

科 学 出 版 社 出版
北京东黄城根北街 16 号
邮政编码: 100717
http://www.sciencep.com

北京九州迅驰传媒文化有限公司 印刷
科学出版社发行 各地新华书店经销
*
2018 年 6 月第 一 版 开本: 720×1000 1/16
2019 年 1 月第二次印刷 印张: 10 1/4
字数: 207 000

定价: 78.00 元

(如有印装质量问题, 我社负责调换)

前　　言

拟似然非线性模型是广义线性模型和指数族非线性模型的重要推广，它适用于连续数据和离散数据, 特别是后者, 如属性数据, 这在实际应用上, 尤其是在生物、医学和经济社会数据的统计分析上, 有重要意义. 关于广义线性模型和指数族非线性模型的研究已比较充分, 比如：McCullagh 和 Nelder (1989) 的专著*Generalized Linear Models* 对于广义线性模型做了系统的介绍, 韦博成 (1998) 的专著*Exponential Family Nonlinear Models* 对于指数族非线性模型做了系统的介绍. 尽管关于广义线性模型和指数族非线性模型的研究已比较充分, 但它们在应用上均存在一定的局限性. 它们都要求响应变量 Y 服从指数族分布, 这使得它们的应用范围受到了限制. 由于实际生活中数据的复杂性, 在许多情形下, 响应变量 Y 可能不服从指数族分布, 这样广义线性模型和指数族非线性模型就不能解决这类问题. 为了克服这一缺陷, 1974 年, Wedderburn 注意到, 如果响应变量 Y 的均值函数和方差函数被正确给定的话, 许多似然的方法仍可适用, 为此他提出了拟似然的概念. 拟似然非线性模型是利用拟似然概念所建立的非线性模型. 它不需要知道响应变量 Y 的确切分布, 只需要用到响应变量 Y 的二阶矩, 因此它扩展了广义线性模型的应用范围. 拟似然非线性模型按照设计变量来分可分为三类, 其一是设计变量 x_i 是非随机的, 称为带固定设计的拟似然非线性模型; 其二是设计变量 x_i 是随机的, 称为带随机回归的拟似然非线性模型; 其三是设计变量在第 n 个阶段, 即 x_n, 依赖于前面的 $x_1, y_1, \cdots, x_{n-1}, y_{n-1}$, 称为自适应拟似然非线性模型. 在实际问题中, 由于数据的复杂性, 随机效应的影响在建模时要加以考虑, 这就产生了带随机效应的拟似然非线性模型. 本书将系统地介绍这些拟似然非线性模型中参数估计的若干理论, 其中包括极大拟似然估计的相合性、渐近正态性, 以及强 (弱) 相合性的收敛速度.

本书分为 6 章. 第 1 章是模型简介, 首先介绍了多元线性回归模型及其相应的参数估计的性质, 然后通过指数族分布引入了广义线性模型, 最后说明了拟似然非线性模型是如何对广义线性模型进行扩展的. 第 2 章是预备知识, 主要介绍数理统计渐近理论常用的理论和方法. 第 3—6 章的内容主要是作者近年来对拟似然非线性模型中参数估计的渐近性质的研究结果. 这些结果都已在*Statistics: A Journal of Theoretical and Applied Statistics* 等国内外刊物上发表或录用. 主要内容有:

第 3 章, 首先, 在仅知道 Y 的一、二阶矩的条件下, 研究了带固定设计的拟似然非线性模型中极大拟似然估计的存在性、相合性和渐近正态性. 其次, 在

$\sup\limits_{i\geqslant 1} E|Y_i|^p < \infty(p = 2 + \varepsilon_1, \varepsilon_1$ 充分小) 的条件下, 研究了带固定设计的拟似然非线性模型中的极大拟似然估计的强相合性及其收敛速度, 在一个重要的场合, 获得了收敛速度等同于独立同分布随机变量序列的部分和的重对数律所确定的速度, 故而不能改进. 最后, 研究了响应变量 Y 的均值函数正确, 但方差函数不正确情形下, 带固定设计的拟似然非线性模型参数估计的大样本性质. 在一组适当的正则条件下, 证明了极大拟似然估计的存在性、相合性和渐近正态性, 并研究了在仅知道 Y 的二阶矩的条件下, 极大拟似然估计的弱相合性的收敛速度.

第 4 章, 研究了带随机回归的拟似然非线性模型中极大拟似然估计的大样本性质. 在一组适当的正则条件下, 证明了极大拟似然估计的存在性、相合性和渐近正态性.

第 5 章, 研究了自适应拟似然非线性模型中参数估计的大样本性质. 首先, 在一组适当的正则条件下, 证明了极大拟似然估计的相合性与渐近正态性. 其次, 在一组适当的正则条件下, 证明了极大拟似然估计的强相合性. 最后, 对于方差未知的自适应拟似然非线性模型, 在一组适当的条件下获得了极大拟似然估计的强相合性的收敛速度.

第 6 章, 利用 Laplace 逼近的方法, 研究了带随机效应的拟似然非线性模型中极大拟似然估计的大样本性质. 在一组适当的正则条件下, 证明了极大拟似然估计的存在性、相合性和渐近正态性.

本书的完成得到了国家自然科学基金项目 (11361013) 的支持和贵州财经大学的中央支持地方财政专项经费 (2014) 的资助. 衷心感谢云南大学的王学仁教授、唐年胜教授在我攻读博士学位期间以及我毕业以后一直给予的鼓励和支持. 感谢科学出版社李静科编辑在本书出版过程中给予的帮助.

由于作者水平有限, 书中尚有不足之处, 恳请读者批评指正.

夏　天

2017 年 12 月

目　　录

前言
第 1 章　模型介绍 …… 1
1.1　多元线性回归模型 …… 1
1.1.1　参数估计 …… 3
1.1.2　β 和 σ^2 估计的性质 …… 4
1.2　广义线性模型 …… 8
1.2.1　指数族分布 …… 8
1.2.2　广义线性模型 …… 11
1.2.3　极大似然估计 …… 12
1.3　拟似然非线性模型 …… 14
1.3.1　拟似然有关概念 …… 14
1.3.2　拟似然非线性模型 …… 16
1.3.3　相关研究及进展 …… 17
第 2 章　预备知识 …… 20
2.1　随机变量的矩及不等式 …… 20
2.2　特征函数及其性质 …… 25
2.3　随机变量序列的收敛性 …… 27
2.3.1　a.s. 收敛 …… 27
2.3.2　Borel-Cantelli 引理 …… 29
2.3.3　依概率收敛与依 r 阶平均收敛 …… 31
2.4　分布函数列的收敛性 …… 39
2.4.1　依分布收敛 …… 39
2.5　弱大数律与中心极限定理 …… 43
2.5.1　弱大数律 …… 43
2.5.2　中心极限定理 …… 44
2.5.3　独立不同分布场合下的中心极限定理 …… 46
2.5.4　多元场合下的中心极限定理 …… 48
2.6　随机级数的收敛性和强大数律 …… 50
2.6.1　独立随机变量级数的 a.s. 收敛性 …… 50
2.6.2　若干引理 …… 54

2.6.3 独立随机变量序列的 a.s. 收敛性 ······ 55
2.6.4 强大数律 ······ 56
2.6.5 重对数律 ······ 57
2.7 估计量的大样本性质 ······ 58
2.8 Delta 方法 ······ 60
第 3 章 拟似然非线性模型中极大拟似然估计的渐近性质 ······ 62
3.1 拟似然非线性模型中极大拟似然估计的相合性与渐近正态性 ······ 62
3.1.1 引言 ······ 62
3.1.2 条件和引理 ······ 64
3.1.3 主要结果 ······ 70
3.2 拟似然非线性模型中极大拟似然估计的强相合性的收敛速度 ······ 74
3.2.1 引言 ······ 74
3.2.2 条件和引理 ······ 74
3.2.3 主要结果 ······ 76
3.3 方差未知的拟似然非线性模型中极大拟似然估计的渐近性质 ······ 85
3.3.1 引言 ······ 85
3.3.2 条件和引理 ······ 87
3.3.3 主要结果 ······ 91
3.3.4 模拟研究 ······ 94
3.4 方差未知的拟似然非线性模型中极大拟似然估计的弱相合性 ······ 95
3.4.1 引言 ······ 95
3.4.2 条件和引理 ······ 96
3.4.3 主要结果 ······ 97
第 4 章 带随机回归的拟似然非线性模型中极大拟似然估计的渐近性质 ······ 100
4.1.1 引言 ······ 100
4.1.2 条件和引理 ······ 101
4.1.3 主要结果 ······ 105
第 5 章 自适应拟似然非线性模型中的极大拟似然估计的渐近性质 ······ 109
5.1 自适应拟似然非线性模型中的极大拟似然估计的相合性与渐近正态性 ······ 109
5.1.1 引言 ······ 109
5.1.2 条件和引理 ······ 111
5.1.3 主要结果 ······ 117
5.2 自适应拟似然非线性模型中的极大拟似然估计的强相合性 ······ 120
5.2.1 引言 ······ 120

5.2.2 条件和引理 …… 121
5.2.3 主要结果 …… 122
5.3 方差未知的自适应拟似然非线性模型中的极大拟似然估计的强相合性收敛速度 …… 127
5.3.1 引言 …… 127
5.3.2 条件和引理 …… 128
5.3.3 主要结果 …… 131
第 6 章 带随机效应的拟似然非线性模型中参数估计的渐近性质 …… 138
6.1.1 引言 …… 138
6.1.2 带随机效应的拟似然非线性模型 …… 138
6.1.3 条件和引理 …… 139
6.1.4 主要结果 …… 145
参考文献 …… 149

第 1 章 模型介绍

回归分析方法是常用的数理统计方法. 它常被用来处理变量之间的关系, 解决预测、控制、生产工艺等问题. 回归分析方法在工农业生产、科学研究、管理科学中, 以及在物理、化学、生物、医学等学科中均有广泛的应用.

一切客观事物都是相互联系并具有内部规律的, 在一些实际问题中, 我们经常遇到一些变量共处于一个统一体中, 它们相互联系, 相互制约, 在一定条件下相互转换. 变量之间的关系, 常见的是一些不确定性关系. 回归分析方法是研究不确定性关系的一种有力的数学工具, 它是建立在对客观事物进行大量试验和观察的基础上, 用来寻找隐藏在那些看上去是不确定现象中的统计规律性的数理统计方法.

回归分析是数理统计的一个重要分支, 而且已被人们广泛地应用于各个领域. 随着回归分析理论的不断发展和认识的不断深化, 拟似然非线性模型已引起了统计学者的广泛关注. 然而, 关于此模型的未知参数估计的大样本性质, 到目前为止还没有被很好地研究. 本书主要研究拟似然非线性模型中极大拟似然估计的大样本性质, 分别研究了带固定设计的拟似然非线性模型、带随机回归的拟似然非线性模型、带自适应设计的拟似然非线性模型以及带随机效应的拟似然非线性模型中极大拟似然估计的大样本性质.

1.1 多元线性回归模型

在实际问题中, 响应变量 y 可能与多个解释变量 $x_1, \cdots, x_m$ 有关, 而这种关系不是确定性关系, 可能具有相关关系, 为了研究它们之间的相关关系, 可以通过建立多元线性回归模型来解决.

多元线性回归模型为

$$y = \beta_0 + \beta_1 x_1 + \beta_2 x_2 + \cdots + \beta_p x_p + \varepsilon, \tag{1.1.1}$$

其中, $\beta_0, \beta_1, \cdots, \beta_p$ 是未知参数, 称为回归系数; $x_1, x_2, \cdots, x_p$ 是 p 个可以精确测量并可控制的一般变量; ε 是随机误差. 对于随机误差, 一般有两种假定: 其一是 ε 满足 $E(\varepsilon) = 0, D(\varepsilon) = \sigma^2$; 其二是 ε 满足 $\varepsilon \sim N(0, \sigma^2)$. 前者称为 Gauss-Markov 条件, 后者称为正态条件. 显然, Gauss-Markov 条件是正态条件的一个特殊情况. 在

Gauss-Markov 条件下, 通常仅考虑回归系数 $\beta=(\beta_0,\beta_1,\cdots,\beta_p)^{\mathrm{T}}$ 与误差方差 σ^2 的估计问题, 而在正态条件下, 还讨论这些参数的检验问题.

为了估计回归系数 $\beta_0,\beta_1,\cdots,\beta_p$ 及 σ^2, 我们进行 n 次观察, 得到 n 组观察数据 $(y_i,x_{i1},x_{i2},\cdots,x_{ip}),i=1,2,\cdots,n\ (n>p)$, 它们应有回归关系 (1.1.1), 可写成如下形式

$$\begin{cases} y_1=\beta_0+\beta_1x_{11}+\beta_2x_{12}+\cdots+\beta_px_{1p}+\varepsilon_1, \\ y_2=\beta_0+\beta_1x_{21}+\beta_2x_{22}+\cdots+\beta_px_{2p}+\varepsilon_2, \\ \cdots\cdots \\ y_n=\beta_0+\beta_1x_{n1}+\beta_2x_{n2}+\cdots+\beta_px_{np}+\varepsilon_n, \end{cases} \tag{1.1.2}$$

其中, $\varepsilon_1,\cdots,\varepsilon_n$ 独立同分布. 令

$$y=\begin{pmatrix} y_1 \\ y_2 \\ \vdots \\ y_n \end{pmatrix},\quad X=\begin{pmatrix} 1 & x_{11} & x_{12} & \cdots & x_{1p} \\ 1 & x_{21} & x_{22} & \cdots & x_{2p} \\ \vdots & \vdots & \vdots & & \vdots \\ 1 & x_{n1} & x_{n2} & \cdots & x_{np} \end{pmatrix},\quad \beta=\begin{pmatrix} \beta_0 \\ \beta_1 \\ \vdots \\ \beta_p \end{pmatrix},\quad \varepsilon=\begin{pmatrix} \varepsilon_1 \\ \varepsilon_2 \\ \vdots \\ \varepsilon_n \end{pmatrix},$$

则有

$$y=X\beta+\varepsilon, \tag{1.1.3}$$

其中, $n\times(p+1)$ 矩阵 X 称为回归设计矩阵.

针对 ε 的两种不同假设, 有两种模型如下:

$$\begin{cases} y=X\beta+\varepsilon, \\ E(\varepsilon)=0, D(\varepsilon)=\sigma^2I_n; \end{cases} \tag{1.1.4}$$

$$\begin{cases} y=X\beta+\varepsilon, \\ y\sim N(0,\sigma^2I_n). \end{cases} \tag{1.1.5}$$

模型 (1.1.4) 称为 Gauss-Markov 模型, 模型 (1.1.5) 称为正态线性模型.

对 (1.1.1) 两边求数学期望得

$$E(y)=\beta_0+\beta_1x_1+\beta_2x_2+\cdots+\beta_px_p. \tag{1.1.6}$$

该式表示当 x 已知时, 可以精确地算出 $E(y)$. 由于 ε 是不可控制的随机因素, 通常就用 $E(y)$ 作为 y 的估计, 故得

$$\hat{y}=\beta_0+\beta_1x_1+\beta_2x_2+\cdots+\beta_px_p, \tag{1.1.7}$$

这里 $\hat{y}$ 表示 y 的估计.

类似地，对式 (1.1.2) 两边求数学期望, 得

$$E(y_i) = \beta_0 + \beta_1 x_{i1} + \beta_2 x_{i2} + \cdots + \beta_p x_{ip}, \quad i = 1, 2, \cdots, n \tag{1.1.8}$$

或

$$\hat{y}_i = \beta_0 + \beta_1 x_{i1} + \beta_2 x_{i2} + \cdots + \beta_p x_{ip}, \quad i = 1, 2, \cdots, n. \tag{1.1.9}$$

1.1.1 参数估计

回归分析的首要任务是通过 n 组观察值来估计 β. 对 β 常用两种方法进行估计, 即最小二乘法和极大似然法. β 的估计用 $\hat{\beta}$ 来表示, 也可用 b 来表示. 我们称

$$\hat{y} = X\hat{\beta} \tag{1.1.10}$$

为回归方程. 在实际问题中, 用 $\hat{y} = X\hat{\beta}$ 代替 $E(y) = X\beta$ 作为 y 的估计.

定义 1.1.1 对线性模型 (1.1.4), 若 y 的线性函数 $\hat{\beta}$ 满足

$$||y - X\hat{\beta}||^2 = \min_{\beta} ||y - X\beta||^2,$$

则称 $\hat{\beta}$ 为 β 的一个最小二乘解.

记

$$S(\beta) = ||y - X\hat{\beta}||^2 = (y - X\beta)^{\mathrm{T}}(y - X\beta). \tag{1.1.11}$$

求最小二乘解等价于求 $S(\beta)$ 的最小值.

令

$$\frac{\partial S(\beta)}{\partial \beta} = -2X^{\mathrm{T}}y + 2X^{\mathrm{T}}X\beta = 0,$$

解得

$$X^{\mathrm{T}}X\beta = X^{\mathrm{T}}y.$$

如果 $X^{\mathrm{T}}X$ 满秩, 即 $\mathrm{rank}(X^{\mathrm{T}}X) = p+1$, 那么 β 的最小二乘估计为

$$\hat{\beta} = (X^{\mathrm{T}}X)^{-1}X^{\mathrm{T}}y. \tag{1.1.12}$$

观察值 y_i 与回归值 $\hat{y}_i$ 的偏差称为残差, 用 $\hat{e}_i$ $(i = 1, 2, \cdots, n)$ 表示, 即 $\hat{e}_i = y_i - \hat{y}_i, i = 1, \cdots, n$. 记

$$\hat{e} = (\hat{e}_1, \cdots, \hat{e}_n)^{\mathrm{T}} = y - \hat{y} = (I - X(X^{\mathrm{T}}X)^{-1}X^{\mathrm{T}})y \triangleq (I - P)y,$$

称其为残差向量, 这里 $P = X(X^{\mathrm{T}}X)^{-1}X^{\mathrm{T}}$. 易见, $\hat{y} = X\hat{\beta} = X(X^{\mathrm{T}}X)^{-1}X^{\mathrm{T}}y = Py$, 由此可见, P 乘以 y, 相当于给 y 戴上了帽子, 因此, 矩阵 P 常常称为帽子矩阵. 容易验证 $P, I - P$ 均为对称幂等矩阵.

定理 1.1.1　残差向量具有下列性质:

(1) $E(\hat{e}) = 0$;

(2) $\mathrm{Cov}(\hat{e}) = \sigma^2(I - P)$;

(3) 如果进一步假设 ε 服从多元正态分布, 即 $\varepsilon \sim N(0, \sigma^2 I_n)$, 则

$$\hat{e} \sim N(0, \sigma^2(I - P)).$$

证明容易, 省略.

根据残差向量, 残差平方和 $\sum_{i=1}^{n}(y_i - \hat{y}_i)^2$ (记为 SS_E) 可表示为

$$SS_E = \hat{e}^{\mathrm{T}}\hat{e} = S(\hat{\beta}) = y^{\mathrm{T}}(I - P)y.$$

利用残差平方和, 我们可以构造出 σ^2 的一个估计如下:

$$\hat{\sigma}^2 = SS_E/(n - p - 1) = \frac{1}{n - p - 1}\hat{e}^{\mathrm{T}}\hat{e}. \tag{1.1.13}$$

命题 1.1.1 (离差平方和分解公式)　记 $SS_T = \sum_{i=1}^{n}(y_i - \bar{y})^2$, $SS_R = \sum_{i=1}^{n}(\hat{y}_i - \bar{y})^2$, 分别称为总平方和与回归平方和, 那么有分解公式

$$\begin{aligned} SS_T &= \sum_{i=1}^{n}(y_i - \bar{y})^2 = \sum_{i=1}^{n}(y_i - \hat{y}_i)^2 + \sum_{i=1}^{n}(\hat{y}_i - \bar{y})^2 \\ &= SS_E + SS_R. \end{aligned}$$

证明　由于 $X^{\mathrm{T}}\hat{e} = X^{\mathrm{T}}(I - P)y = 0$, 即 $\sum_{i=1}^{n}\hat{e}_i = 0$ 且 $\sum_{i=1}^{n}\hat{e}_i x_{ij} = 0$ ($j = 1, 2, \cdots, p$), 故

$$\begin{aligned} \sum_{i=1}^{n}(y_i - \hat{y}_i)(\hat{y}_i - \bar{y}) &= \sum_{i=1}^{n}(y_i - \hat{y}_i)\hat{y}_i + \bar{y}\sum_{i=1}^{n}(y_i - \hat{y}_i) \\ &= y^{\mathrm{T}}(y - \hat{y}) + \bar{y}\sum_{i=1}^{n}\hat{e}_i \\ &= \hat{y}^{\mathrm{T}}y - \hat{y}^{\mathrm{T}}P^{\mathrm{T}}Py \\ &= \hat{y}^{\mathrm{T}}y - y^{\mathrm{T}}P^{\mathrm{T}}y \\ &= \hat{y}^{\mathrm{T}}y - \hat{y}^{\mathrm{T}}y = 0. \end{aligned}$$

所以分解公式成立.

1.1.2　β 和 σ^2 估计的性质

定理 1.1.2　β 和 σ^2 的估计具有如下性质:

(1) $E(\hat{\beta}) = \beta, D(\hat{\beta}) = \sigma^2(X^{\mathrm{T}}X)^{-1}$;

(2) $E(\hat{\sigma}^2) = \sigma^2$, 即 $\hat{\sigma}^2$ 是 σ^2 的无偏估计;

(3) 在 $c^{\mathrm{T}}\beta$ 的一切无偏估计类中, $c^{\mathrm{T}}\hat{\beta}$ 有最小方差;

在正态假定下, 还有下面的性质:

(4) 若 $\varepsilon \sim N(0,\sigma^2 I_n)$, 则 $\hat{\beta} \sim N_{p+1}(\beta,\sigma^2(X^{\mathrm{T}}X)^{-1})$;

(5) 单个参数的分布: 令 $\hat{\beta}=(\hat{\beta}_0,\hat{\beta}_1,\cdots,\hat{\beta}_p)^{\mathrm{T}}$, 若 $\varepsilon \sim N(0,\sigma^2 I_n)$, 则 $\hat{\beta}$ 的第 $i+1$ 的个分量 $\hat{\beta}_i \sim N(\beta_i,\sigma^2(X^{\mathrm{T}}X)^{-1}_{i+1,i+1})$, 其中 $(X^{\mathrm{T}}X)^{-1}_{i+1,i+1}$ 是 $(X^{\mathrm{T}}X)^{-1}$ 对角线上的第 $i+1$ 个元素;

(6) 若 $\varepsilon \sim N(0,\sigma^2 I_n)$, 则 $\dfrac{(n-p-1)\hat{\sigma}^2}{\sigma^2}=\dfrac{e^{\mathrm{T}}e}{\sigma^2}\sim\chi^2(n-p-1)$, $\dfrac{\|X\hat{\beta}-X\beta\|^2}{\sigma^2}\sim\chi^2(p+1)$, 且 $\dfrac{(n-p-1)\hat{\sigma}^2}{\sigma^2}$ 与 $\dfrac{\|X\hat{\beta}-X\beta\|^2}{\sigma^2}$ 相互独立. 从而 $\dfrac{\|X\hat{\beta}-X\beta\|^2/(p+1)}{SS_E/(n-p-1)}\sim F(p+1,n-p-1)$;

(7) 若 $\varepsilon \sim N(0,\sigma^2 I_n)$, 则 SS_E 与 $\hat{\beta}$ 独立, 从而 $(\hat{\beta}_i-\beta_i)/\hat{\sigma}\sqrt{(X^{\mathrm{T}}X)^{-1}_{i+1,i+1}}\sim t(n-p-1)$;

(8) 若 $\varepsilon \sim N(0,\sigma^2 I_n)$, 则 β 的极大似然估计与最小二乘估计相同.

证明 (1) 由于 $\hat{\beta}=(X^{\mathrm{T}}X)^{-1}X^{\mathrm{T}}y=(X^{\mathrm{T}}X)^{-1}X^{\mathrm{T}}(X\beta+\varepsilon)=\beta+(X^{\mathrm{T}}X)^{-1}\cdot X^{\mathrm{T}}\varepsilon$, 故有 $E(\hat{\beta})=\beta$, $D(\hat{\beta})=D(\beta+(X^{\mathrm{T}}X)^{-1}X^{\mathrm{T}}\varepsilon)=(X^{\mathrm{T}}X)^{-1}X^{\mathrm{T}}\sigma^2X(X^{\mathrm{T}}X)^{-1}=\sigma^2(X^{\mathrm{T}}X)^{-1}$.

(2) 首先我们证明一个公式: 设 x 为 n 维随机向量, 期望和协方差存在, 记 $\mu=E(x),\Sigma=D(x),A$ 为 $n\times n$ 常数阵. 那么有

$$E(x^{\mathrm{T}}Ax)=\mathrm{tr}(A\Sigma)+\mu^{\mathrm{T}}A\mu. \tag{1.1.14}$$

事实上,

$$\begin{aligned}E(x^{\mathrm{T}}Ax)&=E[\mathrm{tr}(x^{\mathrm{T}}Ax)]=E[\mathrm{tr}(Axx^{\mathrm{T}})]\\&=\mathrm{tr}[AE(xx^{\mathrm{T}})]=\mathrm{tr}[A(D(x)+E(x)E(x^{\mathrm{T}}))]\\&=\mathrm{tr}(A\Sigma)+\mathrm{tr}(A\mu\mu^{\mathrm{T}})=\mathrm{tr}(A\Sigma)+\mu^{\mathrm{T}}A\mu.\end{aligned}$$

现在来证性质 (2). 由于 P 是幂等矩阵, 所以

$$\begin{aligned}\mathrm{rank}(P)&=\mathrm{tr}(P)=\mathrm{tr}[X(X^{\mathrm{T}}X)^{-1}X^{\mathrm{T}}]\\&=\mathrm{tr}[(X^{\mathrm{T}}X)^{-1}X^{\mathrm{T}}X]=\mathrm{tr}(I_{p+1})=p+1.\end{aligned}$$

从而 $\mathrm{rank}(I-P)=n-p-1$. 由 $E(y)=X\beta,D(y)=\sigma^2I_n$ 及式 (1.1.14), 可得

$$\begin{aligned}E(S(\hat{\beta}))&=E(y-X\hat{\beta})^{\mathrm{T}}(y-X\hat{\beta})\\&=E\{y^{\mathrm{T}}[I_n-X(X^{\mathrm{T}}X)^{-1}X^{\mathrm{T}}]y\}\\&=\mathrm{tr}\{\sigma^2I_n[I_n-X(X^{\mathrm{T}}X)^{-1}X^{\mathrm{T}}]\}+(X\beta)^{\mathrm{T}}[I_n-X(X^{\mathrm{T}}X)^{-1}X^{\mathrm{T}}](X\beta)\\&=\sigma^2\mathrm{tr}[I_n-X(X^{\mathrm{T}}X)^{-1}X^{\mathrm{T}}]=\sigma^2(n-p-1).\end{aligned}$$

由此证得

$$E(\hat{\sigma}^2) = E\left(\frac{1}{n-p-1}S(\hat{\beta})\right) = \sigma^2.$$

(3) 显然 $c^{\mathrm{T}}\hat{\beta}$ 是 $c^{\mathrm{T}}\beta$ 的线性无偏估计, 现证 $c^{\mathrm{T}}\hat{\beta}$ 的方差最小性. 设 $a^{\mathrm{T}}y$ 为 $c^{\mathrm{T}}\beta$ 的任一无偏估计, 由于 $a^{\mathrm{T}}y$ 是 $c^{\mathrm{T}}\beta$ 的无偏估计, 故对所有的 β, 均有

$$c^{\mathrm{T}}\beta = E(a^{\mathrm{T}}y) = a^{\mathrm{T}}X\beta,$$

因此, $X^{\mathrm{T}}a = c$. 现在,

$$D(a^{\mathrm{T}}y) = a^{\mathrm{T}}\mathrm{Cov}(y)a = \sigma^2 a^{\mathrm{T}}a,$$

而且

$$\begin{aligned} D(c^{\mathrm{T}}\hat{\beta}) =& D(c^{\mathrm{T}}(X^{\mathrm{T}}X)^{-1}X^{\mathrm{T}}y) \\ =& \sigma^2 c^{\mathrm{T}}(X^{\mathrm{T}}X)^{-1}X^{\mathrm{T}}X(X^{\mathrm{T}}X)^{-1}c = \sigma^2 c^{\mathrm{T}}(X^{\mathrm{T}}X)^{-1}c. \end{aligned}$$

这样, 根据幂等阵 $I-P$ 的非负定性可得

$$\begin{aligned} & D(a^{\mathrm{T}}y) - D(c^{\mathrm{T}}\hat{\beta}) \\ =& \sigma^2[a^{\mathrm{T}}a - c^{\mathrm{T}}(X^{\mathrm{T}}X)^{-1}c] \\ =& \sigma^2(a^{\mathrm{T}}a - a^{\mathrm{T}}X(X^{\mathrm{T}}X)^{-1}X^{\mathrm{T}}a) = \sigma^2 a^{\mathrm{T}}[I-P]a \geqslant 0. \end{aligned}$$

因此 (3) 获证.

(4) 若 $\varepsilon \sim N(0, \sigma^2 I_n)$, 由 $\hat{\beta} = \beta + (X^{\mathrm{T}}X)^{-1}X^{\mathrm{T}}\varepsilon$ 知 $\hat{\beta}$ 服从正态分布, 又由 (1) 立得 $\hat{\beta} \sim N(\beta, \sigma^2(X^{\mathrm{T}}X)^{-1})$.

(5) 由 (4) 立刻可得.

(6) 由于 P 是对称幂等阵, 且 $\mathrm{rank}(P) = p+1$, 故 P 的特征根全为 0 和 1, 且特征根为 1 的个数是 $p+1$, 故存在 n 阶正交阵 U, 使得

$$UPU^{\mathrm{T}} = \begin{pmatrix} I_{p+1} & 0 \\ 0 & 0 \end{pmatrix}.$$

这里 $U^{\mathrm{T}}U = I_n$. 作变量变换

$$Z = (Z_1, \cdots, Z_n)^{\mathrm{T}} = U(y - X\beta),$$

则

$$EZ = UE(y - X\beta) = 0,$$

$$\mathrm{Cov}(Z, Z) = U\sigma^2 I_n U^{\mathrm{T}} = \sigma^2 I_n.$$

由于 Z 为正态随机向量, 上式表明 $Z_1,\cdots,Z_n$ 相互独立, 同服从正态分布 $N(0,\sigma^2)$. 由于

$$X\hat{\beta}-X\beta=Py-X\beta=P(y-X\beta)=PU^{\mathrm{T}}Z,$$

故

$$\begin{aligned}||X\hat{\beta}-X\beta||^2=&(X\hat{\beta}-X\beta)^{\mathrm{T}}(X\hat{\beta}-X\beta)=Z^{\mathrm{T}}UP\cdot PU^{\mathrm{T}}Z=Z^{\mathrm{T}}UPU^{\mathrm{T}}Z\\=&Z^{\mathrm{T}}\begin{pmatrix}I_{p+1}&0\\0&0\end{pmatrix}Z=Z_1^2+\cdots+Z_{p+1}^2,\end{aligned}\tag{1.1.15}$$

可见 $||X\hat{\beta}-X\beta||^2/\sigma^2\sim\chi^2(p+1)$. 由

$$\begin{aligned}\hat{e}^{\mathrm{T}}\hat{e}=&y^{\mathrm{T}}(I_n-P)y=(y-X\beta)^{\mathrm{T}}(I-P)(y-X\beta)=Z^{\mathrm{T}}U(I-P)U^{\mathrm{T}}Z\\=&(Z_1^2+\cdots+Z_n^2)-(Z_1^2+\cdots+Z_{p+1}^2)=Z_{p+2}^2+\cdots+Z_n^2,\end{aligned}\tag{1.1.16}$$

可见 $\hat{e}^{\mathrm{T}}\hat{e}/\sigma^2\sim\chi^2(n-p-1)$, 即

$$\frac{(n-p-1)\hat{\sigma}^2}{\sigma^2}\sim\chi^2(n-p-1).$$

再由

$$||y-X\beta||^2=\sum_{i=1}^n Z_i^2=\hat{e}^{\mathrm{T}}\hat{e}+||X\hat{\beta}-X\beta||^2\tag{1.1.17}$$

和 (1.1.15), (1.1.16) 可知 $\hat{e}^{\mathrm{T}}\hat{e}/\sigma^2$ 与 $||X\hat{\beta}-X\beta||^2/\sigma^2$ 相互独立. 从而

$$\frac{||X\hat{\beta}-X\beta||^2/(p+1)}{SS_E/(n-p-1)}\sim F(p+1,n-p-1).$$

(7) 由于

$$\begin{aligned}\mathrm{Cov}(\hat{\beta},\hat{e})=&\mathrm{Cov}((X^{\mathrm{T}}X)^{-1}X^{\mathrm{T}}y,(I-P)y)=(X^{\mathrm{T}}X)^{-1}X^{\mathrm{T}}\mathrm{Cov}(y,y)(I-P)\\=&\sigma^2(X^{\mathrm{T}}X)^{-1}X^{\mathrm{T}}(I-X(X^{\mathrm{T}}X)^{-1}X^{\mathrm{T}})=0,\end{aligned}$$

所以 $\hat{e}$ 与 $\hat{\beta}$ 独立, 从而 SS_E 与 $\hat{\beta}$ 独立, 故有 $\hat{\beta}_i$ 与 $\hat{\beta}$ 独立, 由 (5) 知 $\hat{\beta}_i\sim N(\beta_i,\sigma^2(X^{\mathrm{T}}X)^{-1}_{i+1,i+1})$, 而 $\hat{e}^{\mathrm{T}}\hat{e}/\sigma^2\sim\chi^2(n-p-1)$, 所以 $(\hat{\beta}_i-\beta_i)/\hat{\sigma}\sqrt{(X^{\mathrm{T}}X)^{-1}_{i+1,i+1}}\sim t(n-p-1)$.

(8) β 和 σ^2 的似然函数为

$$\begin{aligned}L(\beta,\sigma^2;y)=&(2\pi)^{-n/2}\sigma^{-n}\exp\left\{-\frac{1}{2\sigma^2}(y-X\beta)^{\mathrm{T}}(y-X\beta)\right\}\\=&(2\pi)^{-n/2}\sigma^{-n}\exp\{-(y^{\mathrm{T}}y-2y^{\mathrm{T}}X\beta+\beta^{\mathrm{T}}X^{\mathrm{T}}X\beta)/2\sigma^2\}.\end{aligned}$$

取对数后, 对 β 和 σ^2 求微商, 并令其等于零, 得到

$$\begin{cases} \dfrac{\partial \ln L}{\partial \beta} = \dfrac{1}{\sigma^2}(X^{\mathrm{T}}y - X^{\mathrm{T}}X\beta) = 0, \\ \dfrac{\partial \ln L}{\partial \sigma^2} = -\dfrac{n}{2\sigma^2} + \dfrac{1}{2\sigma^4}(y - X\beta)^{\mathrm{T}}(y - X\beta) = 0. \end{cases}$$

从这两个方程容易解得, β 和 σ^2 的极大似然估计为

$$\begin{aligned} \hat{\beta} &= (X^{\mathrm{T}}X)^{-1}X^{\mathrm{T}}y, \\ \tilde{\sigma}^2 &= \frac{\|y - X\hat{\beta}\|^2}{n} = \frac{n-p-1}{n}\hat{\sigma}^2. \end{aligned}$$

由此可见, β 的极大似然估计与最小二乘估计相同.

利用上面的性质, 我们可以构造置信区间, 也可以构造检验统计量等.

1.2　广义线性模型

在介绍广义线性模型之前, 我们先介绍指数族分布. 指数族分布是一类很广的分布族, 它包含一些常见的分布, 比如: 二项分布、Poisson 分布、正态分布、Gamma 分布等.

1.2.1　指数族分布

定义 1.2.1　如果随机变量 Y 的概率密度函数或者概率分布具有如下形式

$$p(y;\theta,\phi) = \exp\left\{\frac{y\theta - b(\theta)}{\phi} + c(y,\phi)\right\}, \tag{1.2.1}$$

其中 θ 称为自然参数 (natural parameter), ϕ (也记为 σ^2) 称为散度参数 (dispersion parameter), $b(\cdot)$ 及 $c(\cdot)$ 是依据不同指数族而确定的函数, 那么称 Y 服从指数族分布 (exponential distribution family).

现在讨论 Y 的均值和方差的计算问题. 由 (1.2.1) 易知 Y 的对数似然函数为

$$L(\theta,\phi) = \ln p(y;\theta,\phi) = \frac{y\theta - b(\theta)}{\phi} + c(y,\phi).$$

由此可求得参数 θ 的得分函数及其一阶导数

$$\begin{aligned} S &= \frac{\partial L}{\partial \theta} = \frac{y - b'(\theta)}{\phi}, \\ S'_\theta &= \frac{\partial S}{\partial \theta} = \frac{\partial^2 L}{\partial \theta^2} = -\frac{b''(\theta)}{\phi}. \end{aligned}$$

定理 1.2.1 假定随机变量 Y 服从指数族分布, 则 $E(Y)=b'(\theta), D(Y)=\phi b''(\theta)$.

证明 由于 Y 服从指数族分布, 故对积分 $\int p(y;\theta,\phi)\mathrm{d}y$ 关于 θ 求导时, 求导符号与积分号可以交换 (Kendal and Stuart, 1967, p.9), 因此在等式 $\int p(y;\theta,\phi)\mathrm{d}y=1$ 的两边对 θ 求导两次, 即有

$$E\left(\frac{\partial L}{\partial \theta}\right)=0, \tag{1.2.2}$$

$$E\left(\frac{\partial^2 L}{\partial \theta^2}\right)=-E\left(\frac{\partial L}{\partial \theta}\right)^2. \tag{1.2.3}$$

由 (1.2.2) 立刻可得随机变量 Y 的均值为

$$E(Y)=b'(\theta).$$

由 (1.2.3) 可得

$$-\frac{b''(\theta)}{\phi}=-E\left(\frac{y-b'(\theta)}{\phi}\right)^2=-\frac{D(Y)}{\phi^2},$$

由此立得 $D(Y)=\phi b''(\theta)$.

定理 1.2.1 告诉我们, $b'(\theta)$ 是单调的, 从而 b'^{-1} 存在, 如果令 $\mu=E(Y)=b'(\theta)$, 那么就有 $\theta=b'^{-1}(\mu)$, 因此自然参数 θ 与期望参数 μ 可以互相表示. 显然, Y 的方差是两项函数的乘积, 其中 $b''(\theta)$ 依赖于自然参数 θ, 进而也依赖于均值, 记为 $v(\mu)$, 我们称 $v(\mu)$ 为 Y 的方差函数. 此外, 从定理 1.2.1 的证明过程中可见, 参数 θ 的得分函数 $\frac{\partial L}{\partial \theta}$ 满足下面的性质:

$$E\left(\frac{\partial L}{\partial \theta}\right)=0, \quad E\left(\frac{\partial^2 L}{\partial \theta^2}\right)=-E\left(\frac{\partial L}{\partial \theta}\right)^2. \tag{1.2.4}$$

指数族分布包含很多常用的概率分布. 下面是几个指数族分布成员的密度函数及其与式 (1.2.1) 参数之间的关系:

Bernoulli 分布: $Y\sim b(1,\pi)$, 其概率密度函数为

$$p(y;\pi)=\pi^y(1-\pi)^{1-y}=\exp\left\{y\log\frac{\pi}{1-\pi}+\log(1-\pi)\right\}, \quad y\in\{0,1\}.$$

可推知 $\theta=\log\frac{\pi}{1-\pi}, \phi=1, b(\theta)=\log(1+\mathrm{e}^\theta)$ 以及 $c(y,\phi)=0$.

二项分布: $Y \sim b(n,\pi)$, 其概率密度函数为

$$\begin{aligned}p(y;\pi) &= \begin{pmatrix} n \\ y \end{pmatrix} \pi^y (1-\pi)^{n-y} \\ &= \exp\left\{ y\log\left(\frac{\pi}{1-\pi}\right) + n\log(1-\pi) + \log\begin{pmatrix} n \\ y \end{pmatrix} \right\}, \quad y = 0, 1, \cdots, n.\end{aligned}$$

可推知 $\theta = \log\frac{\pi}{1-\pi}, \phi = 1, b(\theta) = n\log(1+\mathrm{e}^\theta)$ 以及 $c(y,\phi) = \begin{pmatrix} n \\ y \end{pmatrix}$.

Poisson 分布: $Y \sim P(\lambda)$, 其概率密度函数为

$$p(y;\lambda) = \frac{\lambda^y}{y!}\mathrm{e}^{-\lambda} = \exp\{y\log\lambda - \lambda - \log y!\}, \quad y = 0, 1, 2, \cdots.$$

可推知 $\theta = \log\lambda, \phi = 1, b(\theta) = \mathrm{e}^\theta$ 以及 $c(y,\theta) = -\log y!$.

正态分布: $Y \sim N(\mu, \sigma^2)$, 其密度函数为

$$\begin{aligned}p(y;\mu,\sigma^2) &= \frac{1}{\sqrt{2\pi}\sigma}\exp\left\{-\frac{(y-\mu)^2}{2\sigma^2}\right\} \\ &= \exp\left\{\frac{y\mu - \mu^2/2}{\sigma^2} - \frac{y^2}{2\sigma^2} - \frac{1}{2}\log(2\pi\sigma^2)\right\}.\end{aligned}$$

可推知 $\theta = \mu, \phi = \sigma^2, b(\theta) = \theta^2/2$ 以及 $c(y,\phi) = -\frac{y^2}{2\phi} - \frac{1}{2}\ln(2\pi\phi)$.

Gamma 分布：$Y \sim \Gamma(\alpha, \beta)$, 其密度函数为

$$\frac{y^{\alpha-1}}{\Gamma(\alpha)\beta^\alpha}\mathrm{e}^{-\frac{y}{\beta}} = \exp\left\{(\alpha-1)\ln(y) - \alpha\ln(\beta) - \ln(\Gamma(\alpha)) - \frac{y}{\beta}\right\}.$$

当 α 已知时, 可推知 $\theta = -\frac{1}{\beta}, b(\theta) = \alpha\ln(\beta), \phi = 1, c(y,\phi) = (\alpha-1)\ln(y) - \ln(\Gamma(\alpha))$.

负二项分布: $Y \sim NB(k,p)$, 其密度函数为 (对于 $y = k, k+1, \cdots$)

$$\begin{pmatrix} y-1 \\ k-1 \end{pmatrix} p^k (1-p)^{y-k} = \exp\left\{y\ln(1-p) + k\ln\frac{p}{1-p} + \ln\begin{pmatrix} y-1 \\ k-1 \end{pmatrix}\right\}.$$

可推知 $\theta = \ln(1-p), b(\theta) = -k\ln[(1-\mathrm{e}^\theta)/\mathrm{e}^\theta], \phi = 1, c(y,\phi) = \ln\begin{pmatrix} y-1 \\ k-1 \end{pmatrix}$.

1.2.2 广义线性模型

经典的线性模型需要假定响应变量 Y 服从正态分布, 然而这在实际应用中遇到了困难, 因为有些数据未必服从正态分布, 它也许服从二项分布, 或 Pission 分布, 或 Gamma 分布, 这时再用经典的线性模型来拟合数据, 将不合适. 为此, 可以考虑响应变量 Y 服从指数族分布, 这就产生了广义线性模型.

给定数据集 $\{(x_i, y_i): i = 1, 2, \cdots, n.\}$, 其中 $x_i = (x_{i1}, x_{i2}, \cdots, x_{ip})^{\mathrm{T}}$. 为了建立模型, 需要响应变量 y_i 与协变量 $x_i = (x_{i1}, x_{i2}, \cdots, x_{ip})^{\mathrm{T}}$ 的关系. 为此, 假定响应变量 $y_1, y_2, \cdots, y_i$ 相互独立, 服从密度函数为 (1.2.1) 的指数族分布, 其均值 μ_i 与协变量 x_i 有如下关系:

$$g(\mu_i) = x_i^{\mathrm{T}}\beta \triangleq \eta_i \quad \text{或} \quad \mu_i = g^{-1}(x_i^{\mathrm{T}}\beta) = g^{-1}(\eta_i), \quad i = 1, 2, \cdots, n, \tag{1.2.5}$$

其中: $\beta = (\beta_1, \cdots, \beta_p)^{\mathrm{T}}$ 是 p 维需要估计的未知参数向量; $g(\cdot)$ 是已知的严格单调可微函数, 称为联系函数 (link function), 用来连接线性预测 $\eta = x^{\mathrm{T}}\beta$ 与 y 的均值 $\mu = E(y)$. 联系函数 $g(\cdot)$ 的选取依赖于具体的问题、数据. 如果选取 $\theta_i = g(\mu_i) = \eta_i = x_i^{\mathrm{T}}\beta$, 则称 $g(\cdot)$ 为自然联系或典则联系. 表 1.2.1 给出了一些常见的广义线性模型及其自然联系函数.

表 1.2.1 广义线性模型的联系函数

模型	分布	联系函数 $\eta = g(\mu)$
线性模型	正态分布	$\eta = \mu$
logistic 回归模型	Bernoulli 分布	$\eta = \log(\pi/(1-\pi))$
probit 回归模型	二项分布	$\eta = \log(\pi/(1-\pi))$
Poisson 回归模型	Poisson 分布	$\eta = \log(\mu)$
Gamma 回归模型	Gamma 分布	$\eta = \mu^{-1}$
逆 Gauss 回归模型	逆 Gauss 分布	$\eta = \mu^{-2}$

利用广义线性模型, 我们可以对各类响应变量类型建模. 它既可以对离散型变量建模, 也可以对连续型变量建模. 如果数据是离散的, 且仅取 0 和 1 两个值, 则此时可用 Bernoulli 分布来构造广义线性模型, 由表 1.2.1 可知, 当自然联系函数为 logit 联系函数时, 就得到经典的 logistic 回归模型, 即 $\log(\pi/(1-\pi)) = x_i^{\mathrm{T}}\beta$ 或者表示为

$$\pi_i = \frac{\exp(x_i^{\mathrm{T}}\beta)}{1 + \exp(x_i^{\mathrm{T}}\beta)}.$$

如果我们要拟合计数数据, 比如在某个固定时间内, 发生某个事件 (比如交通事故) 的个数, 此时可用 Poisson 分布来构造广义线性模型. 由表 1.2.1 可知, 当自然联系函数为对数函数时, 就得到经典的 Poisson 回归模型, 即 $\log\mu_i = x_i^{\mathrm{T}}\beta$. 如果响应变量的观察值是非负的连续型数据, 则可应用 Gamma 分布来构造广义线性模型. 如

果数据是非对称的生命数据, 就可以应用逆 Gauss 分布来构造广义线性模型. 如果响应变量的观察值是比较对称的连续型数据, 这时可以假定随机变量来自于正态分布总体. 如果选择正态总体而连接函数为自然连接函数, 就得到经典的线性回归模型为 $\mu_i = x_i^{\mathrm{T}}\beta$. 由此可见, 广义线性模型是经典的线性回归模型的一个扩展.

1.2.3 极大似然估计

对于广义线性模型, 回归参数 β 的估计采用极大似然估计的方法进行. 由 (1.2.1) 式知, $Y = (y_1, y_2, \cdots, y_n)^{\mathrm{T}}$ 的对数似然函数为

$$L(\beta, \phi) = \sum_{i=1}^{n} \left\{ \frac{y_i\theta_i - b(\theta_i)}{\phi} + c(y_i, \phi) \right\}. \tag{1.2.6}$$

对于对数似然函数 (1.2.6) 关于参数 β 求一阶导数, 即获得 β 的得分函数为

$$S(\beta) = \frac{\partial L}{\partial \beta} = \frac{1}{\phi} \sum_{i=1}^{n} \left(\frac{\partial \theta_i}{\partial \beta^{\mathrm{T}}} \right)^{\mathrm{T}} (y_i - b'(\theta_i)). \tag{1.2.7}$$

因为 $\mu_i = b'(\theta_i), \mu_i = g^{-1}(x_i^{\mathrm{T}}\beta) \triangleq h(\eta_i)$ (这里 $h(\cdot) = g^{-1}(\cdot)$), 则有

$$\frac{\partial \mu_i}{\partial \beta^{\mathrm{T}}} = \frac{\partial \mu_i}{\partial \theta_i} \frac{\partial \theta_i}{\partial \beta^{\mathrm{T}}} = b''(\theta_i) \frac{\partial \theta_i}{\partial \beta^{\mathrm{T}}},$$

从而

$$\frac{\partial \theta_i}{\partial \beta^{\mathrm{T}}} = \frac{1}{b''(\theta_i)} \frac{\partial \mu_i}{\partial \beta^{\mathrm{T}}} = \frac{1}{b''(\theta_i)} \frac{\partial h(\eta_i)}{\partial \eta_i} \frac{\partial \eta_i}{\partial \beta^{\mathrm{T}}} = \frac{1}{b''(\theta_i)} h'(\eta_i) x_i^{\mathrm{T}}.$$

将其代入 (1.2.7) 可得 β 的得分函数为

$$\begin{aligned} S(\beta) &= \frac{1}{\phi} \sum_{i=1}^{n} x_i \frac{1}{b''(\theta_i)} h'(\eta_i)(y_i - \mu_i) \\ &= \sum_{i=1}^{n} x_i h'(\eta_i) \frac{1}{\phi b''(\theta_i)} (y_i - \mu_i) \\ &\triangleq D^{\mathrm{T}} V^{-1} (Y - \mu), \end{aligned}$$

其中 $D = \dfrac{\partial \mu}{\partial \beta^{\mathrm{T}}} = \Delta X$, 这里 $\Delta = \mathrm{diag}\{h'(\eta_1), \cdots, h'(\eta_n)\}, X = (x_1, \cdots, x_n)^{\mathrm{T}}, V = \mathrm{diag}\{D(Y_1), \cdots, D(Y_n)\}$, $\mu = (\mu_1, \cdots, \mu_n)^{\mathrm{T}}$. 令 $S(\beta) = 0$, 即可得到 β 的似然方程

$$S(\beta) = \sum_{i=1}^{n} x_i h'(\eta_i) \frac{1}{\phi b''(\theta_i)} (y_i - \mu_i) = 0 \tag{1.2.8}$$

或

$$S(\beta) = X^{\mathrm{T}} \Delta V^{-1} (Y - \mu) = 0. \tag{1.2.8$'$}$$

方程 (1.2.8) 的解记为 $\hat{\beta}$, 称为 β 的极大似然估计.

下面我们讨论似然方程 (1.2.8) 的求解算法. 首先讨论迭代加权最小二乘方法 (IWLS).

由于 $g(\mu)=\eta=x^{\mathrm{T}}\beta$, 将 $g(y)$ 在 $y=\mu$ 处进行一阶泰勒展开可得

$$g(y)\approx g(\mu)+g'(\mu)(y-\mu)=x^{\mathrm{T}}\beta+\frac{\mathrm{d}\eta}{\mathrm{d}\mu}(y-\mu)\triangleq z,$$

于是有 $z=x^{\mathrm{T}}\beta+\dfrac{\mathrm{d}\eta}{\mathrm{d}\mu}(y-\mu)$, 因此 $z=(z_1,\cdots,z_n)^{\mathrm{T}}=X\beta+\Delta^{-1}(Y-\mu)$, 进而有 $Y-\mu=\Delta(z-X\beta)$, 从而似然方程 (1.2.8) 可改写如下:

$$S(\beta)=X^{\mathrm{T}}\Delta V^{-1}(Y-\mu)=X^{\mathrm{T}}\Delta V^{-1}\Delta(z-X\beta)=0.$$

令 $W=\Delta V^{-1}\Delta$, 则有

$$(X^{\mathrm{T}}WX)\beta=X^{\mathrm{T}}Wz,$$

从而 β 的加权最小二乘估计为

$$\hat{\beta}=(X^{\mathrm{T}}WX)^{-1}X^{\mathrm{T}}Wz. \tag{1.2.9}$$

如果 $\mu=X\beta$, 则 $\Delta=I, z=Y$, (1.2.9) 式中的估计为通常意义下的加权最小二乘估计. 但在一般情况下, 上述加权最小二乘估计中, 因 z 未知, 故通常需要采用迭代法求解, 因此上述估计通常称为迭代加权最小二乘估计. 具体而言, 对给定的初值 β^0, 可首先计算加权矩阵 W 和 z 的初值 W^0 和 z^0, 从而可以得到第一步的迭代解 $\hat{\beta}^1=(X^{\mathrm{T}}W^0X)^{-1}X^{\mathrm{T}}W^0z^0$, 重复上述迭代步骤, 直到收敛, 收敛后的 $\hat{\beta}$ 就是 $S(\beta)=0$ 的解.

其次考虑 Newton-Raphson 迭代或 Fisher 得分迭代法. 其中 Newton-Raphson 迭代法是通过对似然方程进行一阶泰勒展开, 进而获得近似解. 具体而言, 假定 $\hat{\beta}$ 为 β 的极大似然估计, 则其必然满足似然方程, 即有 $S(\hat{\beta})=0$, 将 $S(\hat{\beta})$ 在 β 处作泰勒展开, 得

$$0=S(\hat{\beta})\approx S(\beta)+\frac{\partial S(\beta)}{\partial\beta^{\mathrm{T}}}(\hat{\beta}-\beta), \tag{1.2.10}$$

其中

$$\frac{\partial S(\beta)}{\partial\beta^{\mathrm{T}}}=\frac{\partial^2L(\beta)}{\partial\beta\partial\beta^{\mathrm{T}}}.$$

设当前估计值为 $\beta^k,\theta_i^k,\mu_i^k$, 那么由式 (1.2.10) 可得 Newton-Raphson 迭代公式

$$\beta^{k+1}=\beta^k+\left[-\frac{\partial^2L(\beta^k)}{\partial\beta\partial\beta^{\mathrm{T}}}\right]^{-1}\frac{\partial L(\beta^k)}{\partial\beta}, \tag{1.2.11}$$

其中

$$-\frac{\partial^2 L(\beta^k)}{\partial\beta\partial\beta^{\mathrm{T}}} \triangleq I_{\mathrm{obs}}$$

是观测的 Fisher 信息矩阵 (observed Fisher information matrix). 它一般难以求解, 于是用期望 Fisher 信息矩阵 (expected Fisher information matrix) 代替, 便得到 Fisher 得分迭代法. 期望信息矩阵为

$$I(\beta^k) = E\left(-\frac{\partial^2 L(\beta^k)}{\partial\beta\partial\beta^{\mathrm{T}}}\right) = D^{\mathrm{T}}V^{-1}D|_{\beta=\beta^k} = X^{\mathrm{T}}\Delta V^{-1}\Delta X|_{\beta=\beta^k} = X^{\mathrm{T}}WX|_{\beta=\beta^k}.$$

于是, 用 $I(\beta^k)$ 代替式 (1.2.11) 中的 $-\dfrac{\partial^2 L(\beta^k)}{\partial\beta\partial\beta^{\mathrm{T}}}$, 得到与式 (1.2.11) 对应的迭代公式

$$\begin{aligned}\beta^{k+1} &= \beta^k + [(X^{\mathrm{T}}WX)^{-1}X^{\mathrm{T}}\Delta V^{-1}(y-\mu)]|_{\beta=\beta^k}\\ &= \beta^k + [(X^{\mathrm{T}}WX)^{-1}X^{\mathrm{T}}\Delta V^{-1}\cdot\Delta(z-X\beta)]|_{\beta=\beta^k}\\ &= [(X^{\mathrm{T}}WX)^{-1}X^{\mathrm{T}}Wz]|_{\beta=\beta^k}.\end{aligned}$$

由此可见, Fisher 得分迭代法与迭代加权最小二乘法是等价的.

在获得回归参数 β 的估计 $\hat{\beta}$ 后, 可以得到均值和方差函数的估计分别为 $\hat{\mu}_i = h(x_i^{\mathrm{T}}\hat{\beta})$ 和 $v(\hat{\mu}_i)$. 而对于散度参数 ϕ 而言, 在一些情况下, ϕ 是已知的, 比如 logistic 回归模型. 如果散度参数 ϕ 是未知的, 这时, 可以通过矩估计方法得到散度参数 ϕ 的估计. 根据 $D(y_i) = \phi v(\mu_i)$, 可将散度参数 ϕ 的矩估计定义为

$$\hat{\phi} = \frac{1}{n-p}\sum_{i=1}^{n}(y_i - \hat{\mu}_i)^2/v(\hat{\mu}_i). \tag{1.2.12}$$

1.3　拟似然非线性模型

1.3.1　拟似然有关概念

在线性模型和广义线性模型中, 通常假定响应变量服从某一个分布, 但是, 在实际问题中, 响应变量的真正分布是未知的, 因而无法获得正确的似然函数, 此时, 通常的极大似然估计方法不再适用. 但从广义线性模型给出的似然方程 (1.2.8) 可以看出, 似然方程只与均值函数和方差函数有关, 为此, Wedderburn(1974) 提出了拟似然函数的概念, 并基于它得到了拟似然方程以及参数的极大拟似然估计. 这里将介绍拟似然的有关概念和方法.

尽管对响应变量的精确分布无法得知, 但是并不是说对其统计性质一无所知. 一般而言, 通常假定响应变量的一阶矩和二阶矩是已知的. 假定响应变量 y 的均值

和方差分别为

$$E(y)=\mu,\quad \operatorname{Var}(y)=\sigma^2 v(\mu), \tag{1.3.1}$$

这里, σ^2 是未知参数, 称为散度参数; $v(\cdot)$ 是某个已知的函数, 称为方差函数. 易见, 当响应变量服从指数族分布时, 其均值和方差满足上述关系.

对于满足 (1.3.1) 的随机变量 y, 拟似然函数定义为

$$Q(y,\mu)=\int_y^\mu \frac{y-t}{\sigma^2 v(t)}\mathrm{d}t \tag{1.3.2}$$

或者等价地

$$\frac{\partial Q}{\partial \mu}=\frac{y-\mu}{\sigma^2 v(\mu)}.$$

容易验证, $\dfrac{\partial Q}{\partial \mu}$ 具有如下性质:

$$E\left(\frac{\partial Q}{\partial \mu}\right)=0,$$

$$D\left(\frac{\partial Q}{\partial \mu}\right)=\frac{1}{\sigma^2 v(\mu)},$$

$$-E\left(\frac{\partial^2 Q}{\partial \mu^2}\right)=\frac{1}{\sigma^2 v(\mu)}.$$

可见函数 $\dfrac{\partial Q}{\partial \mu}$ 的性质类似于极大似然方法中的得分函数. 在一个特殊的场合, 有如下的结果.

定理 1.3.1 (Wedderburn, 1974) 对于随机变量 y, 其均值和方差分别为 $E(y)=\mu$ 和 $D(Y)=\sigma^2 v(\mu)$, 其对数似然函数 L 具有性质

$$\frac{\partial L}{\partial \mu}=\frac{y-\mu}{\sigma^2 v(\mu)} \tag{1.3.3}$$

当且仅当 y 具有指数族分布, 其密度函数为

$$p(y;\mu)=\exp\{y\theta-b(\theta)\}\mathrm{d}\gamma(y), \tag{1.3.4}$$

其中 θ 是 μ 的某个函数, $\gamma(\cdot)$ 是某个测度, $b(\cdot)$ 是已知的函数.

证明 如果 (1.3.3) 成立, 那么关于 μ 积分, 并令 $\theta=\displaystyle\int\frac{\mathrm{d}\mu}{\operatorname{Var}(y)}$, 则有

$$L=\int\frac{y}{\sigma^2 v(\mu)}\mathrm{d}\mu-\int\frac{\mu}{\sigma^2 v(\mu)}\mathrm{d}\mu=y\theta-\int\frac{\mu}{\sigma^2 v(\mu)}\mathrm{d}\mu.$$

从而 (1.3.4) 成立.

反之, 假定对实直线上的某个测度 γ, y 的分布由 $\exp\{y\theta - b(\theta)\}\mathrm{d}\gamma(y)$ 确定, 那么 $\int \mathrm{e}^{y\theta}\mathrm{d}\gamma(y) = \mathrm{e}^{b(\theta)}$, 所以 y 的矩母函数 $M(t)$ 是

$$M(t) = \int \mathrm{e}^{y(\theta+t)}\mathrm{e}^{-b(\theta)}\mathrm{d}\gamma(y) = \mathrm{e}^{b(\theta+t)-b(\theta)}. \tag{1.3.5}$$

因此, $\mu = E(y) = M'(0) = b'(\theta), E(y^2) = M''(0) = (b'(\theta))^2 + b''(\theta), \mathrm{Var}(y) = b''(\theta)$. 又 $\mathrm{d}\mu/\mathrm{d}\theta = b''(\theta) = \sigma^2 v(\mu)$, 从而

$$\frac{\partial L}{\partial \mu} = (y - b'(\theta))\frac{\mathrm{d}\theta}{\mathrm{d}\mu} = \frac{y-\mu}{\sigma^2 v(\mu)}.$$

定理 1.3.1 表明, 随机变量 y 的对数似然函数等于拟似然函数当且仅当它的分布属于指数族. 此时有

$$-E\left(\frac{\partial^2 Q}{\partial \mu^2}\right) = -E\left(\frac{\partial^2 L}{\partial \mu^2}\right).$$

1.3.2 拟似然非线性模型

利用广义线性模型去建模时, 事先要知道 Y 的分布, 而在实际问题中, 这一点不易做到, 为了克服这一局限性, Wedderburn (1974) 提出了拟似然函数 (1.3.2) 并用它来建模. 假设 $\{y_i, i = 1, 2, \cdots, n\}$ 相互独立, 均值、方差分别为

$$\begin{cases} E(y_i) = \mu_i = f(x_i, \beta), \\ \mathrm{Var}(y_i) = \sigma^2 v(\mu_i), \end{cases} \tag{1.3.6}$$

这里 $f(\cdot,\cdot), v(\cdot)$ 是已知的函数, $\beta = (\beta_1, \cdots, \beta_n)^{\mathrm{T}}$ 为 p 维未知参数, 其定义域为 $B \subseteq R^p$; $x_i = (x_{i1}, \cdots, x_{iq})^{\mathrm{T}}$ 为已知非随机 q 维设计变量, 其定义域为 $\mathcal{X} \subseteq R^q$, 那么拟似然函数被定义为

$$Q(\beta; Y) = \sum_{i=1}^{n} \int_{y_i}^{\mu_i} \frac{y_i - t}{\sigma^2 v(t)}\mathrm{d}t, \quad \mu_i = f(x_i, \beta) \triangleq \mu_i(\beta). \tag{1.3.7}$$

假定 $\mu_i(\beta)$ $(i = 1, \cdots, n)$ 作为 β 的函数存在三阶导数, $v(\mu_i)$ 关于 μ_i 在区间 Θ 上连续可导, 那么将 (1.3.7) 两边同时对 β 求导, 并令其为零, 可得拟得分函数

$$\frac{\partial Q(\beta; Y)}{\partial \beta} = \sigma^{-2} \sum_{i=1}^{n} \frac{\partial \mu_i(\beta)}{\partial \beta}(v(\mu_i))^{-1}(y_i - \mu_i(\beta)) = 0. \tag{1.3.8}$$

由 (1.3.6)–(1.3.8) 所定义的模型, 称为拟似然非线性模型. 方程 (1.3.8) 的根, 用 $\hat{\beta}$ 表示, 称为 β 的极大拟似然估计 (maximum quasi-likelihood estimator, MQLE).

如果 y_i 服从指数族分布, $\mu_i(\beta)=f(x_i^{\mathrm{T}}\beta)$, 则 $v(\mu_i)=b''(\theta_i)$, (1.3.8) 可改写为

$$\frac{\partial Q(\beta;Y)}{\partial\beta}=\sigma^{-2}\sum_{i=1}^{n}x_i\frac{\partial f(\eta)}{\partial\eta}\bigg|_{\eta=x_i^{\mathrm{T}}\beta}(b''(\theta_i))^{-1}(y_i-\mu_i(\beta)).$$

从而拟似然方程为

$$\sum_{i=1}^{n}x_i\frac{\partial f(\eta)}{\partial\eta}\bigg|_{\eta=x_i^{\mathrm{T}}\beta}(\sigma^2 b''(\theta_i))^{-1}(y_i-\mu_i(\beta))=0.$$

这正是方程 (1.2.8). 因此, 拟似然方法正是对数似然法的进一步扩展.

对于拟似然方程 (1.3.8), 其回归系数 β 没有显式解, 只能通过迭代法求解, 如可以使用迭代的加权最小二乘方法、迭代的 Newton-Raphson 方法和迭代的 Fisher 得分方法等.

拟似然非线性模型按照设计变量来分可分为三类, 其一是设计变量 x_i 是非随机的, 这称为带固定设计的拟似然非线性模型, 通常简称为拟似然非线性模型; 其二是设计变量 x_i 是随机的, 这称为带随机回归的拟似然非线性模型; 其三是设计变量在第 n 个阶段, 即 x_n, 依赖于前面的 $x_1,y_1,\cdots,x_{n-1},y_{n-1}$, 这称为自适应拟似然非线性模型. 在实际问题中, 由于数据的复杂性, 建模时需要考虑随机效应的影响, 这就产生了带随机效应的拟似然非线性模型 (详见第 6 章).

1.3.3 相关研究及进展

拟似然模型或拟似然法由于只用到响应变量 Y 的一、二阶矩, 而不需要知道 Y 的分布, 这在实际问题中非常有用. 因此, 自从 Wedderburn(1974) 提出拟似然概念以来, 拟似然模型或拟似然法的研究受到了广泛的关注. 相关的文献很多. 但由于拟似然非线性模型的研究才刚刚开始, 只有一些零星的结果. 例如: Wei 等 (2000) 对拟似然非线性模型, 在欧氏空间建立了微分几何结构, 并研究了拟似然估计的与统计曲率有关的渐近推断. Tang 和 Wang (2000) 对拟似然非线性模型, 在欧氏内积空间建立了几何结构, 导出了参数和子集参数的与统计曲率有关的三种近似置信域. 文献中研究的大多数是拟似然线性模型. 例如: Firth(1987) 研究了拟似然估计的效率, Hill 和 Tsai (1988) 研究了极大拟似然估计的计算方法, Liang 和 Lee (1994) 研究了在生物医学试验中的拟似然估计方法. Gay 和 Welsch (1988) 提出了指数族非线性模型中的拟似然法. Nelder 和 Pregibon (1987) 提出了推广的拟似然模型, 进一步扩展了拟似然模型的应用范围; Severini 和 Staniswalis (1994) 给出了半参数模型中的拟似然估计, 并给出了估计的渐近性质和算法. Mammen 和 Geer(1997) 给出了部分线性模型中的惩罚拟似然估计, 并证明了在一定的正则条件下, 惩罚拟似然估计具有渐近正态性. Nelder 和 Lee (1992) 比较了极大似然估计、推广的极大拟似然估计和极大拟似然估计, 得到了推广的极大拟似然估计在最小均方误差的

原则下是最佳的结论. Godambe(1985, 1987) 在建立某种最优估计方程时, 发现这些最优估计方程事实上就是 Wedderburn(1974) 的拟似然方程的推广. 基于这些发现, 一些学者在更强的条件下——不仅响应变量 Y 的期望函数和方差函数是已知的, 而且 Y 的峰度和偏度也是已知的, 提出了 "推广的拟似然函数" 和 "推广的拟似然估计" 的方法, 这进一步扩大了拟似然的应用范围, 如 Godambe 和 Thompson (1989), William 和 Durairajan (1999) 的文献. 为了处理一类较广泛的随机模型, 比如广义可加模型 (Hastie and Tibshirani, 1990), 许多学者引用了极大局部似然或极大局部拟似然方法, 例如, Tibshirani 和 Hastie (1987), Severini 和 Staniswalis (1994), Hunsberger (1994), Aragaki 和 Altman(1997). Fan 等 (1995) 证明了局部多项式拟似然方法具有像局部多项式最小二乘法一样好的性质. 但是局部多项式拟似然法具有计算上的困难, 为了克服这一困难, Fan 和 Chen (1999) 引入了一步局部拟似然法. 拟似然法也被引用到广义线性混合模型中. 例如, Breslow 和 Clayton (1993) 应用惩罚拟似然法 (penalized quasi-likelihood, PQL) 来估计广义线性混合模型中的回归系数和方差 σ^2, 所获得的估计是有偏估计; Breslow 和 Lin (1995) 提出了对 PQL 估计的一种纠正有偏的方法; Goldstein 和 Rasbash (1996) 进一步提出了纠正有偏的方法. 在广义线性混合模型中, 还有一些学者用另一种拟似然法——边缘拟似然法 (marginal quasi-likelihood, MQL). 他们用近似的均值向量和 "工作协方差阵" 来构造回归参数的估计方程, 如 Breslow 和 Clayton (1993), Waclawiw 和 Liang (1993) 的文献. 与惩罚拟似然法一样, 边缘拟似然法所获得的估计也是有偏估计, 如 Prentice 和 Zhao (1991), Liang 等 (1992), Sutradhar 和 Rao (1996) 的文献.

在实际问题中, 与 Y 的期望相比, 有关 Y 的方差的确切知识更难获得. 因此, 文献中有很多讨论 Y 的方差的估计问题. 例如, 一些学者提出利用样本对方差函数进行估计的思想. 一种考虑是参数型的, 即把未知的方差函数设定在一个包含少量参数的函数族内, 而利用样本对其中的参数作估计, 如 Nelder 和 Pregibon(1987), Carroll 和 Ruppert (1982), Davidian 和 Carroll (1988), Nelder 和 Lee (1992) 的文献. 参数型的方法扩大了方差函数的选择范围. 但这种方法也存在不足之处, 即有时所选的函数族并不包含真正的方差函数. 另一种考虑是非参数型的, 即不对方差函数的类型作任何假定, 而只要求具有一定的光滑性质. 例如, Chiou 和 Müller(1998) 提出了联系函数和方差函数均未知但是光滑的拟似然回归模型, 他们用非参数方法先求出联系函数和方差函数的相合估计, 以此代入拟似然方程, 可求得极大拟似然估计, 在一定的正则条件下, 他们证明了所求得的拟似然估计具有相合性和渐近正态性. Chiou 和 Müller (1999) 在一些条件下, 证明了当使用适当的方差函数估计去构造拟似然方程时, 所得的拟似然估计有相合性与渐近正态性, 其极限分布的协方差阵与使用正确的方差函数所得的估计的极限分布的协方差阵相同, 即达到了可能最好的情形. 类似的研究见 Wefelmeyer(1996, 1997a, 1997b), Li(2001) 的文献.

方程 (1.3.8) 的根称为 β_0 的极大拟似然估计 (MGLE).

参数估计的大样本性质一直是统计学家所关注的问题, 历史上的著名人物, 如 Gauss, Pearson, Fisher, Neyman, Cramer, Wald 等在大样本理论中都作出过杰出的贡献.

关于 GLM 的 MLE 或者极大拟似然估计的大样本理论, 已有很多学者研究过. 例如, 对于自然联系的广义线性模型, Haberman (1974, 1977), McFadden (1974), Anderson (1980), Nerdberg (1980), Gourieroux 和 Monfort (1981) 等分别提出了 MLE 的相合性和渐近正态性的条件; 对于非自然联系的广义线性模型, Mathicu (1981) 在相当强的条件下, 研究了 MLE 的渐近性质. 1985 年, Fahrmeir 和 Kaufmann 对自然联系和非自然联系的广义线性模型, 系统地给出了 MLE 的存在性、相合性和渐近正态性的条件. 1986 年, Fahrmeir 和 Kaufmann 进一步研究了离散响应变量广义线性模型参数估计的大样本性质. Lu 等 (2006) 讨论了带随机刻度的广义线性模型的拟似然估计的相合性和渐近正态性. Chen 等 (1999) 分别对带固定设计和自适应设计的广义线性模型, 给出了极大拟似然估计的强相合的条件. Chang(1999) 通过定义一个 "最后时" 随机变量的方法, 给出了广义线性模型中极大拟似然估计的强相合性和收敛速度. 但对于拟似然非线性模型中参数估计的大样本理论, 只有一些零星的结果. 例如, Tzavelas(1998) 证明了在一定的正则条件下, 拟似然估计是唯一的. McCullagh (1983) 陈述了拟似然模型中未知参数的极大拟似然估计的渐近结果, 但没有给出确切的假设条件和严格的证明.

本书系统地介绍了拟似然非线性模型中参数估计的大样本性质. 对于带固定设计的拟似然非线性模型, 在 Y 的一、二阶矩已知的条件下, 本书给出了极大拟似然估计的相合性和渐近正态性条件, 从本质上改进和发展了 McCullagh(1983) 的结果; 介绍了带固定设计的拟似然非线性模型中极大拟似然估计的强相合性及其收敛速度, 推广和发展了 Yue 和 Chen (2004) 的工作; 介绍了响应变量 Y 的均值函数正确, 但方差函数不正确情形下, 带固定设计的拟似然非线性模型参数估计的相合性和渐近正态性以及弱相合性的收敛速度. 对于带随机回归的拟似然非线性模型, 本书介绍了极大拟似然估计的相合性和渐近正态性, 推广和发展了 Fahrmeir 和 Kaufrmann (1985) 的工作. 对于自适应拟似然非线性模型, 本书介绍了极大拟似然估计的存在性、相合性和渐近正态性的条件; 在一组适当的正则条件下, 获得了极大拟似然估计的强相合性以及收敛速度, 推广和发展了 Yin 和 Zhao (2005), Chang(1999), Chen 等 (1999) 的工作. 对于带随机效应的拟似然非线性模型, 本书利用 Laplace 逼近的方法, 在一组适当的正则条件下, 证明了极大拟似然估计的存在性、相合性和渐近正态性, 将宗序平等 (2001) 关于指数族非线性随机效应模型的参数估计的渐近性质推广到带随机效应的拟似然非线性模型.

第2章 预备知识

2.1 随机变量的矩及不等式

设 Ω 是一个样本空间, 在它上面给出一个事件 σ-域 $\mathcal{F}$, 就有一个可测空间 $(\Omega,\mathcal{F})$. 将定义了概率测度 P 的可测空间 $(\Omega,\mathcal{F})$ 称为概率空间, 记为 $(\Omega,\mathcal{F},P)$. 在本章中, 所讨论的概率空间 $(\Omega,\mathcal{F},P)$ 是给定的.

设 $(\Omega,\mathcal{F},P)$ 为概率空间, $X=X(\omega)$ 是定义在概率空间 $(\Omega,\mathcal{F},P)$ 上的有限实值函数, 即对每个 $\omega\in\Omega$, 都有 $X(\omega)\in R$. 如果它关于 $\mathcal{F}$ 是可测的, 即对于任何 $x\in R$, 都有

$$(X<x)=\{\omega:X(\omega)<x\}\in\mathcal{F},$$

就称 X 为随机变量 (random variable), 简记为 r. v.. 如果 X 是定义在概率空间 $(\Omega,\mathcal{F},P)$ 上的随机变量, 而 $g:R\to R$ 为 Borel 可测函数, 那么 $Y=g(X)$ 也是定义在概率空间 $(\Omega,\mathcal{F},P)$ 上的随机变量. 由于概率空间是赋有测度的可测空间, 因此能引入积分的概念. 如果 $\int_\Omega |X|\mathrm{d}P<\infty$, 则称随机变量 X 的数学期望存在, 记作 EX, 即有

$$EX=\int_\Omega X\mathrm{d}P.$$

显然 EX 也可写为

$$EX=\int_{-\infty}^{\infty} x\mathrm{d}F(x),$$

这里右边的积分是 Riemann-Stieltjes 积分, $F(x)=P(X<x)$ $(x\in R)$ 称为随机变量 X 的分布函数 (distribution function), 简记为 d.f..

设随机变量 X 具有分布函数 $F(x)$, 而 $g(x)$ 是 Borel 可测函数. 如果存在数学期望 $Eg(X)$, 则有等式

$$Eg(X)=\int_\Omega g(X)\mathrm{d}P=\int_{-\infty}^{\infty} g(x)\mathrm{d}F(x).$$

定义 2.1.1 如果 $EX^k<\infty$ (k 为正整数), 则称 EX^k 为随机变量 X 的 k 阶矩; 如果 $E|X|^r<\infty$ $(r>0)$, 则称 $E|X|^r$ 为随机变量 X 的 r 阶绝对矩.

定义 2.1.2 $E(X-EX)^k$ (k 为正整数), $E|X-EX|^r$ $(r>0)$ 分别称为随机变量 X 的 k 阶中心矩和 r 阶绝对中心矩.

定义 2.1.3 具有有限的 r 阶绝对矩的随机变量所构成的集合称为概率空间 $(\Omega,\mathcal{F},P)$ 上的空间 L_r. 即 $L_r=\{X:X\text{是随机变量且 } E|X|^r<\infty, 0\leqslant r<\infty\}$.

命题 2.1.1 如果 $E|X|^r<\infty$, 则对于 $r'\leqslant r$, 有 $E|X|^{r'}$ 有限; 且对于 $k\leqslant r$ (k 为正整数), EX^k 存在且有限.

证明 当 $0<r'\leqslant r$ 时, 有

$$|X|^{r'}\leqslant 1+|X|^r,$$

所以 $E|X|^{r'}\leqslant 1+E|X|^r<\infty$. 故 $k\leqslant r$ 时, 有 $E|X|^k\leqslant 1+E|X|^r<\infty$, 从而 EX^k 存在且有限.

定义 2.1.4 称定义在区间 I 上的实值函数 $g(x)$ 是一个凸函数, 如果对 I 上的任意两点 x_1,x_2 和任意实数 $p\in(0,1)$, 总有

$$g(px_1+(1-p)x_2)\leqslant pg(x_1)+(1-p)g(x_2). \tag{2.1.1}$$

命题 2.1.2 (Hölder 不等式) $E|XY|\leqslant E^{\frac{1}{r}}|X|^rE^{\frac{1}{s}}|Y|^s$, 其中 $r>1, \dfrac{1}{r}+\dfrac{1}{s}=1$.

证明 假设 $0<E|X|^r, E|Y|^s<\infty$, 否则不等式是显然的. 由于 $-\log x$ 在 $(0,\infty)$ 上是凸函数, 故对任意实数 $a,b>0$ 有

$$-\log\left(\frac{a^r}{r}+\frac{b^s}{s}\right)\leqslant-\frac{1}{r}\log a^r-\frac{1}{s}\log b^s=-\log ab,$$

或者等价地

$$ab\leqslant\frac{a^r}{r}+\frac{b^s}{s},\quad 0\leqslant a,b<\infty.$$

因此

$$\begin{aligned}&E\left[\frac{|X|}{(E|X|^r)^{1/r}}\right]\left[\frac{|Y|}{(E|Y|^s)^{1/s}}\right]\\ \leqslant&\frac{1}{r}E\left[\frac{|X|}{(E|X|^r)^{1/r}}\right]^r+\frac{1}{s}E\left[\frac{|Y|}{(E|Y|^s)^{1/s}}\right]^s=\frac{1}{r}+\frac{1}{s}=1,\end{aligned}$$

由此可知不等式成立.

命题 2.1.3 (C_r 不等式) $E|X_1+\cdots+X_n|^r\leqslant C_r(E|X_1|^r+\cdots+E|X_n|^r)$, 其中,

$$C_r=\begin{cases}1, & 0<r\leqslant 1,\\ n^{r-1}, & r>1.\end{cases}$$

证明 先证数列的 C_r 不等式

$$|a_1+\cdots+a_n|^r\leqslant C_r(|a_1|^r+\cdots+|a_n|^r). \tag{2.1.2}$$

首先设 $r>1$. 令 X 是以概率 $1/n$ 分别取值 $a_1,\cdots,a_n$ 的随机变量, 则

$$E|X|=\frac{1}{n}\sum_{i=1}^{n}|a_i|,\quad E|X|^r=\frac{1}{n}\sum_{i=1}^{n}|a_i|^r.$$

利用 Hölder 不等式 (取 $Y=1$), 有 $(E|X|)^r\leqslant E|X|^r$, 故

$$\frac{1}{n^r}(|a_1|+\cdots+|a_n|)^r\leqslant\frac{1}{n}(|a_1|^r+\cdots+|a_n|^r).$$

由此可得 (2.1.2) 式. 在上式中等号成立的充要条件为 $|a_1|=\cdots=|a_n|$, 再由绝对值的性质知 (2.1.2) 中等号成立的充要条件为 $a_1=\cdots=a_n$.

当 $0<r\leqslant 1$ 时, 只需证明 $a_1,\cdots,a_n$ 不全为 0 的情形. 这时

$$\frac{|a_k|}{\sum\limits_{i=1}^{n}|a_i|}\leqslant\frac{|a_k|^r}{\left(\sum\limits_{i=1}^{n}|a_k|\right)^r},\quad k=1,\cdots,n.$$

将上述不等式相加即得 (2.1.2) 式.

利用 (2.1.2) 易证命题 2.1.3 成立.

命题 2.1.4 (Minkowski 不等式) 如果 $r\geqslant 1$, 则 $E^{\frac{1}{r}}|X+Y|^r\leqslant E^{\frac{1}{r}}|X|^r+E^{\frac{1}{r}}|Y|^r$.

证明 当 $r=1$ 时, 原不等式自然成立. 当 $r>1$ 时, 由 Hölder 不等式可得

$$\begin{aligned}E|X+Y|^r=&E|X+Y||X+Y|^{r-1}\leqslant E|X||X+Y|^{r-1}+E|Y||X+Y|^{r-1}\\ \leqslant&E^{\frac{1}{r}}|X|^rE^{\frac{1}{s}}|X+Y|^{s(r-1)}+E^{\frac{1}{r}}|Y|^rE^{\frac{1}{s}}|X+Y|^{s(r-1)}\\ =&E^{\frac{1}{r}}|X|^rE^{\frac{1}{s}}|X+Y|^r+E^{\frac{1}{r}}|Y|^rE^{\frac{1}{s}}|X+Y|^r\\ =&E^{\frac{1}{s}}|X+Y|^r(E^{\frac{1}{r}}|X|^r+E^{\frac{1}{r}}|Y|^r).\end{aligned}\tag{2.1.3}$$

如果 $E|X+Y|^r=0$, 原不等式自然成立.

如果 $E|X+Y|^r\neq 0$, 在式 (2.1.3) 两边同除以 $E^{\frac{1}{s}}|X+Y|^r$ 可知原不等式成立.

命题 2.1.5 (Schwarz 不等式) $E^2|XY|\leqslant E|X|^2E|Y|^2$.

证明 在 Hölder 不等式中, 取 $r=s=2$ 得 $E|XY|\leqslant E^{\frac{1}{2}}|X|^2E^{\frac{1}{2}}|Y|^2$, 故 Schwarz 不等式成立.

命题 2.1.6 $\log E|X|^r$ 是 r 的一个凸函数.

证明 令 $f(r)=\log E|X|^r$. 在 Schwarz 不等式中, 用 $X^{\frac{r-r'}{2}}$ 与 $X^{\frac{r+r'}{2}}$ $(0<r'\leqslant r)$ 分别代替 X 与 Y 得

$$E^2|X|^r = E^2|X|^{\frac{r-r'}{2}}|X|^{\frac{r+r'}{2}} \leqslant E|X|^{r-r'}E|X|^{r+r'}.$$

两边取对数得

$$\log E|X|^r \leqslant \frac{1}{2}\log E|X|^{r-r'} + \frac{1}{2}\log E|X|^{r-r'},$$

即有 $f(r) \leqslant \frac{1}{2}(f(r-r')+f(r+r'))$. 令 $a=r-r', b=r+r'$, 则 $r=\frac{a+b}{2}$, 故有 $f\left(\frac{a+b}{2}\right) \leqslant \frac{f(a)+f(b)}{2}$. 因此 $\log E|X|^r$ 是 r 的一个凸函数.

命题 2.1.7 $E^{\frac{1}{r}}|X|^r$ 是 r 的一个非降函数.

证明 在 (r,y) 平面, 曲线 $y=\log E|X|^r\ (r \geqslant 0)$ 通过 $(0,0)$ 点与 $(r, \log E|X|^r)$ 点, 由于 $y = \log E|X|^r$ 是 r 的一个凸函数, 故以上两点弦的斜率 $\frac{1}{r}\log E|X|^r$ 是 r 的一个非降函数. 又 $\frac{1}{r}\log E|X|^r = \log E^{\frac{1}{r}}|X|^r$, 故 $E^{\frac{1}{r}}|X|^r$ 是 r 的一个非降函数.

利用此性质, 立刻得到下面的命题.

命题 2.1.8 如果 $E|X|^r$ 有限, 那么当 $0<r' \leqslant r$ 时, 有 $E^{\frac{1}{r'}}|X|^{r'} \leqslant E^{\frac{1}{r}}|X|^r$.

定理 2.1.1 (基本不等式) 设 X 是任意一个随机变量, g 是 R 上的一个非负 Borel 函数.

(1) 如果 g 是偶函数且在 $[0,+\infty)$ 上非降, 则对于每个 $a \geqslant 0$, 有

$$\frac{Eg(X)-g(a)}{\text{a.s.}\sup g(X)} \leqslant P(|X| \geqslant a) \leqslant \frac{Eg(X)}{g(a)}; \tag{2.1.4}$$

(2) 如果 g 在 R 上非降, 则上式中间的一项应换为 $P(X \geqslant a)$, 此处 a 为任意一个实数.

证明 (1) 若 g 是偶函数且在 $[0,+\infty)$ 上非降, 则令 $A=P(|X| \geqslant a)$, 于是

$$Eg(X) = \int_A g(x)\mathrm{d}P + \int_{A^c} g(x)\mathrm{d}P.$$

由于

$$g(a)P(A) \leqslant \int_A g(x)\mathrm{d}P \leqslant \text{a.s.}\sup g(X)P(A),$$

$$0 \leqslant \int_{A^c} g(x)\mathrm{d}P \leqslant g(a)P(A^c) \leqslant g(a),$$

所以 $g(a)P(A) \leqslant Eg(X) \leqslant \text{a.s.}\sup g(X)P(A)+g(a)$, 从而可得式 (2.1.4) 成立.

(2) 若 g 在 R 上非降, 记 $B = P(X \geqslant a)$ $(\forall a \in R)$, 于是

$$Eg(X) = \int_B g(x)\mathrm{d}P + \int_{B^c} g(x)\mathrm{d}P.$$

由于

$$g(a)P(B) \leqslant \int_B g(x)\mathrm{d}P \leqslant \text{a.s.}\sup g(X)P(B),$$

$$0 \leqslant \int_{B^c} g(x)\mathrm{d}P \leqslant g(a)P(B^c) \leqslant g(a),$$

所以 $g(a)P(B) \leqslant Eg(X) \leqslant \text{a.s.}\sup g(X)P(B) + g(a)$, 从而可得

$$\frac{Eg(X) - g(a)}{\text{a.s.}\sup g(X)} \leqslant P(X \geqslant a) \leqslant \frac{Eg(X)}{g(a)}.$$

注 2.1.1 (1) 取 $g(x) = \mathrm{e}^{rx}\ (r > 0)$, 用结论 (2), 对任意实数 $a \in R$, 有

$$\frac{E\mathrm{e}^{rX} - \mathrm{e}^{ra}}{\text{a.s.}\sup \mathrm{e}^{rX}} \leqslant P(X \geqslant a) \leqslant \frac{E\mathrm{e}^{rX}}{\mathrm{e}^{ra}}.$$

(2) 取 $g(x) = |x|^r\ (r > 0)$, 用结论 (1), 对任意实数 $a > 0$, 有

$$\frac{E|X|^r - a^r}{\text{a.s.}\sup |X|^r} \leqslant P(|X| \geqslant a) \leqslant \frac{E|X|^r}{a^r}.$$

当 $r > 0$ 时, 右半边不等式称为 Markov 不等式;

当 $r = 2$ 时, 右半边不等式称为 Chebyshev 不等式.

定理 2.1.2 (Kolmogorov 不等式)　设 $\{X_k, 1 \leqslant k \leqslant n\}$ 为相互独立的随机变量且 $EX_k = 0$. 记 $S_k = \sum_{j=1}^{k} X_j$, 则对任意给出的 $\varepsilon > 0$, 都有

$$P(\max_{1 \leqslant k \leqslant n} |S_k| \geqslant \varepsilon) \leqslant \frac{1}{\varepsilon^2}\sum_{k=1}^{n} EX_k^2. \tag{2.1.5}$$

此外, 如果存在常数 $c > 0$ 使得 $|X_k| \leqslant c, 1 \leqslant k \leqslant n$, 那么有

$$P(\max_{1 \leqslant k \leqslant n} |S_k| \geqslant \varepsilon) \geqslant 1 - \frac{(\varepsilon + c)^2}{\sum_{k=1}^{n} EX_k^2}. \tag{2.1.6}$$

定理的证明可参考苏淳 (2010) 的文献.

2.2 特征函数及其性质

设随机变量 X 的分布函数是 $F(x)$, 称 $F(x)$ 的 Fourier-Stieltjes 变换

$$f(t) = Ee^{itx} = \int_{-\infty}^{\infty} e^{itx} dF(x)$$

为随机变量 X 的特征函数 (简记为 c.f.). 由定义可知特征函数具有下列基本性质:

(1) $f(0) = 1, |f(t)| \leqslant 1, f(-t) = \bar{f}(t)$, 其中 $\bar{f}$ 表示 f 的复共轭.

(2) $|f(t) - f(t+h)|^2 \leqslant 2(1 - \mathrm{Re}(f(h)))$.

(3) $f(t)$ 在 R 上是一致连续的.

(4) 具有非负定性, 即对任意实数 $t_1, \cdots, t_n$ 及复数 $\lambda_1, \cdots, \lambda_n$ 有

$$\sum_{k=1}^{n}\sum_{j=1}^{n} f(t_k - t_j)\lambda_k\bar{\lambda}_j \geqslant 0.$$

(5) 设 $Y = aX + b$, a, b 是任意实数, 则

$$f_Y(t) = e^{ibt} f_X(at).$$

(6) 独立随机变量 X_k $(k = 1, \cdots, n)$ 之和 $S_n = \sum_{k=1}^{n} X_k$ 的特征函数等于 X_k 的特征函数之积, 即

$$f_{S_n}(t) = \prod_{k=1}^{n} f_k(t)$$

(其逆不真).

(7) 设随机变量 X 的 k 阶矩 $\alpha_k = EX^k$ 存在 (k 为正整数), 那么 $f(t)$ 是 k 次可微的, 且对正整数 $m \leqslant k$ 有

$$f^{(m)}(0) = i^m \alpha_m.$$

反之, 若 X 的特征函数 $f(t)$ 是 k 次可微的, 当 k 为偶数时, 则 $E|X|^k < \infty$; 当 k 为奇数时, $E|X|^{k-1} < \infty$, 但 k 阶矩未必存在.

(8) 设 X 为随机变量. 如果对 $n \in N$, 有 $E|X|^n < \infty$, 则 X 的特征函数 $f(t)$ 在 $t = 0$ 处可展开为

$$f(t) = 1 + \sum_{k=1}^{n} \frac{(it)^k}{k!} + o(t^n), \quad t \to 0.$$

下面我们叙述几个常用的定理.

定理 2.2.1 (逆转公式)　设 $F(x)$ 是分布函数, $f(t)$ 是对应的特征函数, 若 x_1 和 x_2 是 $F(x)$ 的连续点, 那么

$$F(x_2)-F(x_1)=\frac{1}{2\pi}\lim_{T\to\infty}\int_{-T}^{T}\frac{\mathrm{e}^{-\mathrm{i}tx_2}-\mathrm{e}^{-\mathrm{i}tx_1}}{-\mathrm{i}t}f(t)\mathrm{d}t.$$

作为这一定理的一个直接推论, 有

定理 2.2.2　具有相同特征函数的两个分布函数是恒等的.

定理 2.2.3　设特征函数 $f(t)$ 在 R 上绝对可积, 即

$$\int_{-\infty}^{\infty}|f(t)|<\infty,$$

那么对应的分布函数 $F(x)$ 处处有连续的导数 $p(x)=\dfrac{\mathrm{d}}{\mathrm{d}x}F(x)$, 且对每一 x 有

$$p(x)=\frac{1}{2\pi}\int_{-\infty}^{\infty}f(t)\mathrm{e}^{-\mathrm{i}tx}\mathrm{d}t.$$

上述定理的证明可参见苏淳 (2010) 的文献.

定义 2.2.1　如果随机变量 X 与 $-X$ 有相同的分布, 则称随机变量 X 是对称的.

命题 2.2.1　一个随机变量 X 是对称的, 当且仅当它的特征函数是实的.

事实上, 由 X 的对称性知 X 和 $-X$ 有一个相同的分布函数, 据定义 $f(t)=E\mathrm{e}^{\mathrm{i}tX}=E\mathrm{e}^{-\mathrm{i}tX}=f(-t)=\overline{f(t)}$. 这就是说 $f(t)$ 是实的. 反之, 从

$$f(t)=\overline{f(t)}=f(-t)=E\mathrm{e}^{-\mathrm{i}tX}$$

知 X 和 $-X$ 的特征函数相等, 故由唯一性定理知, 它们的分布函数恒等, 这说明随机变量 X 是对称的.

最后来讨论多维随机变量 $(X_1,\cdots,X_n)$ 的特征函数.

设 $(X_1,\cdots,X_n)$ 的 n 元分布函数为 $F(x_1,\cdots,x_n)$, 那么

$$f(t_1,\cdots,t_n)=E\exp\left(\mathrm{i}\sum_{k=1}^{n}t_kX_k\right)$$

称为 n 维随机变量 $(X_1,\cdots,X_n)$ 的特征函数, 因此

$$f(t_1,\cdots,t_n)=\int_{-\infty}^{\infty}\cdots\int_{-\infty}^{\infty}\exp\left(\mathrm{i}\sum_{k=1}^{n}t_kx_k\right)\mathrm{d}F(x_1,\cdots,x_n).$$

类似于一维情形, 也有相应的逆转公式和对应的唯一性定理.

利用多元特征函数, 可将随机变量的独立性用它们的特征函数来表达.

定理 2.2.4 随机变量 $X_1,\cdots,X_n$ 相互独立的充要条件是它的 n 维特征函数等于各分量的特征函数之乘积, 即

$$f_{X_1,\cdots,X_n}(t_1,\cdots,t_n)=\prod_{k=1}^{n}f_{X_k}(t_k).$$

2.3 随机变量序列的收敛性

2.3.1 a.s.收敛

定义 2.3.1 事件序列 $\{A_n,n\in N\}$ 的上极限定义为 $\overline{\lim\limits_{n\to\infty}}A_n$, 或 $\limsup\limits_{n\to\infty}A_n=\bigcap\limits_{n=1}^{\infty}\bigcup\limits_{k=n}^{\infty}A_k$, 事件序列 $\{A_n,n\in N\}$ 的下极限定义为 $\underline{\lim\limits_{n\to\infty}}A_n$, 或 $\liminf\limits_{n\to\infty}A_n=\bigcup\limits_{n=1}^{\infty}\bigcap\limits_{k=n}^{\infty}A_k$.

注 2.3.1 现在我们探讨一下事件序列 $\{A_n,n\in N\}$ 的上、下极限的直观意义, 即上、下极限集都是由什么元素组成的? 首先看看上极限集: $\omega\in\overline{\lim\limits_{n\to\infty}}A_n=\bigcap\limits_{n=1}^{\infty}\bigcup\limits_{k=n}^{\infty}A_k$ 当且仅当对任意 $n\geqslant 1$, 存在 $k\geqslant n$, 恒有 $\omega\in A_k$, 即上极限是 "属于集列中无限多个集的那种元素全体所组成的集". 因此我们又可以将上极限叙述为 $\overline{\lim\limits_{n\to\infty}}A_n=\{\omega:$ 对任意的 n, 存在 $k\geqslant n$, 使得 $\omega\in A_k\}$, 即 $\{A_n\}$ 中有无穷多项包含 ω. 类似地, 可以得知: 下极限是 "属于集列中从某个指标 $n(\omega)$ (这个指标与 ω 有关) 以后所有集 A_n 的那种元素 ω 全体 (即除去有限多个集以外的所有集 A_n 都含有那种元素) 所组成的集". 因此, 我们又可以将下极限叙述为: $\underline{\lim\limits_{n\to\infty}}A_n=\{\omega:$ 存在 $n(\omega)$, 对任意的 $k\geqslant n(\omega)$, 使得 $\omega\in A_n\}$, 即 A_n 中不含 ω 的项只有有限多项.

显然有 $\liminf\limits_{n\to\infty}A_n\subset\limsup\limits_{n\to\infty}A_n$. 如果 $\liminf\limits_{n\to\infty}A_n=\limsup\limits_{n\to\infty}A_n$, 则称 $\lim\limits_{n\to\infty}A_n=A$ 为事件序列 $\{A_n,n\in N\}$ 的极限.

由于上极限 $\overline{\lim\limits_{n\to\infty}}A_n$ 发生, 当且仅当有无穷多个 A_k 发生, 所以人们又将上极限的符号简化为 $\{A_n,\text{i.o.}\}$, 这里 i.o. 是 infinitely often 的缩写. 于是有

$$\{A_n,\text{i.o.}\}=\overline{\lim_{n\to\infty}}A_n=\bigcup_{n=1}^{\infty}\bigcap_{m=n}^{\infty}A_m. \tag{2.3.1}$$

命题 2.3.1 如果 $A_n\uparrow$, 即 $A_1\subset A_2\subset A_3\subset\cdots$, 则 $\lim\limits_{n\to\infty}A_n=\bigcup\limits_{n=1}^{\infty}A_n$; 如果 $A_n\downarrow$, 则 $\lim\limits_{n\to\infty}A_n=\bigcap\limits_{n=1}^{\infty}A_n$.

证明 如果 $A_n\uparrow$, 则有 $\bigcap\limits_{m=n}^{\infty}A_m=A_n$, $\bigcup\limits_{m=n}^{\infty}A_m=\bigcup\limits_{m=1}^{\infty}A_m$, 故

$$\limsup_{n\to\infty}A_n\triangleq\bigcap_{n=1}^{\infty}\bigcup_{m=n}^{\infty}A_m=\bigcup_{m=1}^{\infty}A_m,$$
$$\liminf_{n\to\infty}A_n\triangleq\bigcup_{n=1}^{\infty}\bigcap_{m=n}^{\infty}A_m=\bigcup_{n=1}^{\infty}A_n.$$

因此 $\lim\limits_{n\to\infty}A_n=\bigcup\limits_{n=1}^{\infty}A_n$.

定义 2.3.2 令 $\{X_n,X;n\in N\}$ 是定义在共同的概率空间 Ω 上的随机变量. 如果

$$P(\omega:X_n(\omega)\to X(\omega))=1, \tag{2.3.2}$$

那么称随机变量序列 $\{X_n\}$a.s. (almost sure) 收敛到 X (或以概率 1 收敛到 X), 记为 $X_n\overset{\text{a.s.}}{\to}X$, 或 $X_n\to X$, a.s..

这里, 如果记 $\Omega_0=\{\omega:X_n(\omega)\to X(\omega)\}$, 那么就有 $P(\Omega_0)=1$. 因此, 所谓 "X_na.s.收敛到 X", 就是存在 $\Omega_0\in\mathcal{F}$, 有 $P(\Omega_0)=1$, 使得只要 $\omega\in\Omega_0$, 就有

$$\lim_{n\to\infty}X_n(\omega)=X(\omega).$$

由于对固定的 ω 来说, $X_n(\omega)$ 就是数列, 故 "$\lim\limits_{n\to\infty}X_n(\omega)=X(\omega)$" 就是对任何 $\varepsilon>0$, 都存在 $k=k(X,\omega)\in N$, 使得只要 $n\geqslant k$, 就有

$$|X_n(\omega)-X(\omega)|<\varepsilon.$$

因此易知式 (2.3.2) 可以表示为

$$\begin{aligned}&P\left(\bigcap_{\varepsilon>0}\bigcup_{k=1}^{\infty}\bigcap_{n=k}^{\infty}(|X_n-X|<\varepsilon)\right)\\=&P\left(\bigcap_{\varepsilon>0}\bigcup_{k=1}^{\infty}\bigcap_{n=k}^{\infty}\{\omega:|X_n(\omega)-X(\omega)|<\varepsilon\}\right)=1.\end{aligned}\tag{2.3.3}$$

由于式 (2.3.3) 中的 $\bigcap\limits_{\varepsilon>0}$ 不是可列交, 但是可以将其改写为如下的等价形式:

$$P\left(\bigcap_{m=1}^{\infty}\bigcup_{k=1}^{\infty}\bigcap_{n=k}^{\infty}\left\{\omega:|X_n(\omega)-X(\omega)|<\frac{1}{m}\right\}\right)=1. \tag{2.3.4}$$

引理 2.3.1 设 $\{X_n,X\}$ 是定义在共同的概率空间 Ω 上的随机变量, 则下列命题等价:

(1) $P\left(\bigcap\limits_{m=1}^{\infty}\bigcup\limits_{k=1}^{\infty}\bigcap\limits_{n=k}^{\infty}\left\{\omega:|X_n(\omega)-X(\omega)|<\dfrac{1}{m}\right\}\right)=1$;

(2) $P\left(\bigcup_{m=1}^{\infty}\bigcap_{k=1}^{\infty}\bigcup_{n=k}^{\infty}\left\{\omega:|X_n(\omega)-X(\omega)|\geqslant\frac{1}{m}\right\}\right)=0$;

(3) $P\left(\bigcap_{k=1}^{\infty}\bigcup_{n=k}^{\infty}\{\omega:|X_n(\omega)-X(\omega)|\geqslant\varepsilon\}\right)=0$;

(4) $\lim_{k\to\infty}P\left(\bigcup_{n=k}^{\infty}(|X_n-X|\geqslant\varepsilon)\right)=0,\forall\varepsilon>0$, 其中 m,n,k 均为正整数, ε 为任给正数.

引理的证明可参考苏淳 (2010) 的文献.

总结上述的讨论, 得到下面的定理.

定理 2.3.1 如果 $\{X,X_n;n\in N\}$ 是定义在共同的概率空间 Ω 上的随机变量, 则 $X_n\overset{\text{a.s.}}{\to}X$ 的充分必要条件是下面等式成立

$$\lim_{k\to\infty}P\left(\bigcup_{n=k}^{\infty}(|X_n-X|\geqslant\varepsilon)\right)=0,\quad\forall\varepsilon>0. \tag{2.3.5}$$

利用事件无穷多次发生的概念和引理 2.3.1, 立刻得知有如下命题.

命题 2.3.2 (1) $X_n\to X,\text{a.s.}\Leftrightarrow P(|X_n-X|\geqslant\varepsilon,\text{i.o.})=0,\forall\varepsilon>0$;

(2) $X_n\neq X,\text{a.s.}\Leftrightarrow$ 对某个$\varepsilon_0>0,P(|X_n-X|\geqslant\varepsilon,\text{i.o.})=1$.

命题 2.3.2 表明在事件序列的无穷多次发生和随机变量序列的 a.s. 收敛之间有着密切的关系, 所以需要讨论如何判断概率 $P(A_n,\text{i.o.})=0$ 或 1 的问题.

2.3.2 Borel-Cantelli 引理

引理 2.3.2 (Borel-Cantelli 引理) 设 $\{A_n,n\in N\}$ 是概率空间 $(\Omega,\mathcal{F},P)$ 中的一列事件.

(1) 如果

$$\sum_{n=1}^{\infty}P(A_n)<\infty, \tag{2.3.6}$$

则有 $P(A_n,\text{i.o.})=0$.

(2) 如果 $\{A_n,n\in N\}$ 是相互独立的事件序列且

$$\sum_{n=1}^{\infty}P(A_n)=\infty, \tag{2.3.7}$$

则有 $P(A_n,\text{i.o.})=1$.

证明 由式 (2.3.1) 和概率的上连续性知

$$P(A_n,\text{i.o.})=P\left(\bigcap_{k=1}^{\infty}\bigcup_{n=k}^{\infty}A_n\right)=\lim_{k\to\infty}P\left(\bigcup_{n=k}^{\infty}A_n\right). \tag{2.3.8}$$

(1) 由于式 (2.3.6) 蕴涵

$$\lim_{k\to\infty} P\left(\bigcup_{n=k}^{\infty} A_n\right) \leqslant \lim_{k\to\infty}\sum_{n=k}^{\infty} P(A_n) = 0,$$

所以当式 (2.3.6) 成立时, 由式 (2.3.8) 可知 $P(A_n, \text{i.o.}) = 0$.

(2) 由无穷乘积的收敛性和无穷级数的收敛性之间的关系知当式 (2.3.7) 成立时, 对任何 $k \in N$ 都有

$$\lim_{m\to\infty}\prod_{n=k}^{m}(1-P(A_n)) = \prod_{n=k}^{\infty}(1-P(A_n)) = 0.$$

如果 $\{A_n, n\in N\}$ 是相互独立的事件序列, 那么对任何正整数 $m \geqslant k$ 都有

$$P\left(\bigcap_{n=k}^{m} A_n^c\right) = \prod_{n=k}^{m}(P(A_n^c)) = \prod_{n=k}^{m}(1-P(A_n)),$$

于是由概率的下连续性得到

$$P\left(\bigcap_{n=k}^{\infty} A_n^c\right) = P\left(\lim_{m\to\infty}\bigcap_{n=k}^{m} A_n^c\right) = \lim_{m\to\infty}\prod_{n=k}^{m}(1-P(A_n)) = \prod_{n=k}^{\infty}(1-P(A_n)) = 0.$$

由对偶原理知

$$P\left(\bigcup_{n=k}^{\infty} A_n\right) = 1, \quad \forall k \in N.$$

结合式 (2.3.8) 知 $P(A_n, \text{i.o.}) = 1$.

推论 2.3.1　如果 $\{A_n, n\in N\}$ 是相互独立的事件序列, 则 $P(A_n, \text{i.o.}) = 1$ 的充分必要条件是式 (2.3.7) 成立.

证明　充分性已证. 往证必要性. 如果 $P(A_n, \text{i.o.}) = 1$, 但是却有

$$\sum_{n=1}^{\infty} P(A_n) < \infty,$$

那么由引理 2.3.2 即得 $P(A_n, \text{i.o.}) = 0$, 导致矛盾, 所以必有式 (2.3.7) 成立.

定义 2.3.3　设 $\{X, X_n, n \in N\}$ 是随机变量序列. 如果对每一 $\varepsilon > 0$, 有 $\sum\limits_{n=1}^{\infty} P(|X_n - X| \geqslant \varepsilon) < \infty$, 就称随机变量序列 X_n 完全收敛于随机变量 X, 记为 $X_n \xrightarrow{c} X$.

推论 2.3.2　如果 $X_n \xrightarrow{c} X$, 那么 $X_n \xrightarrow{\text{a.s.}} X$.

证明 因为 $X_n \xrightarrow{c} X$, 所以 $\forall \varepsilon > 0$, $\sum\limits_{n=1}^{\infty} P(|x_n - X| \geqslant \varepsilon) < \infty$. 因此 $\forall \varepsilon > 0$ 有 $\lim\limits_{n\to\infty} \sum\limits_{k=n}^{\infty} P(|X_k - X| \geqslant \varepsilon) = 0$. 又因为 $P\left(\bigcup\limits_{k=n}^{\infty} (|X_k - X| \geqslant \varepsilon)\right) \leqslant \sum\limits_{k=n}^{\infty} P(|X_k - X| \geqslant \varepsilon)$, 故 $\lim\limits_{n\to\infty} P\left(\bigcup\limits_{k=n}^{\infty} (|X_k - X| \geqslant \varepsilon)\right) = 0, \forall \varepsilon > 0$. 由定理 2.3.1 得

$$X_n \xrightarrow{\text{a.s.}} X.$$

推论 2.3.3 设 $\{X, X_n, n \in N\}$ 是随机变量序列. 如果 $\sum\limits_{n=1}^{\infty} E|X_n - X|^p < \infty, p > 0$, 则

$$X_n \xrightarrow{\text{a.s.}} X.$$

证明 $\forall p > 0$, 由 Markov 不等式知, $P(|X_n - X| \geqslant \varepsilon) \leqslant \dfrac{1}{\varepsilon^p} E|X_n - X|^p$, 因此有

$$\sum_{n=1}^{\infty} P(|X_n - X| \geqslant \varepsilon) \leqslant \frac{1}{\varepsilon^p} \sum_{n=1}^{\infty} E|X_n - X|^p < \infty.$$

由推论 2.3.1 知

$$X_n \xrightarrow{\text{a.s.}} X.$$

推论 2.3.4 设 $\{X, X_n, n \in N\}$ 是随机变量序列. 则 $X_n \xrightarrow{\text{a.s.}} C$ 的充要条件是 $\sum\limits_{n=1}^{\infty} P(|X_n - C| \geqslant \varepsilon) < \infty$, 其中 C 为常数, ε 为任给正数.

证明 充分性由推论 2.3.3 立得. 现证必要性. 由于 $X_n \xrightarrow{\text{a.s.}} C$, 由引理 2.3.1(3), 对任给的 $\varepsilon > 0$, 有 $P\left(\bigcap\limits_{n=1}^{\infty} \bigcup\limits_{k=n}^{\infty} (|X_k - C| \geqslant \varepsilon) = 0\right)$, 记 $A_k = (|X_k - C| \geqslant \varepsilon)$, 则 $P\left(\bigcap\limits_{n=1}^{\infty} \bigcup\limits_{k=n}^{\infty} A_k\right) = P(\overline{\lim\limits_{n\to\infty}} A_n) = 0$. 由于 X_n 为相互独立的随机变量序列, 故 $\{A_n\}$ 为相互独立事件序列, 从而 $\sum\limits_{n=1}^{\infty} P(|X_n - C| \geqslant \varepsilon) < \infty$. 如果 $\sum\limits_{n=1}^{\infty} P(|X_n - C| \geqslant \varepsilon) = \infty$. 则由 Borel-Cantelli 引理得 $P(\overline{\lim\limits_{n\to\infty}} A_n) = 1$, 矛盾, 必要性得证.

2.3.3 依概率收敛与依 r 阶平均收敛

定义 2.3.4 令 $\{X, X_n, n \in N\}$ 是定义在共同的概率空间 $(\Omega, \mathcal{F}, P)$ 上的随机变量. 如果对于任意 $\varepsilon > 0$, 有 $\lim\limits_{n\to\infty} P(|X_n - X| > \varepsilon) = 0$, 那么称序列 $\{X_n\}$ 依

概率收敛到随机变量 X, 记为 $X_n \xrightarrow{P} X$, 或 $X_n \to X, P$. 如果 X_n 依概率收敛到 0, 记为 $X_n \xrightarrow{P} 0$, 或 $X_n \to 0, P$, 或 $X_n = o_p(1)$. 一般地, 如果对于某个序列 a_n, 有 $a_n X_n \xrightarrow{P} 0$, 那么我们记为 $X_n = o_p\left(\frac{1}{a_n}\right)$.

定义 2.3.5 如果对于任意给定的 $\varepsilon > 0$, 存在一个常数 $k > 0$, 使得当 $n > n_0(\varepsilon)$ 时, 有

$$P(|X_n| > k) \leqslant \varepsilon,$$

那么称随机变量序列 X_n 是依概率有界的, 记为 $X_n = O_p(1)$. 如果 $a_n X_n = O_p(1)$, 那么我们记为 $X_n = O_p\left(\frac{1}{a_n}\right)$. 显然, 如果 $X_n = o_p(1)$, 那么有 $aX_n = O_p(1)$.

定理 2.3.2 若 $X_n \xrightarrow{P} X$, 那么极限随机变量 X 是唯一的. 即若同时有 $X_n \xrightarrow{P} X$, $X_n \xrightarrow{P} Y$, 则 $X = Y$, a.s..

证明 因为 $\{X \neq Y\} = \{|X - Y| > 0\} = \bigcup\limits_{k=1}^{\infty}\left\{|X - Y| \geqslant \frac{1}{k}\right\}$, 所以 $P(X \neq Y) = P(|X - Y| > 0) \leqslant \sum\limits_{k=1}^{\infty} P\left(|X - Y| \geqslant \frac{1}{k}\right)$. 对固定的 k,

$$\begin{aligned}\left\{|X - Y| \geqslant \frac{1}{k}\right\} &= \left\{|X_n - Y - (X_n - X)| \geqslant \frac{1}{k}\right\} \\ &\subset \left\{|X_n - Y| + |X_n - X| \geqslant \frac{1}{k}\right\} \\ &\subset \left\{|X_n - Y| \geqslant \frac{1}{2k}\right\} \bigcup \left\{|X_n - X| \geqslant \frac{1}{2k}\right\},\end{aligned}$$

所以

$$P\left(|X - Y| \geqslant \frac{1}{k}\right) \leqslant P\left(|X_n - Y| \geqslant \frac{1}{2k}\right) + P\left(|X_n - X| \geqslant \frac{1}{2k}\right) \to 0, \quad n \to \infty,$$

因此 $P\left(|X - Y| \geqslant \frac{1}{k}\right) = 0$, 从而 $P(X \neq Y) = 0$, 即 $P(X = Y) = 1$, 故

$$X = Y, \text{ a.s.}.$$

随机变量序列的 a.s. 收敛与依概率收敛有下面的关系.

定理 2.3.3 若 $X_n \xrightarrow{\text{a.s.}} X$, 那么 $X_n \xrightarrow{P} X$.

证明 由于

$$(|X_k - X| \geqslant \varepsilon) \subset \bigcup_{n=k}^{\infty} (|X_n - X| \geqslant \varepsilon),$$

故由定理 2.3.1 得

$$\lim_{k\to\infty} P(|X_k - X| \geqslant \varepsilon) \leqslant \lim_{k\to\infty} P\left(\bigcup_{n=k}^{\infty}(|X_n - X| \geqslant \varepsilon)\right) = 0,$$

因此 $X_n \xrightarrow{p} X$.

但定理 2.3.3 的逆不成立, 反例如下.

例 2.3.1 取 $\Omega = (0,1]$, $\mathcal{F}$ 为 (0,1] 中全体 Borel 集类, P 为勒贝格测度, 则 $(\Omega, \mathcal{F}, P)$ 为一概率空间, 令

$$Y_1^{(1)}(\omega) \equiv 1, \quad \omega \in (0,1];$$

$$Y_1^{(2)}(\omega) = \begin{cases} 1, & \omega \in \left(0, \dfrac{1}{2}\right], \\ 0, & \omega \in \left(\dfrac{1}{2}, 1\right]; \end{cases}$$

$$Y_2^{(2)}(\omega) = \begin{cases} 0, & \omega \in \left(0, \dfrac{1}{2}\right], \\ 1, & \omega \in \left(\dfrac{1}{2}, 1\right]. \end{cases}$$

一般地, 把 (0,1] 分成 k 个等长区间, 而令

$$Y_i^{(k)}(\omega) = \begin{cases} 1, & \omega \in \left(\dfrac{i-1}{k}, \dfrac{i}{k}\right], \\ 0, & \omega \bar{\in} \left(\dfrac{i-1}{k}, \dfrac{i}{k}\right] \end{cases} \qquad (i = 1, 2, \cdots, k; k = 1, 2, \cdots).$$

定义

$$X_1(\omega) = Y_1^{(1)},\ X_2(\omega) = Y_1^{(2)},\ X_3(\omega) = Y_2^{(2)},\ X_4(\omega) = Y_1^{(3)},\ X_5(\omega) = Y_2^{(3)}, \cdots,$$

这里 $n = i + \dfrac{k(k-1)}{2}$. 则 $\{X_n(\omega)\}$ 是一列随机变量. 由于对任意 ε $(0 < \varepsilon < 1)$, 当 $n \to \infty$ 时, 有

$$P(\omega : |X_n(\omega) - 0| \geqslant \varepsilon) = P\left(\omega \in \left(\frac{i-1}{k}, \frac{i}{k}\right]\right) = \frac{1}{k} \to 0,$$

故 $X_n(\omega) \xrightarrow{P} 0$, 但 $X_n(\omega) \xrightarrow{\text{a.s.}} 0$ 不成立. 事实上, 在 (0,1] 任取一点 ω_0, 对固定的 k 必有如下形式的 i 使得

$$\omega_0 \in \left(\frac{i-1}{k}, \frac{i}{k}\right], \quad \text{从而}\ Y_i^{(k)}(\omega_0) = 1.$$

换言之, 当我们沿数列 $X_1(\omega_0), X_2(\omega_0), X_3(\omega_0), \cdots$ 看下去, 不论多远, 总有等于 1 的数, 所以 $X_n(\omega_0) \to 0$ 不能成立.

定理 2.3.4 若 $X_n \xrightarrow{P} X$, 则必有子列 $X_{n_k} \xrightarrow{\text{a.s.}} X$.

证明 由于 $X_n \xrightarrow{P} X$, 故 $\forall \varepsilon > 0$, 有 $\lim\limits_{n\to\infty} P(|X_n - X| \geqslant \varepsilon) = 0$, 从而 $\forall k$, 存在 n_k (可设 $n_k \uparrow k$), 使得 $P(|X_{n_k} - X| \geqslant \varepsilon) < \dfrac{1}{2^k}$, 由此 $\sum\limits_{k=1}^{\infty} P(|X_{n_k} - X| \geqslant \varepsilon) < \sum\limits_{k=1}^{\infty} \dfrac{1}{2^r} < \infty$. 由推论 2.3.1 知

$$X_{n_k} \xrightarrow{\text{a.s.}} X.$$

定义 2.3.6 如果随机变量 $X, X_n \in L_r$, 其中 $r > 0$, 并且

$$E|X_n - X|^r \to 0, \tag{2.3.9}$$

则称随机变量序列 $\{X_n, n \in N\}$ 依 r 阶平均收敛到随机变量 X, 记作 $X_n \xrightarrow{L_r} X$. 当 $r = 1$ 时, 简称为依平均收敛, 并记为 $X_n \xrightarrow{L_1} X$; 当 $r = 2$ 时, 称为均方收敛.

定理 2.3.5 如果 $X_n \xrightarrow{L_r} X$, 则 $X_n \xrightarrow{P} X$.

证明 由 Markov 不等式知, 对任意 $\varepsilon > 0$, 有

$$P(|X_n - X| \geqslant \varepsilon) \leqslant \frac{E|X_n - X|^r}{\varepsilon^r} \to 0 \quad (n \to \infty),$$

所以 $X_n \xrightarrow{P} X$.

该定理的逆不成立. 反例如下.

例 2.3.2 取 $\Omega = [0,1]$, $\mathcal{F}$ 为 $[0,1]$ 中 Borel 点集全体所构成的 σ-域, P 为 L-测度, 定义 $X(\omega) \equiv 0$ 及

$$X_n(\omega) = \begin{cases} n^{1/r}, & 0 < \omega \leqslant \dfrac{1}{n}, \\ 0, & \dfrac{1}{n} < \omega \leqslant 1. \end{cases}$$

显然对一切 $\omega \in \Omega$, $X_n(\omega) \to X(\omega)$. 又对于任意 $\varepsilon > 0$, 有

$$P(|X_n(\omega) - X(\omega)| \geqslant \varepsilon) \leqslant \frac{1}{n},$$

因此, $X_n \xrightarrow{P} X$. 但是 $E|X_n - X|^r = 1$, 所以不依 r 阶平均收敛到随机变量 X.

注意 $X_n \xrightarrow{\text{a.s.}} X$ 与 $X_n \xrightarrow{L_r} X$ 不能相互推出.

例 2.3.3 设 $\{X_n\}$ 为独立随机变量序列, 且分布律为

$$\begin{pmatrix} 1 & 0 \\ \dfrac{1}{n} & 1-\dfrac{1}{n} \end{pmatrix}.$$

则对任意 $r>0$, 因为 $E|X_n|^r=\dfrac{1}{n}\to 0$ (当 $n\to\infty$ 时), 所以 $X_n\xrightarrow{L_r}0$. 但是, 对任意正数 ε $(0<\varepsilon<1)$, 因为

$$\sum_{n=1}^{\infty}P(|X_n|\geqslant\varepsilon)=\sum_{n=1}^{\infty}P(X_n=1)=\sum_{n=1}^{\infty}\frac{1}{n}=\infty,$$

由推论 2.3.3 知 $X_n\to X$, a.s.. 如果将 $\{X_n\}$ 的分布律改为

$$\begin{pmatrix} n & 0 \\ \dfrac{1}{n^2} & 1-\dfrac{1}{n^2} \end{pmatrix},$$

其他条件不变, 则这时

$$\sum_{n=1}^{\infty}P(|X_n|\geqslant\varepsilon)=\sum_{n=1}^{\infty}P(X_n=n)=\sum_{n=1}^{\infty}\frac{1}{n^2}<\infty,$$

从而 $X_n\xrightarrow{\text{a.s.}}0$. 但是, 因为

$$E|X_n|^r=n^{r-2}\to\begin{cases}0, & 0<r<2,\\ 1, & r=2,\\ \infty, & r>2\end{cases}\qquad(\text{当}n\to\infty\text{时}),$$

从而知, 当 $0<r<2$ 时, $X_n\xrightarrow{L_r}0$. 当 $r\geqslant 2$ 时, X_n 不依 r 阶收敛于零. 这说明由 $X_n\xrightarrow{\text{a.s.}}X$ 一般推不出 $X_n\xrightarrow{L_r}0$.

定义 2.3.7 如果

$$\lim_{a\to\infty}\sup_{n\in N}E(|X_n|I(|X_n|\geqslant a))=\lim_{a\to\infty}\sup_{n\in N}\int_{|X_n|\geqslant a}|X_n|\mathrm{d}P=0, \tag{2.3.10}$$

那么称随机变量序列 $\{X_n,n\in N\}$ 是一致可积的.

下面给出一致可积的充要条件.

定理 2.3.6 随机变量序列 $\{X_n,n\in N\}$ 一致可积的充要条件是: 对任给的 $\varepsilon>0$, 都存在 $\delta=\delta(\varepsilon)>0$, 使得对任何满足条件 $P(A)<\delta$ 的事件 A, 都有

$$\sup_{n\in N}E(|X_n|I(A))<\varepsilon, \tag{2.3.11}$$

并且

$$\sup_{n\in N} E|X_n| < \infty. \tag{2.3.12}$$

证明 充分性: 由式 (2.3.12) 知, 存在 $C>0$, 使得 $\sup\limits_{n\in N} E|X_n| < C$, 当 $a > \dfrac{C}{\delta}$ 时, 由 Markov 不等式得

$$P(|X_n| \geqslant a) \leqslant \frac{E|X_n|}{a} < \frac{C}{a} < \delta, \quad \forall n \in N,$$

于是由 (2.3.11) 可得

$$\sup_{n\in N} E(|X_n| I(|X_n| \geqslant a)) < \varepsilon,$$

故 $\lim\limits_{a\to\infty} \sup\limits_{n\in N} E(|X_n| I(|X_n| \geqslant a)) = 0$, 即 $\{X_n, n\in N\}$ 一致可积.

必要性: 首先, 由式 (2.3.10) 知, 对任给的 $\varepsilon>0$, 只要 a 充分大, 就有

$$\sup_{n\in N} E(|X_n| I(|X_n| \geqslant a)) \leqslant \varepsilon,$$

从而就有

$$E|X_n| = E(|X_n| I(|X_n| < a)) + E(|X_n| I(|X_n| \geqslant a)) \leqslant a + \varepsilon, \quad \forall n \in N,$$

故式 (2.3.12) 成立. 其次, 只要令 $\delta = \dfrac{\varepsilon}{a}$, 那么只要事件 A 满足条件 $P(A) < \delta$, 便都有

$$\begin{aligned} E(|X_n| I(A)) &= E(|X_n| I(A \bigcap (|X_n| < a))) + E(|X_n| I(A \bigcap (|X_n| \geqslant a))) \\ &\leqslant aP(A) + E(|X_n| I(|X_n| \geqslant a)) < 2\varepsilon, \quad \forall n \in N, \end{aligned}$$

便有式 (2.3.11) 成立.

关于一致可积性有两个有用的充分条件.

推论 2.3.5 如果存在 $\alpha > 0$, 使得

$$\sup_{n\in N} E|X_n|^{1+\alpha} < \infty,$$

则 $\{X_n\}$ 一致可积.

证明 由于 $\sup\limits_{n\in N} E|X_n|^{1+\alpha} = c < \infty$, 所以

$$\int_{|X_n|\geqslant a} |X_n| \mathrm{d}P \leqslant \int_{|X_n|\geqslant a} |X_n|^{1+\alpha} a^{-\alpha} \mathrm{d}P \leqslant a^{-\alpha} E|X_n|^{1+\alpha} \leqslant ca^{-\alpha},$$

故有

$$\lim_{a\to\infty} \sup_{n\in N} E(|X_n| I(|X_n| \geqslant a)) = 0.$$

推论 2.3.6 如果存在随机变量 $Y \in L_1$, 并且对任何 $a > 0$, 都有

$$\sup_{n\in N} P(|X_n| \geqslant a) \leqslant P(|Y| \geqslant a),$$

则随机变量序列 $\{X_n\}$ 一致可积.

证明 利用定理 2.3.6, 由假设的条件

$$\begin{aligned}\int_{|Y|\geqslant a} |Y|\mathrm{d}P &= E|Y|I_{(|Y|\geqslant a)}\\ &= \left(\int_0^a + \int_a^\infty\right) P\{|Y|I_{(|Y|\geqslant a)} \geqslant t\}\mathrm{d}t\\ &= aP(|Y| \geqslant a) + \int_a^\infty P(|Y| \geqslant t)\mathrm{d}t\\ &\geqslant aP(|X_n| \geqslant a) + \int_a^\infty P(|X_n| \geqslant t)\mathrm{d}t\\ &= \int_{|X_n|\geqslant a} |X_n|\mathrm{d}P.\end{aligned}$$

因为 $E|Y| < \infty$, 故对任给 $\varepsilon > 0$, 有 a 使得 $\int_{|Y|\geqslant a} |Y|\mathrm{d}P < \varepsilon$. 由此即得式 (2.3.10) 成立.

利用一致可积性可给出 L_p 收敛的一个判别准则.

定理 2.3.7 (平均收敛判别准则) 如果对某个 $p > 0$, 随机变量序列 $\{|X_n|^p, n \in N\}$ 一致可积, 并且 $X_n \xrightarrow{P} X$, 则 $X \in L_p$ 且 $X_n \xrightarrow{L_p} X$.

反之, 如果对 $p > 0$, 有 $X_n \in L_p$ 且 $X_n \xrightarrow{L_p} X$, 则 $X \in L_p$, $X_n \xrightarrow{p} X$ 且 $\{|X_n|^p, n \in N\}$ 一致可积.

证明 充分性: 由 $X_n \xrightarrow{P} X$ 得, 存在子列 $\{X_{k_n}\}$ 使得 $X_{k_n} \to X$, a.s., 所以

$$\lim_{n\to\infty} |X_{k_n}|^p \to \ |X|^p, \text{ a.s.}.$$

由 Fatou 引理及 $\{|X_n|^p\}$ 的一致可积性有

$$E|X|^p = E(\liminf_{n\to\infty} |X_{k_n}|^p) \leqslant \liminf_{n\to\infty} E|X_{k_n}|^p \leqslant \sup_{n\geqslant 1} E|X_n|^p < \infty,$$

所以 $X \in L_p$.

下证 $X_n \xrightarrow{L_p} X$. 由于 $\{|X_n|^p\}$ 是一致可积的, 所以对任给的 $\varepsilon > 0$, 都存在 $\delta = \delta(\varepsilon) > 0$, 使得对任何满足条件 $P(A) < \delta$ 的事件 A, 都有

$$\sup_{n\in N} E(|X_n|^p I(A)) < \varepsilon, \quad E(|X|I(A)) < \varepsilon.$$

又由于 $X_n \xrightarrow{P} X$, 所以对上述 $\varepsilon > 0$ 和 $\delta > 0$, 存在 $n_0 \in N$, 使只要 $n \geqslant n_0$, 就有

$$P(|X_n - X| > \varepsilon) < \delta.$$

由上述理由和 C_r 不等式, 即得

$$\begin{aligned} E|X_n - X|^p &= E(|X_n - X|^p I(|X_n - X| \leqslant \varepsilon)) + E(|X_n - X|^p I(|X_n - X| > \varepsilon)) \\ &\leqslant \varepsilon^p + C_p E\{(|X_n|^p + |X|^p) I(|X_n - X| > \varepsilon)\} < \varepsilon^p + 2C_p\varepsilon, \end{aligned}$$

所以 $X_n \xrightarrow{L_p} X$.

反之, 如果 $X_n \xrightarrow{L_p} X$, 则易知 $X_n \xrightarrow{P} X \in L_p$. 由 C_r 不等式可得

$$\sup_{n\in N} E|X_n|^p \leqslant C_p \sup_{n\in N} E(|X_n - X|^p + |X|^p) < \infty.$$

另外, 对任给的 $\varepsilon > 0$, 都存在 $n_0 \in N$, 使只要 $n \geqslant n_0$, 就有 $E|X_n - X|^p < \varepsilon$. 再由 $X_n, X \in L_p$ 可知, 对给定的 $\varepsilon > 0$, 存在 $\delta = \delta(\varepsilon) > 0$, 使得只要 $P(A) < \delta$, 就有

$$E(|X|^p I(A)) < \varepsilon, \quad \max_{1\leqslant n<n_0} E(|X_n - X|^p I(A)) < \varepsilon,$$

这样一来, 即知对满足条件 $P(A) < \delta$ 的事件 A, 有

$$E(|X_n|^p I(A)) \leqslant C_p(E(|X|^p I(A)) + E(|X_n - X|^p I(A))) < 2C_p\varepsilon, \quad \forall n \in N,$$

从而由定理 2.3.6 知, $\{|X_n|^p\}$ 一致可积.

推论 2.3.7 　如果 X 和 X_n 均是非负随机变量, 并且都存在一阶矩, 则当 $X_n \xrightarrow{P} X$ 时, 如下三个命题相互等价:

(1) $\{X_n\}$ 一致可积;

(2) $E|X_n - X| \to 0, n \to \infty$, 即 $X_n \xrightarrow{L_1} X$;

(3) $EX_n \to EX, n \to \infty$.

证明 　(1) $\Rightarrow$ (2). 因为 $\{X_n\}$ 一致可积, $X_n \xrightarrow{P} X$, 故由定理 2.3.7 知 $X_n \xrightarrow{L_1} X$.

(2) $\Rightarrow$ (1). 因为 $X_n \xrightarrow{L_1} X$, $\{X_n\}$ 可积, 所以由定理 2.3.6 知 $\{X_n\}$ 一致可积, 故由定理 2.3.6 知 (2) $\Rightarrow$ (1).

由 $|E(X_n - X)| = |EX_n - EX| \leqslant E|X_n - X|$ 知 (2) $\Rightarrow$ (3).

下面证 (3) $\Rightarrow$ (2). 由于 X 和 X_n 均是非负随机变量, 所以 $0 \leqslant (X - X_n)^+ \leqslant X$, 再由 $X_n \xrightarrow{P} X$ 知

$$(X - X_n)^+ \xrightarrow{P} 0,$$

从而由控制收敛定理得

$$(X - X_n)^+ \to 0,$$

由此并结合 (3) 可得到 $(X - X_n)^- \to 0$, 从而得证 $E|X_n - X| \to 0$, 即 (3) $\Rightarrow$ (2).

2.4 分布函数列的收敛性

2.4.1 依分布收敛

首先看一个例子.

例 2.4.1 令 $\{X, X_n, n \in N\}$ 均是退化分布, 其分布函数分别为

$$F(x) = \begin{cases} 0, & x \leqslant 0, \\ 1, & x > 0, \end{cases} \qquad F_n(x) = \begin{cases} 0, & x \leqslant -\dfrac{1}{n}, \\ 1, & x > -\dfrac{1}{n}. \end{cases}$$

易见

$$\lim_{n\to\infty} F_n(x) = F(x), \quad \forall x \neq 0,$$

但是

$$\lim_{n\to\infty} F_n(0) = 1 \neq 0 = F(0).$$

因此看来要求分布函数列在所有的点都收敛到极限分布函数是太严了. 例 2.4.1 中不收敛的点是极限分布函数 $F(x)$ 的不连续点.

以 $C(F)$ 表示函数 $F(x)$ 的连续点集, 给出下面定义.

定义 2.4.1 设 $\{F_n(x)\}$ 为一分布函数列, $F(x)$ 为单调不减函数, 如果

$$\lim_{n\to\infty} F_n(x) = F(x), \quad \forall x \in C(F),$$

则称 $\{F_n(x)\}$ 弱收敛到 $F(x)$, 记为 $F_n(x) \xrightarrow{w} F(x)$, 并称 $F(x)$ 是 $\{F_n(x)\}$ 的弱极限.

需要注意的一个问题是: 分布函数列的弱极限不一定是分布函数. 反例如下:

例 2.4.2 设

$$F_n(x) = \begin{cases} 0, & x \leqslant -n, \\ \dfrac{x+n}{2n}, & -n < c \leqslant n, \\ 1, & x > n, \end{cases} \qquad n \in N; \quad F(x) \equiv \frac{1}{2}.$$

显然, $\{F_n(x)\}$ 是分布函数序列, 并且 $F_n(x) \xrightarrow{w} F(x)$, 但是 $F(x)$ 却不是分布函数.

由上面的讨论, 可以给出下面的依分布收敛定义.

定义 2.4.2 设 $\{F_n(x), n \in N\}$ 是随机变量序列 $\{X_n, n \in N\}$ 的分布函数列, $F(x)$ 是随机变量 X 的分布函数, 如果

$$\lim_{n\to\infty} F_n(x) = F(x), \quad \forall x \in C(F),$$

那么称随机变量序列 $\{X_n\}$ 依分布收敛到随机变量 X, 记为 $X_n \xrightarrow{\mathcal{L}} X$, 或 $X_n \to X, \mathcal{L}$.

定理 2.4.1 如果 $X_n \xrightarrow{P} X$, 那么 $X_n \xrightarrow{\mathcal{L}} X$.

证明 设 X_n 与 X 的分布函数分别为 $F_n(x)$ 和 $F(x)$. 易知, 对任何 $y < x$ 有

$$(X < y) \subset (X_n < x) \bigcup (|X_n - X| \geqslant x - y),$$

所以

$$F(y) \leqslant F_n(x) + P(|X_n - X| \geqslant x - y),$$

从而由 $X_n \xrightarrow{P} X$ 可推得

$$F(y) \leqslant \liminf_{n\to\infty} F_n(x).$$

同理, 对任意 $z > x$ 有

$$\limsup_{n\to\infty} F_n(x) \leqslant F(z).$$

如果 $x \in C(F)$, 联立上述两个式子, 并且令 $y \uparrow x, z \downarrow x$, 那么就有

$$F(x) \leqslant \liminf_{n\to\infty} F_n(x) \leqslant \limsup_{n\to\infty} F_n(x) \leqslant F(x).$$

所以,

$$\lim_{n\to\infty} F_n(x) = F(x), \quad \forall x \in C(F),$$

即 $X_n \xrightarrow{\mathcal{L}} X$.

但是, 定理 2.4.1 的逆不成立. 反例如下.

例 2.4.3 设样本空间 $\Omega = \{\omega_1, \omega_2\}, P(\omega_1) = P(\omega_2) = \dfrac{1}{2}$, 定义随机变量 $X(\omega)$ 如下:

$$X(\omega_1) = -1, \quad X(\omega_2) = 1.$$

则 $X(\omega)$ 分布律为

$$\begin{pmatrix} -1 & 1 \\ \dfrac{1}{2} & \dfrac{1}{2} \end{pmatrix}. \tag{2.4.1}$$

若对一切 $n \geqslant 1$, 令 $X_n(\omega) = -X(\omega)$, 显然 $X_n(\omega)$ 的分布律也是 (2.4.1) 式, 所以 $X_n(\omega) \xrightarrow{\mathcal{L}} X(\omega)$. 但对 $\varepsilon_0 = 1$,

$$
\begin{aligned}
& P(|X_n(\omega) - X(\omega)| > \varepsilon_0) \\
= & P(X_n(\omega) = 1, X(\omega) = -1) + P(X_n(\omega) = -1, X(\omega) = 1) \\
= & P(\omega_1) + P(\omega_2) = 1.
\end{aligned}
$$

因此 $\{X_n\}$ 不依概率收敛到 X.

虽然由 $X_n \xrightarrow{\mathcal{L}} X$ 推不出 $X_n \xrightarrow{P} X$, 但在一个特殊的场合下, 有下面的结果.

定理 2.4.2 $X_n \xrightarrow{\mathcal{L}} c$ 等价于 $X_n \xrightarrow{P} c$.

证明 由定理 2.4.1 知 $X_n \xrightarrow{P} c \Rightarrow X_n \xrightarrow{\mathcal{L}} c$. 因此只需证 $X_n \xrightarrow{\mathcal{L}} c \Rightarrow X_n \xrightarrow{P} c$. 注意退化于 c 的随机变量的分布函数为

$$
F(x) = I(x > c) = \begin{cases} 0, & x \leqslant c, \\ 1, & x > c. \end{cases}
$$

它只有一个不连续点 $x = c$, 所以当 $X_n \xrightarrow{\mathcal{L}} c$ 时有

$$
\lim_{n\to\infty} F_n(x) = \begin{cases} 0, & x < c, \\ 1, & x > c. \end{cases}
$$

故而对任何 $\varepsilon > 0$, 当 $n \to \infty$ 时有

$$
\begin{aligned}
P(|X_n - c| \geqslant c) = & P(X_n \geqslant c + \varepsilon) + P(X_n \leqslant c - \varepsilon) \\
& = 1 - F_n(c+\varepsilon) + F_n(c - \varepsilon + 0) \to 0,
\end{aligned}
$$

即有 $X_n \xrightarrow{P} c$.

定理 2.4.3 (Helly 第一定理) 定义在 R 上的任何一列一致有界的非降左连续函数 $F_n(x), x \in N$ 都是弱紧的, 即都存在 $\{F_n(x)\}$ 的一个子列 $\{F_{n_k}(x)\}$ 和一个定义在 R 上的有界非降的左连续函数 $F(x)$, 使得 $F_{n_k}(x) \xrightarrow{w} F(x)$.

定理 2.4.4 (Helly 第二定理) 如果分布函数列 $F_{n_k}(x) \xrightarrow{w} F(x)$, 则对任何定义在 R 上的有界连续函数 $g(x)$ 都有

$$
\lim_{n\to\infty} \int_R g(x) F_n(x) = \int_R g(x) \mathrm{d}F(x). \tag{2.4.2}
$$

定理 2.4.5 (连续性定理) (1) 设 $F(x)$ 和 $\{F_n(x), n \in N\}$ 都是分布函数, $f(t)$ 和 $\{f_n(t), n \in N\}$ 是它们对应的特征函数. 如果 $F_n(x) \xrightarrow{\mathcal{L}} F(x)$, 则有

$$
\lim_{n\to\infty} f_n(t) = f(t), \quad \forall t \in R, \tag{2.4.3}
$$

并且这种收敛性在任何有界闭区间上对 t 一致成立.

(2) 如果 $\{f_n(t), n \in N\}$ 是一列特征函数, $\{F_n(x), n \in N\}$ 是它们对应的分布函数, 如果存在一个在 $t=0$ 处连续且定义在 R 上的函数 $f(t)$, 使得式 (2.4.3) 成立, 则 $f(t)$ 是一个特征函数, 并且对于它所对应的分布函数 $F(x)$ 有

$$F_{n_k}(x) \xrightarrow{\mathcal{L}} F(x).$$

上述定理的证明可参见苏淳 (2010), Chow 和 Teicher (1988) 的文献.

定理 2.4.6 (Slutsky 定理)　设 X_n 和 Y_n 是两个随机变量序列, 若 $X_n \xrightarrow{L} X, Y_n \xrightarrow{P} c$ (常数), 则有

(1) $X_n Y_n \xrightarrow{\mathcal{L}} cX$;

(2) $\dfrac{X_n}{Y_n} \xrightarrow{\mathcal{L}} \dfrac{X}{c}\ (c \neq 0)$;

(3) $X_n + Y_n \xrightarrow{\mathcal{L}} X + c$.

定理的证明可参考周勇 (2013) 的文献.

现在概述 k 元分布函数的收敛性. 设 $F(x_1, \cdots, x_n)$ 是 R^k 上的分布函数, 记

$$C(F) = \{x = (x_1, \cdots, x_k); F_j(x_j) = F_j(x_j + 0), j = 1, \cdots, k\}.$$

定义 2.4.3　设 $\{F, F_n; n \in N\}$ 是 R^k 上的分布函数列, 若对每一个 $x \in C(F)$ 有

$$\lim_{n \to \infty} F_n(x) = F(x),$$

则称 F_n 弱收敛于 F, 记作 $F_n \xrightarrow{d} F$.

对于多元分布函数, 也有类似于定理 2.4.4 和定理 2.4.5 的结果, 这里不赘述了, 有兴趣的读者可参见严士健和刘秀芳 (1994) 的文献.

定理 2.4.7　设 $\{(X_{n1}, \cdots, X_{nk}); n \geqslant 1\}$ 是 k 维随机向量序列, 若有随机变量 $X_1, \cdots, X_k$, 使得对任给的实数 $a_1, \cdots, a_k$ 都有

$$a_1 X_{n1} + \cdots + a_k X_{nk} \xrightarrow{\mathcal{L}} a_1 X_1 + \cdots + a_k X_k,$$

那么

$$(X_{n1}, \cdots, X_{nk}) \xrightarrow{\mathcal{L}} (X_1, \cdots, X_k).$$

证明　记 $(X_{n1}, \cdots, X_{nk})$ 和 $(X_1, \cdots, X_k)$ 的特征函数为 $f_n(t_1, \cdots, t_k)$ 和 $f(t_1, \cdots, t_k)$, 由假设知 $a_1 X_{n1} + \cdots + a_k X_{nk}$ 的特征函数收敛于 $a_1 X_1 + \cdots + a_k X_k$ 的特征函数, 即

$$E\mathrm{e}^{\mathrm{i}s(a_1 X_{n1} + \cdots + a_k X_{nk})} \to E\mathrm{e}^{\mathrm{i}s(a_1 X_1 + \cdots + a_k X_k)}.$$

由 $a_1, \cdots, a_k$ 的任意性, 取 $s=1$ 并记 $a_j = t_j$, 就有

$$f_n(t_1, \cdots, t_k) = E\mathrm{e}^{\mathrm{i}s(a_1 X_{n1} + \cdots + a_k X_{nk})} \to E\mathrm{e}^{\mathrm{i}s(a_1 X_1 + \cdots + a_k X_k)} = f(t_1, \cdots, t_k).$$

由连续性定理即得 $(X_{n1}, \cdots, X_{nk}) \xrightarrow{\mathcal{L}} (X_1, \cdots, X_k)$.

2.5 弱大数律与中心极限定理

2.5.1 弱大数律

定义 2.5.1 设 $\{X_i, i \in N\}$ 是随机变量序列, $S_n = \sum_{i=1}^{n} X_i$. 如果存在实数数列 $\{a_n, n \in N\}$ 和整数数列 $\{b_n, n \in N\}$, 使得

$$\frac{S_n - a_n}{b_n} \xrightarrow{P} 0, \tag{2.5.1}$$

也即

$$\lim_{n \to \infty} P\left(\left|\frac{S_n - a_n}{b_n}\right| \geqslant \varepsilon\right) = 0, \quad \forall \varepsilon > 0, \tag{2.5.2}$$

则称 $\{X_i, i \in N\}$ 服从弱大数律, 其中 $\{a_n, n \in N\}$ 称为中心化数列, $\{b_n, n \in N\}$ 称为正则化数列.

研究弱大数律常常用到 Chebyshev 不等式, 这需要用到随机变量的二阶矩. 下面是一个例子.

例 2.5.1 (Chebyshev 弱大数律) 如果序列 $\{X_i, i \in N\}$ 中的随机变量两两不相关且存在常数 $C > 0$, 使得 $D(X_n) \leqslant C$ $(\forall n \in N)$, 那么就有如式 (2.5.1) 的弱大数律成立.

证明 由于 $\{X_i, i \in N\}$ 中的随机变量两两不相关, 所以

$$DS_n = \sum_{k=1}^{n} DX_k \leqslant nC,$$

因此由 Chebyshev 不等式得, $\forall \varepsilon > 0$, 当 $n \to \infty$ 时,

$$\begin{aligned} P\left(\left|\frac{S_n - ES_n}{n}\right| \geqslant \varepsilon\right) &= P(|S_n - ES_n| \geqslant n\varepsilon) \\ &\leqslant \frac{E(S_n - ES_n)^2}{n^2 \varepsilon^2} = \frac{1}{\varepsilon^2} \frac{DS_n}{n^2} \\ &\leqslant \frac{1}{\varepsilon^2} \frac{C}{n} \to 0, \end{aligned}$$

故定理获证.

研究弱大数律的另一个强有力的工具是特征函数, 利用特征函数来研究弱大数律, 可以降低随机变量矩的条件.

由于 $\dfrac{S_n - a_n}{b_n} \xrightarrow{P} 0$ 等价于 $\dfrac{S_n - a_n}{b_n} \xrightarrow{\mathcal{L}} 0$, 而由连续性定理知, 后者等价于特征函数的如下收敛关系:

$$\lim_{n\to\infty} E\exp\left\{\mathrm{i}t\frac{S_n - a_n}{b_n}\right\} = 1, \quad \forall t \in R. \tag{2.5.3}$$

式 (2.5.3) 可用来证明弱大数律.

定理 2.5.1 (辛钦 (Khintchine) 大数定律)　设 $X_1, X_2, \cdots$ 是一列独立同分布的随机变量, 且具有有限的数学期望 $E(X_1) = \mu$, 令 $S_n = \sum\limits_{i=1}^{n} X_i$, 那么

$$\frac{S_n}{n} \xrightarrow{P} \mu. \tag{2.5.4}$$

证明　只需证明

$$\frac{S_n - n\mu}{n} \xrightarrow{P} 0. \tag{2.5.5}$$

记 $f_n(t) = E\exp\left\{\mathrm{i}t\dfrac{S_n - n\mu}{n}\right\}$, 则有

$$f_n(t) = \prod_{k=1}^{n} E\exp\left\{\mathrm{i}t\frac{X_k - \mu}{n}\right\} = \left(E\exp\left\{\mathrm{i}t\frac{X - \mu}{n}\right\}\right)^n.$$

由于 $X - \mu \in L_1, E(X - \mu) = 0$, 利用泰勒展开式, 对任何 $t \in R$, 都有

$$E\exp\left\{\mathrm{i}t\frac{X - \mu}{n}\right\} = 1 + o\left(\frac{1}{n}\right), \quad n \to \infty,$$

从而可得

$$f_n(t) = \left(1 + o\left(\frac{1}{n}\right)\right)^n \to 1, \quad n \to \infty,$$

故由式 (2.5.3), 可知结论 (2.5.4) 成立.

2.5.2　中心极限定理

定义 2.5.2　设 $\{X_i, i \in N\}$ 是随机变量序列, $S_n = \sum\limits_{i=1}^{n} X_i$. 如果存在中心化数列 $\{a_n, n \in N\}$ 和正则化数列 $\{b_n, n \in N\}$, 使得

$$\frac{S_n - a_n}{b_n} \xrightarrow{\mathcal{L}} N(0, 1), \tag{2.5.6}$$

也即

$$\lim_{n\to\infty} P\left(\frac{S_n - a_n}{b_n} < x\right) = \Phi(x), \quad \forall x \in R,$$

则称 $\{X_i, i \in N\}$ 服从中心极限定理 (CLT).

利用特征函数的性质, 可得下面的定理.

定理 2.5.2 式 (2.5.6) 成立的充要条件为

$$\lim_{n\to\infty} E\exp\left\{\mathrm{i}t\frac{S_n - a_n}{b_n}\right\} = \exp\left\{-\frac{t^2}{2}\right\}, \quad \forall t \in R. \tag{2.5.7}$$

独立同分布 (i.i.d.) 场合下中心极限定理有如下形式.

定理 2.5.3 (Levy 中心极限定理) 设 $\{X_i, i \geqslant 1\}$ 是独立同分布 (i.i.d.) 随机变量序列, $E(X_1) = \mu, D(X_1) = \sigma^2 < \infty$, 那么

$$\frac{S_n - n\mu}{\sqrt{n}\sigma} \xrightarrow{\mathcal{L}} N(0,1). \tag{2.5.8}$$

式 (2.5.8) 也可写为

$$\frac{\bar{X} - \mu}{\sigma/\sqrt{n}} \xrightarrow{L} N(0,1).$$

证明 记 $f_n(t) = E\exp\left\{\mathrm{i}t\frac{S_n - n\mu}{\sqrt{n}\sigma}\right\}$, 则有

$$f_n(t) = \prod_{k=1}^{n} E\exp\left\{\mathrm{i}t\frac{X_k - \mu}{\sqrt{n}\sigma}\right\} = \left(E\exp\left\{\mathrm{i}t\frac{X_1 - \mu}{\sqrt{n}\sigma}\right\}\right)^n.$$

由于

$$E\frac{X_1 - \mu}{\sqrt{n}\sigma} = 0, \quad E\left(\frac{X_1 - \mu}{\sqrt{n}\sigma}\right)^2 = \frac{D(X_1)}{n\sigma^2} = \frac{1}{n},$$

所以利用泰勒展开式, 对任意 $t \in R$ 都有

$$E\exp\left\{\mathrm{i}t\frac{X_1 - \mu}{\sqrt{n}\sigma}\right\} = 1 - \frac{1}{2n} + o\left(\frac{t^2}{n}\right), \quad n \to \infty,$$

从而得到

$$f_n(t) = \left(1 - \frac{t^2}{2n} + o\left(\frac{t^2}{n}\right)\right)^n \to \mathrm{e}^{-\frac{t^2}{2}}, \quad n \to \infty,$$

故有 (2.5.7), 也即 (2.5.8) 成立.

2.5.3 独立不同分布场合下的中心极限定理

下面讨论独立不同分布场合下的中心极限定理.

设 $\{X_n, n \in N\}$ 是一列相互独立的随机变量, 且有

$$EX_n = a_n, \quad 0 < DX_n = \sigma_n^2 < \infty, \quad n \in N. \tag{2.5.9}$$

记

$$S_n = \sum_{k=1}^{n} X_k, \quad B_n^2 = DS_n = \sum_{k=1}^{n} \sigma_k^2. \tag{2.5.10}$$

现在要讨论标准化的部分和

$$\frac{S_n - ES_n}{\sqrt{DS_n}} = \sum_{k=1}^{n} \frac{X_k - a_k}{B_n}$$

依分布收敛到标准正态分布 $N(0,1)$ 的条件.

定义 2.5.3 (Linderberg 条件) 如果独立的随机变量 $\{X_n, n \in N\}$ 满足条件 (2.5.9), 并且对任何 $\tau > 0$ 都有

$$\lim_{n\to\infty} \frac{1}{B_n^2} \sum_{k=1}^{n} E\{(X_k - a_k)^2 I(|X_k - a_k| \geqslant \tau B_n)\} = 0, \tag{2.5.11}$$

则称该随机变量序列满足 Linderberg 条件.

定理 2.5.4 如果随机变量序列 $\{X_n, n \in N\}$ 满足 Linderberg 条件, 则有如下两个条件同时成立:

$$\max_{1\leqslant k\leqslant n} \left| \frac{X_k - a_k}{B_n} \right| \xrightarrow{P} 0, \tag{2.5.12}$$

$$\lim_{n\to\infty} \max_{1\leqslant k\leqslant n} \frac{\sigma_k^2}{B_n^2} = 0, \tag{2.5.13}$$

其中式 (2.5.13) 称为 Feller 条件.

证明 先证式 (2.5.12).

$$\begin{aligned}
&P\left(\max_{1\leqslant k\leqslant n} \left| \frac{X_k - a_k}{B_n} \right| \geqslant \tau \right) = P(\max_{1\leqslant k\leqslant n} |X_k - a_k| \geqslant \tau B_n) \\
&= P\left(\bigcup_{k=1}^{n} (|X_k - a_k| \geqslant \tau B_n) \right) \leqslant \sum_{k=1}^{n} P(|X_k - a_k| \geqslant \tau B_n) \\
&= \sum_{k=1}^{n} EI(|X_k - a_k| \geqslant \tau B_n) \leqslant \sum_{k=1}^{n} E\left\{ \left(\frac{X_k - a_k}{B_n \tau} \right)^2 I(|X_k - a_k| \geqslant \tau B_n) \right\} \\
&= \frac{1}{\tau^2 B_n^2} \sum_{k=1}^{n} E\{(X_k - a_k)^2 I(|X_k - a_k| \geqslant \tau B_n)\},
\end{aligned}$$

故由式 (2.5.11) 知式 (2.5.12) 成立.

再证式 (2.5.13). 对任何 $0<\tau<1$, 都有

$$\max_{1\leqslant k\leqslant n}\frac{\sigma_k^2}{B_n^2}=\frac{1}{B_n^2}\max_{1\leqslant k\leqslant n}E(X_k-a_k)^2$$

$$=\frac{1}{B_n^2}\max_{1\leqslant k\leqslant n}(E(X_k-a_k)^2I(|X_k-a_k|<\tau B_n)+E(X_k-a_k)^2I(|X_k-a_k|\geqslant\tau B_n))$$

$$\leqslant\tau^2+\frac{1}{B_n^2}\sum_{k=1}^{n}E((X_k-a_k)^2I(|X_k-a_k|\geqslant\tau B_n)).$$

在上式中令 $n\to\infty$, 再令 $\tau\downarrow 0$ 即得式 (2.5.13).

推论 2.5.1 如果独立随机变量序列 $\{X_n, n\in N\}$ 满足 Linderberg 条件, 则有

$$\lim_{n\to\infty}B_n=\infty. \tag{2.5.14}$$

证明 事实上, 式 (2.5.12) 就是

$$\frac{1}{B_n}\max_{1\leqslant k\leqslant n}|X_k-a_k|\xrightarrow{P}0,$$

由于对 $\forall\omega\in\Omega$, $\max\limits_{1\leqslant k\leqslant n}|X_k-a_k|$ 都是非降的, 故当式 (2.5.12) 成立时, 必然有式 (2.5.14) 成立.

定理 2.5.5 (Linderberg 中心极限定理) 如果独立随机变量序列 $\{X_n, n\in N\}$ 满足 Linderberg 条件, 则有

$$\frac{S_n-ES_n}{B_n}\xrightarrow{\mathcal{L}}N(0,1). \tag{2.5.15}$$

由于 Linderberg 条件不易验证, 下面给出两个易于验证的结果.

定理 2.5.6 设 $\{X_n, n\in N\}$ 为独立随机变量序列, 如果存在正的常数序列, 使得

$$\max_{1\leqslant k\leqslant n}|X_k|\leqslant L_n,\quad \lim_{n\to\infty}\frac{L_n}{B_n}=0, \tag{2.5.16}$$

则有式 (2.5.15) 成立.

证明 因为 $\max\limits_{1\leqslant k\leqslant n}|X_k|\leqslant L_n$, 故有

$$\max_{1\leqslant k\leqslant n}|a_k|=\max_{1\leqslant k\leqslant n}|EX_k|\leqslant\max_{1\leqslant k\leqslant n}E|X_k|\leqslant L_n,$$

所以,

$$\max_{1\leqslant k\leqslant n}|X_k-a_k|\leqslant 2L_n.$$

从而由 $\lim\limits_{n\to\infty}\dfrac{L_n}{B_n}=0$ 可知

$$\lim_{n\to\infty}\frac{\sup\limits_{\omega\in\Omega}\max\limits_{1\leqslant k\leqslant n}|X_k(\omega)-a_k|}{B_n}=0.$$

这表明对任何 $\tau>0$, 只要 n 充分大, 就有

$$(|X_k-a_k|\geqslant\tau B_n)=\{\omega:|X_k(\omega)-a_k|\geqslant\tau B_n\}=\varnothing,\quad k=1,\cdots,n,$$

因而此时

$$\frac{1}{B_n^2}\sum_{k=1}^{n}E\{(X_k-a_k)^2I(|X_k-a_k|\geqslant\tau B_n)\}=0,$$

故有 Linderberg 条件成立, 所以由定理 2.5.5 知式 (2.5.15) 成立.

定理 2.5.7 (Lyapunov 定理) 设 $\{X_n,n\in N\}$ 为独立随机变量序列, 如果存在 $\delta>0$, 使得

$$\lim_{n\to\infty}\frac{1}{B_n^{2+\delta}}\sum_{k=1}^{n}E|X_k-a_k|^{2+\delta}=0,\tag{2.5.17}$$

则有式 (2.5.15) 成立. 条件 (2.5.17) 称为 Lyapunov 条件.

证明 因为

$$\begin{aligned}&E\{(X_k-a_k)^2I(|X_k-a_k|\geqslant\tau B_n)\\ \leqslant&\frac{1}{|\tau B_n|^\delta}E\{|X_k-a_k|^{2+\delta}I(|X_k-a_k|\geqslant\tau B_n)\},\end{aligned}$$

所以

$$\begin{aligned}&\lim_{n\to\infty}\frac{1}{B_n^2}\sum_{k=1}^{n}E\{(X_k-a_k)^2I(|X_k-a_k|\geqslant\tau B_n)\}\\ \leqslant&\lim_{n\to\infty}\frac{1}{\tau^\delta B_n^{2+\delta}}\sum_{k=1}^{n}E\{(X_k-a_k)^{2+\delta}I(|X_k-a_k|\geqslant\tau B_n)=0\}.\end{aligned}$$

故有 Linderberg 条件成立, 所以由定理 2.5.5 知式 (2.5.5) 成立.

2.5.4 多元场合下的中心极限定理

在实际问题中, 常常需要考虑随机向量依分布收敛到正态分布的问题. 为了建立判断准则, 首先回顾一下多元正态分布的线性变换性质. 设随机向量 X 服从 n 元正态分布 $N(a,B)$, 而 $C=(c_{ij})$ 为 $m\times n$ 实矩阵, 其中 $m\leqslant n$, 那么

$$Y = CX \tag{2.5.18}$$

就是 X 的一个线性变换. 显然, Y 是一个 m 维的随机向量. 由多元正态分布的特征函数可得如下结论:

命题 2.5.1 (正态分布在线性变换下的不变性) 式 (2.5.18) 中的随机向量 Y 服从 m 元正态分布 $N(Ca, CBC^{\mathrm{T}})$.

证明 以 $f(t)$ 表示 X 的特征函数, 那么 Y 的特征函数为

$$\begin{aligned} g(s) &= E\exp\{\mathrm{i}s^{\mathrm{T}}Y\} = E\exp\{\mathrm{i}s^{\mathrm{T}}CX\} = E\exp\{\mathrm{i}(Cs)^{\mathrm{T}}X\} \\ &= f(C^{\mathrm{T}}s) = \exp\left\{\mathrm{i}(Ca)^{\mathrm{T}}s - \frac{1}{2}s^{\mathrm{T}}(CBC^{\mathrm{T}})s\right\}, \end{aligned}$$

这正是 m 元正态分布 $N(Ca, CBC^{\mathrm{T}})$ 的特征函数.

下面的定理提供了判断一个 n 维随机向量服从 n 元正态分布的方法.

定理 2.5.8 n 维随机向量 X 服从元正态分布 $N(a, B)$, 当且仅当对任何维实向量 s 都有 $Y = s^{\mathrm{T}}X$ 服从一元正态分布 $N(s^{\mathrm{T}}a, s^{\mathrm{T}}Bs)$.

证明 在命题 2.5.1 中令 $C = s^{\mathrm{T}}$ 即得必要性. 反之, 如果对任何 n 维实向量 s, 随机变量 $Y = s^{\mathrm{T}}X$ 都服从一元正态分布 $N(s^{\mathrm{T}}a, s^{\mathrm{T}}Bs)$, 那么 Y 的特征函数为

$$g(t) = E\exp\{\mathrm{i}ts^{\mathrm{T}}X\} = \exp\left\{\mathrm{i}t(s^{\mathrm{T}}a) - \frac{1}{2}s^{\mathrm{T}}Bs\right\}.$$

取 $t = 1$, 即得

$$E\exp\{\mathrm{i}s^{\mathrm{T}}X\} = \exp\left\{\mathrm{i}s^{\mathrm{T}}a - \frac{1}{2}s^{\mathrm{T}}Bs\right\},$$

这正是 n 元正态分布 $N(a, B)$ 的特征函数.

由定理 2.5.8, 可得如下定理:

定理 2.5.9 设 X_n 为 n 维随机向量序列, 如果对任何满足条件 $||s|| = 1$ 的 n 维实向量 s, 都有

$$s^{\mathrm{T}}X_n \xrightarrow{\mathcal{L}} N(0, 1),$$

则有

$$X_n \xrightarrow{\mathcal{L}} N(0, I_n).$$

在独立同分布的场合下, 有如下的结果.

定理 2.5.10 (多元中心极限定理) 令 $\{X_i, i \in N\}$ 是 p 维 i.i.d. 随机向量序列, $EX_1 = \mu, \mathrm{Cov}(X_1) = \Sigma$. 那么

$$\sqrt{n}(\bar{X} - \mu) \xrightarrow{\mathcal{L}} N_p(0, \Sigma).$$

2.6　随机级数的收敛性和强大数律

2.6.1　独立随机变量级数的 a.s. 收敛性

定义 2.6.1　如果存在事件 Ω_0 有 $P\ (\Omega_0) = 1$, 使只要 $\omega \in \Omega_0$, 就有级数 $\sum\limits_{n=1}^{\infty} X_n(\omega)$ 收敛, 就称随机变量级数 $\sum\limits_{n=1}^{\infty} X_n$ a.s. 收敛.

关于随机变量级数 a.s. 收敛有下面的命题.

引理 2.6.1　设 $\{X_n, n \in N\}$ 为随机变量序列, 对某个 $0 < r \leqslant 1$, 有 $\sum\limits_{n=1}^{\infty} E|X_n|^r < \infty$, 则 $\sum\limits_{n=1}^{\infty} X_n$ a.s. 收敛.

证明　由于 $0 < r \leqslant 1$, 所以由 C_r 不等式可知

$$E\left(\sum_{n=1}^{\infty}|X_n|\right)^r \leqslant \sum_{n=1}^{\infty}|X_n|^r < \infty,$$

由此可得 $\sum\limits_{n=1}^{\infty}|X_n| < \infty$, 也即 $\sum\limits_{n=1}^{\infty} X_n$ a.s. 绝对收敛, 从而 $\sum\limits_{n=1}^{\infty} X_n$ a.s. 收敛.

引理 2.6.2　如果独立随机变量序列 $\{X_n, n \in N\}$ 满足条件

$$EX_n = 0, \quad n \in N, \quad \sum_{n=1}^{\infty} EX_n^2 < \infty, \tag{2.6.1}$$

则 $\sum\limits_{n=1}^{\infty} X_n$ a.s. 收敛.

证明　记 $S_n = \sum\limits_{k=1}^{n} X_k$. 任给 $\varepsilon > 0$, 由条件 (2.6.1) 知, 当正整数 $m \geqslant n \to \infty$ 时, 有

$$P(|S_m - S_n| \geqslant \varepsilon) \leqslant \frac{1}{\varepsilon^2}\sum_{k=n+1}^{m} EX_k^2 \to 0.$$

这表明存在随机变量 S, 使得 $S_n \xrightarrow{P} S$. 因此, 存在子列 $\{S_{n_k}\}$, 使得

$$S_{n_k} \to S, \text{a.s.}. \tag{2.6.2}$$

又由 Kolmogorov 不等式 (2.1.5) 得到

$$\sum_{k=1}^{\infty} P(\max_{n_k < j \leqslant n_{k+1}} |S_j - S_{n_k}| \geqslant \varepsilon) \leqslant \frac{1}{\varepsilon^2}\sum_{k=1}^{\infty}\sum_{j=n_k+1}^{n_{k+1}} EX_j^2 \leqslant \frac{1}{\varepsilon^2}\sum_{j=1}^{\infty} EX_j^2 < \infty.$$

如果记

$$A_k = (\max_{n_k < j \leqslant n_{k+1}} |S_j - S_{n_k}| \geqslant \varepsilon), \quad k \in N,$$

则 $\{A_k, k \in N\}$ 为独立随机事件序列, 故由 Borel-Cantelli 引理知

$$P(A_k, \text{i.o.}) = 0,$$

再由 $\varepsilon > 0$ 的任意性即知

$$\max_{n_k < j \leqslant n_{k+1}} |S_j - S_{n_k}| \to 0, \text{a.s.}, \quad k \to \infty.$$

结合式 (2.6.2) 得到

$$S_n \to S, \text{a.s.}.$$

引理 2.6.1 可作如下的推广.

推论 2.6.1 设 $1 < r \leqslant 2$, 如果独立随机变量序列 $\{X_n, n \in N\}$ 满足条件

$$EX_n = 0, \quad n \in N, \quad \sum_{n=1}^{\infty} E|X_n|^r < \infty,$$

则 $\sum\limits_{n=1}^{\infty} X_n$ a.s. 收敛.

证明 记

$$X_n' = X_n I(|X_n| \leqslant 1), \quad X''_n = X_n I(|X_n| > 1).$$

由 Chebyshev 不等式得

$$\sum_{n=1}^{\infty} P(|X_n| > 1) \leqslant \sum_{n=1}^{\infty} E|X_n|^r < \infty,$$

由此及 Borel-Cantelli 引理知

$$P(|X_n| > 1, \text{i.o.}) = 0,$$

这就表明, 在级数 $\sum\limits_{n=1}^{\infty} X_n''$ 中 a.s. 只有有限项非零, 所以该级数 a.s. 收敛.

再考虑级数 $\sum\limits_{n=1}^{\infty} X_n'$, 注意到 $|X_n'| \leqslant 1$ 和 $1 < r \leqslant 2$ 知

$$\begin{aligned}\sum_{n=1}^{\infty} E(X_n' - EX_n')^2 &\leqslant 2\sum_{n=1}^{\infty}(E(X_n')^2 + (EX_n')^2)\\ &\leqslant 2\sum_{n=1}^{\infty}(E|X_n'|^r + |EX_n'|^r) \leqslant 4\sum_{n=1}^{\infty} E|X_n'|^r\\ &\leqslant 4\sum_{n=1}^{\infty} E|X_n|^r < \infty,\end{aligned}$$

从而由引理 2.6.2 知, 级数 $\sum_{n=1}^{\infty}(X_n'-EX_n')$ a.s. 收敛, 又因 $EX_n=0$ 知 $EX_n'=-EX_n''$, 故知

$$\begin{aligned}\sum_{n=1}^{\infty}|EX_n'|&=\sum_{n=1}^{\infty}|EX_n''|=\sum_{n=1}^{\infty}|EX_nI(|X_n|>1)|\\&\leqslant\sum_{n=1}^{\infty}E|X_n|I(|X_n|>1)\leqslant\sum_{n=1}^{\infty}E|X_n|^r<\infty,\end{aligned}$$

所以级数 $\sum_{n=1}^{\infty}EX_n'$ 收敛, 从而级数 $\sum_{n=1}^{\infty}X_n'$ 收敛.

综合上述两方面, 可见 $\sum_{n=1}^{\infty}X_n=\sum_{n=1}^{\infty}X_n'+\sum_{n=1}^{\infty}X_n''$ a.s. 收敛.

引理 2.6.3 设 $\{X_n,n\in N\}$ 为独立随机变量序列, 存在某个常数 $c>0$, 使得 $|X_n|\leqslant c$, a.s. $(\forall n\in N)$, 则

(1) 如果 $\sum_{n=1}^{\infty}X_n$ a.s.收敛, 则 $\sum_{n=1}^{\infty}EX_n$ 和 $\sum_{n=1}^{\infty}DX_n$ 都收敛;

(2) 如果 $EX_n=0\ (n\in N)$ 且 $\sum_{n=1}^{\infty}DX_n=\infty$, 则 $\sum_{n=1}^{\infty}X_n$ a.s.发散.

证明 先证 (2). 如果对一切 $n\in N$ 有 $|X_n|\leqslant c$, a.s., $EX_n=0$, 并且 $\sum_{n=1}^{\infty}EX_n^2=\sum_{n=1}^{\infty}DX_n=\infty$, 那么由 Kolmogorov 不等式 (2.1.6) 可得, 对任何 $\varepsilon>0$ 和 $n\in N$, 都有

$$P(\max_{1\leqslant k\leqslant m}|X_{n+1}+\cdots+X_{n+k}|\geqslant\varepsilon)\geqslant 1-\frac{(\varepsilon+c)^2}{\sum\limits_{k=n+1}^{n+m}EX_k^2}\to 1,\quad m\to\infty.$$

这就是说, 对任何 $n\in N$ 都有

$$P(\sup_{k\geqslant 1}|X_{n+1}+\cdots+X_{n+k}|\geqslant\varepsilon)=1,$$

所以 $\sum_{n=1}^{\infty}X_n$ a.s. 发散.

再证 (1). 取随机变量序列 $\{X_n,n\in N\}$ 的一个独立的复制 $\{X_n',n\in N\}$, 即使得 $\{X_n,X_n',n\in N\}$ 为独立的随机变量序列, 并且对每个 n, X_n' 与 X_n 同分布. 再令 $\widetilde{X_n}=X_n-X_n'$, 于是 $\{\widetilde{X_n},n\in N\}$ 为独立对称随机变量序列, 并且

$$|\widetilde{X_n}|\leqslant 2c,\quad \text{a.s.},\quad E\widetilde{X_n}=0,\quad D\widetilde{X_n}=2DX_n,\quad \forall n\in N.$$

由于 $\sum_{n=1}^{\infty} X_n$ a.s. 收敛, 所以 $\sum_{n=1}^{\infty} X_n'$ a.s. 收敛, 从而 $\sum_{n=1}^{\infty} \widetilde{X_n}$ a.s. 收敛, 故由已证的 (2) 知 $2\sum_{n=1}^{\infty} DX_n = \sum_{n=1}^{\infty} D\widetilde{X_n} < \infty$, 从而由引理 2.6.2 知 $\sum_{n=1}^{\infty}(X_n - EX_n)$ a.s. 收敛, 于是有 $\sum_{n=1}^{\infty} EX_n$ 收敛.

定理 2.6.1 (Kolmogorov 三级数定理) 设 $\{X_n, n \in N\}$ 为独立随机变量序列, 那么使得级数 $\sum_{n=1}^{\infty} X_n$ a.s.收敛的充分条件是: 存在常数 $c > 0$, 使得

(1)$\sum_{n=1}^{\infty} P(|X_n| > c) < \infty$;

(2)$\sum_{n=1}^{\infty} E(X_n I(|X_n|) \leqslant c)$ 收敛;

(3)$\sum_{n=1}^{\infty} D(X_n I(|X_n|) \leqslant c) < \infty$,

而必要条件是对任何常数 $c > 0$, 上述三个级数都收敛.

证明 必要性: 假定级数 $\sum_{n=1}^{\infty} X_n$ a.s.收敛, 则 $X_n \to 0$, a.s., 所以对任何常数 $c > 0$, 若记 $A_n = (|X_n| \geqslant c)$, 则都有 $P(A_n, \text{i.o.}) = 0$. 由于 A_n 为独立随机事件序列, 故由 Borel-Cantelli 引理知 (1) 成立. 如果记 $Y_n = X_n I(|X_n| \leqslant c)$, 那么条件 (1) 表明

$$\sum_{n=1}^{\infty} P(X_n \neq Y_n) = \sum_{n=1}^{\infty} P(|X_n| < c) < \infty,$$

故有 $P((X_n \neq Y_n), \text{i.o.}) = 0$. 所以由级数 $\sum_{n=1}^{\infty} X_n$ a.s. 收敛知级数 $\sum_{n=1}^{\infty} Y_n$ a.s. 收敛. 由于 $\{Y_n, n \in N\}$ 为有界的独立随机变量序列, 所以由引理 2.6.3 知条件 (2) 和 (3) 成立.

充分性: 如果存在常数 $c > 0$, 使得三个级数都收敛, 仍记 $Y_n = X_n I(|X_n| \leqslant c)$, 那么由条件 (1) 知, $P((X_n \neq Y_n), \text{i.o.}) = 0$, 所以除去一个零测集之外, $\sum_{n=1}^{\infty} X_n$ 与 $\sum_{n=1}^{\infty} Y_n$ 有相同的敛散性, 但是由引理 2.6.3 知条件 (2) 和 (3) 蕴涵 $\sum_{n=1}^{\infty} Y_n$a.s.收敛,

所以级数 $\sum_{n=1}^{\infty} X_n$ a.s. 收敛.

2.6.2 若干引理

为了后面研究的需要, 先引入数学分析中的两个引理.

引理 2.6.4　设 $\{a_n, n \in N\}$ 为实数列, $\lim_{n\to\infty} a_n = a \in R$, 如果 $\{b_n, n \in N\}$ 为非负数列, 有 $\lim_{n\to\infty} \sum_{k=1}^{n} b_k = \infty$, 则有

$$\lim_{n\to\infty} \frac{\sum_{k=1}^{n} b_k a_k}{\sum_{k=1}^{n} b_k} = a. \tag{2.6.3}$$

特别地, 有

$$\lim_{n\to\infty} \frac{a_1 + \cdots + a_n}{n} = a.$$

引理 2.6.5 (Kronecker 引理)　设 $\{x_n, n \in N\}$ 为实数列, $\{b_n, n \in N\}$ 为正数列, 有 $b_n \uparrow \infty$, 则当级数 $\sum_{n=1}^{\infty} \frac{x_n}{b_n}$ 收敛时, 有

$$\lim_{n\to\infty} \frac{1}{b_n} \sum_{k=1}^{n} x_k = 0. \tag{2.6.4}$$

证明　记 $b_0 = 0, y_0 = 0, y_n = \sum_{k=1}^{n} \frac{x_k}{b_k}$, 于是由级数 $\sum_{k=1}^{\infty} \frac{x_k}{b_k}$ 收敛知

$$\lim_{n\to\infty} y_n = \lim_{n\to\infty} \sum_{k=1}^{n} \frac{x_k}{b_k} \triangleq y \in R, \tag{2.6.5}$$

且有

$$\frac{1}{b_n} \sum_{k=1}^{n} x_k = \frac{1}{b_n} \sum_{k=1}^{n} b_k (y_k - y_{k-1}) = y_n - \frac{1}{b_n} \sum_{k=0}^{n-1} (b_{k+1} - b_k) y_k.$$

由于 $\{b_{k+1} - b_k\}$ 为非负数列, 且 $b_n = \sum_{k=0}^{n-1} (b_{k+1} - b_k) \uparrow \infty$, 所以由式 (2.6.5) 和引理 2.6.4 知

$$\lim_{n\to\infty} \frac{1}{b_n} \sum_{k=1}^{n-1} (b_{k+1} - b_k) y_k = \lim_{n\to\infty} y_n = y,$$

所以式 (2.6.4) 成立.

2.6.3 独立随机变量序列的 a.s. 收敛性

定理 2.6.2 设 $\{X_n, n \in N\}$ 是独立随机变量序列, $\{g_n(x), n \in N\}$ 是偶函数序列, 它们在区间 $x > 0$ 中取正值、不减, 而且对每一 n 满足下列条件之一:

(1) 在区间 $x > 0$ 中, $\dfrac{x}{g_n(x)}$ 不减;

(2) 在同一区间中, $\dfrac{x}{g_n(x)}$ 和 $\dfrac{g_n(x)}{x^2}$ 都是不增的, 且 $EX_n = 0$.

此外 $\{a_n, n \in N\}$ 是常数列, 满足 $0 < a_n \uparrow \infty$ 和

$$\sum_{n=1}^{\infty} \frac{Eg_n(X_n)}{g_n(a_n)} < \infty, \tag{2.6.6}$$

那么

$$\frac{1}{a_n} \sum_{k=1}^{n} X_k \to 0, \text{ a.s..} \tag{2.6.7}$$

证明 由 Kronecker 引理, 为证 (2.6.6) 式, 只需证明

$$\sum_{n=1}^{\infty} \frac{X_n}{a_n} \tag{2.6.8}$$

a.s. 收敛. 因为 $g_n(x)$ 当 $x > 0$ 时是不减的, 故

$$P(|X_n| \geqslant a_n) \leqslant \int_{|X_n| \geqslant a_n} \frac{g_n(X_n)}{g_n(a_n)} \mathrm{d}P \leqslant \frac{Eg_n(X_n)}{g_n(a_n)}.$$

所以由 (2.6.6),

$$\sum_{n=1}^{\infty} P\left(\left|\frac{X_n}{a_n}\right| \geqslant 1\right) < \infty. \tag{2.6.9}$$

假设对某个 n, 函数 $g_n(x)$ 满足条件 (1), 那么在区间 $|x| < a_n$ 中

$$\frac{x^2}{a_n^2} \leqslant \frac{g_n^2(x)}{g_n^2(a_n)} \leqslant \frac{g_n(x)}{g_n(a_n)}.$$

对于满足条件 (2) 的 n, 在同一区间中, 我们有 $\dfrac{x^2}{g_n(x)} \leqslant \dfrac{a_n^2}{g_n(a_n)}$. 因此也有 $\dfrac{x^2}{a_n^2} \leqslant \dfrac{g_n(x)}{g_n(a_n)}$. 记 $Y_n = X_n I(|X_n| < a_n)$, 则对任意一个 n,

$$EY_n^2 = \int_{|X_n| < a_n} X_n^2 \mathrm{d}P \leqslant \frac{a_n^2}{g_n(a_n)} \int_{|X_n| < a_n} g_n(X_n) \mathrm{d}P \leqslant \frac{a_n^2}{g_n(a_n)} Eg_n(X_n).$$

由 (2.6.6) 我们得到

$$\sum_{n=1}^{\infty} \frac{1}{a_n^2} EY_n^2 < \infty. \tag{2.6.10}$$

此外, 若条件 (1) 被满足, 则

$$|EY_n| = \left| \int_{|X_n|<a_n} X_n \mathrm{d}P \right| \leqslant \frac{a_n}{g_n(a_n)} \int_{|X_n|<a_n} g_n(X_n) \mathrm{d}P \leqslant \frac{a_n}{g_n(a_n)} Eg_n(X_n);$$

若条件 (2) 被满足, 则

$$|EY_n| = \left| \int_{|X_n|\geqslant a_n} X_n \mathrm{d}P \right| \leqslant \frac{a_n}{g_n(a_n)} \int_{|X_n|\geqslant a_n} g_n(X_n) \mathrm{d}P \leqslant \frac{a_n}{g_n(a_n)} Eg_n(X_n).$$

所以都有

$$\sum_{n=1}^{\infty} \left| E\frac{Y_n}{a_n} \right| < \infty. \tag{2.6.11}$$

这样由 (2.6.9)—(2.6.11) 和三级数定理知 (2.6.8) a.s. 收敛.

在这个定理中, 令 $g_n(x) = |x|^p, p > 0$, 可以得到若干个重要推论.

推论 2.6.2 设 $\{X_n, n \in N\}$ 是独立随机变量序列, $EX_n = 0$. 正数序列 $a_n \uparrow \infty$, 且对某个 $1 \leqslant p \leqslant 2$,

$$\sum_{n=1}^{\infty} \frac{E|X_n|^p}{a_n^p} < \infty, \tag{2.6.12}$$

那么

$$\frac{1}{a_n} \sum_{k=1}^{n} X_k \to 0, \text{ a.s.}.$$

推论 2.6.3 设 $\{X_n, n \in N\}$ 是独立随机变量序列. 正数序列 $a_n \uparrow \infty$, 且对某个 $0 < p < 1$, (2.6.12) 成立, 那么

$$\frac{1}{a_n} \sum_{k=1}^{n} X_k \to 0, \text{ a.s.}.$$

2.6.4 强大数律

定义 2.6.2 设 $\{X_n, n \in N\}$ 为随机变量序列, $S_n = \sum_{k=1}^{n} X_k$, 如果存在中心化数列 $\{a_n, n \in N\}$ 和正则化数列 $\{b_n, n \in N\}$, 其中 $0 < b_n \uparrow \infty$, 使得

$$\frac{S_n - a_n}{b_n} \to 0, \text{ a.s.}, \tag{2.6.13}$$

则称 $\{X_n\}$ 服从强大数律.

定理 2.6.3 (Kolmogorov 强大数律) 设 $\{X_n, n \in N\}$ 为 i.i.d. 的随机变量序列, $S_n = \sum_{k=1}^{n} X_k$, 则存在常数 a, 使得

$$\frac{S_n}{n} \to a, \quad \text{a.s.} \tag{2.6.14}$$

的充分必要条件是 $E|X_1| < \infty, EX_1 = a$.

Kolmogorov 强大数律可以推广到 p $(0 < p < 2)$ 阶矩存在的情形.

定理 2.6.4 (Marcinkiewicz 强大数律) 设 $\{X_n, n \in N\}$ 为 i.i.d. 的随机变量序列, $S_n = \sum_{k=1}^{n} X_k$, 则存在常数 a, 使得

$$\frac{S_n - na}{n^{1/p}} \to 0, \quad \text{a.s.} \tag{2.6.15}$$

的充分必要条件为

$$E|X_1|^p < \infty, \quad a = \begin{cases} EX_1, & 1 \leqslant p < 2, \\ \text{任意实数}, & 0 < p < 1. \end{cases}$$

上述定理的证明可参考苏淳 (2010) 的文献.

2.6.5 重对数律

Kolmogorov 强大数律表明, 对于相互独立相同分布的随机变量序列 $\{X_n, n \in N\}$ 而言, 它服从强大数律的充分必要条件是 X_n 的数学期望存在. 特别地, 当 $E(X_n) = 0$ 时, 若令 $S_n = \sum_{k=1}^{n} X_k$, 则

$$\lim_{n \to \infty} \frac{S_n}{n} = 0, \quad \text{a.s.}. \tag{2.6.16}$$

而重对数律主要讨论比强大数律更细致的问题: 即对于什么样的正实数数列 $\{c_n, n \in N\}$, 可保证

$$\limsup_{n \to \infty} \frac{S_n}{c_n} = 1, \quad \text{a.s.}.$$

定理 2.6.5 (重对数律 (LIL)) 假定 $\{X_i, i \geqslant 1\}$ 是独立同分布 (i.i.d.) 随机变量序列, $E(X_i) = \mu, D(X_i) = \sigma^2$, 令 $S_n = X_1 + \cdots + X_n$, 那么,

(1) $\limsup\limits_{n \to \infty} \dfrac{S_n - n\mu}{\sqrt{2n\text{loglog}n}} = \sigma$ (a.s.);

(2) $\liminf\limits_{n \to \infty} \dfrac{S_n - n\mu}{\sqrt{2n\text{loglog}n}} = -\sigma$ (a.s.);

(3) 如果$D(X_1)=\infty$,那么$\limsup\limits_{n\to\infty}\dfrac{S_n-n\mu}{\sqrt{2n\mathrm{loglog}n}}=\infty$ (a.s.);

(4) 如果有限常数a,τ满足$\limsup\limits_{n\to\infty}\dfrac{S_n-n\mu}{\sqrt{2n\mathrm{loglog}n}}=\tau$ (a.s.),那么$a=E(X_1),\tau^2=D(X_1)$.

定理的证明参考 Chow 和 Teicher(1988) 的文献.

2.7 估计量的大样本性质

在参数估计问题中, 我们通常根据样本的统计量对总体的未知参数或其函数进行推断. 求参数估计时, 用不同的估计方法求出的估计量可能有所不同, 比如用矩估计和极大似然估计方法求出的估计量就有可能不同, 这时就需要回答这样一个问题: 选用哪一个估计量比较好呢? 这就涉及用什么样的标准来评价估计量的问题. 在大样本的场合, 还要回答另外一些问题: 当样本量的大小无限增大时, 估计量是否逼近未知的真实参数? 以什么样的速度逼近真实参数? 它的极限分布是什么? 下面我们给出估计量性质的一些定义.

定义 2.7.1 设 $\hat{\theta}_n$ 是 θ 的一个估计, 如果

$$E\hat{\theta}_n=\theta,$$

则称 $\hat{\theta}_n$ 是参数 θ 的无偏估计. 如果

$$\lim_{n\to\infty}E\hat{\theta}_n=\theta,$$

则称 $\hat{\theta}_n$ 是参数 θ 的渐近无偏估计.

当我们用 $\hat{\theta}_n$ 来估计 θ 时, 会产生偏差 $\hat{\theta}_n-\theta$. 无偏性本质上是要求平均偏差为零, 即 $E(\hat{\theta}_n-\theta)=0$. 这是对估计量的一个基本要求.

定义 2.7.2 设 $\hat{\theta}_n$ 是 θ 的一个估计, 如果对一切 $\theta\in\Theta$ 以及任一 $\varepsilon>0$, 总有

$$\lim_{n\to\infty}P\{||\hat{\theta}_n-\theta||\geqslant\varepsilon\}=0,\tag{2.7.1}$$

其中 $||\cdot||$ 表示欧氏距离, Θ 是参数空间, 则称估计 $\hat{\theta}_n$ 是参数 θ 的弱相合估计. 一般表示为 $\hat{\theta}_n\xrightarrow{P}\theta$.

如果进一步假设对一切 $\theta\in\Theta$ 以及任一 $\varepsilon>0$, 总有

$$\lim_{n\to\infty}P\left(\bigcup_{k=n}^{\infty}\{||\hat{\theta}_k-\theta||\geqslant\varepsilon\}\right)=0,\tag{2.7.2}$$

则称估计 $\hat{\theta}_n$ 是参数 θ 的强相合估计. 一般表示为 $\hat{\theta}_n \overset{\text{a.s.}}{\to} \theta$ 或 $\hat{\theta}_n \to \theta$, a.s..

强 (弱) 相合性是对一个估计量的基本要求, 若一个估计量不具有强 (弱) 相合性, 那么不论将样本容量 n 取得多么大, 都不能将 θ 估计得足够精确, 这样的估计量是不可取的.

定义 2.7.3 设 $\hat{\theta}_n$ 是 θ 的一个估计, 如果对一切 $\theta \in \Theta$, 有

$$\lim_{n\to\infty} E_\theta||\hat{\theta}_n - \theta||^r = 0, \tag{2.7.3}$$

则称估计 $\hat{\theta}_n$ 均 r 方收敛于 θ.

在实际应用中, 人们更关心的是均方收敛性, 即 $r = 2$. 如果估计 $\hat{\theta}_n$ 均方收敛于 θ, 则估计 $\hat{\theta}_n$ 是 θ 的相合估计. 这是因为对任意的 $\varepsilon > 0$, 有 $P_\theta(||\theta_n - \theta|| \geqslant \varepsilon) \leqslant \dfrac{1}{\varepsilon^2} E_\theta||\theta_n - \theta||^2 \to 0 \ (n \to \infty)$.

定义 2.7.4 设 $\{\xi_n\}$ 是一随机变量序列, 如果存在 $a_n > 0$ 且 $a_n \to \infty$, 对一切 $\varepsilon > 0$, 有

$$\lim_{n\to\infty} P(|a_n\xi_n| \geqslant \varepsilon) = 0, \tag{2.7.4}$$

则称随机序列 $\{\xi_n\}$ 比 a_n^{-1} 以更快的速度依概率趋于 0, 记为 $\xi_n = o_p(a_n^{-1})$. 此时称 ξ_n 比 a_n^{-1} 高阶 (无穷小). 如果存在一个常数 L, 使得

$$\lim_{L\to\infty} \limsup_{n\to\infty} P(|a_n\xi_n| \geqslant L) = 0, \tag{2.7.5}$$

则称随机序列 $\{\xi_n\}$ 以不低于 a_n^{-1} 的速度依概率趋于 0, 记为 $\xi_n = O_p(a_n^{-1})$. 此时称 ξ_n 与 a_n^{-1} 同阶 (无穷小).

定义 2.7.5 设 $\hat{\theta}_n$ 是 θ 的一个估计, 如果对一切 $\theta \in \Theta$ 以及任一 $\varepsilon > 0$, 存在充分大的 L_0, 使得当 $L \geqslant L_0$ 时, 有

$$\limsup_{n\to\infty} P\{||c_n(\hat{\theta}_n - \theta)|| \geqslant L\} < \varepsilon, \tag{2.7.6}$$

则称估计 $\hat{\theta}_n$ 为 θ 的 c_n^{-1} 阶相合估计. 此处, c_n 是一串非奇异矩阵, 当 $n \to \infty$ 时, $c_n^{-1} \to 0$.

在证明估计量相合性问题时, 下面的连续映射定理是一个有力的工具.

定理 2.7.1 (连续映射定理) 假定 $\{X_n, n \geqslant 1\}$ 依概率 (依概率 1) 收敛到 θ. 令 $g(\cdot)$ 是连续函数, 那么 $\{g(X_n)\}$ 依概率 (依概率 1) 收敛到 $g(\theta)$.

证明 仅证依概率收敛. 因为函数 $g(\cdot)$ 在 θ 处连续, 则对任意 $\varepsilon > 0$, 存在 $\delta > 0$, 当 $|X_n - \theta| < \delta$, 有

$$|g(X_n) - g(\theta)| < \varepsilon.$$

从而

$$\begin{aligned}&P(|g(X_n)-g(\theta)|<\varepsilon)\\ \geqslant&P(|X_n-\theta|<\delta)\\ =&1-P(|X_n-\theta|\geqslant\delta)\to 1\quad(n\to\infty),\end{aligned}\tag{2.7.7}$$

其中最后一步用到了 $X_n \xrightarrow{P} \theta$. 式 (2.7.7) 表明 $g(X_n) \xrightarrow{P} g(\theta)$.

2.8 Delta 方 法

在数理统计中, 我们常常知道某个统计量的分布, 那么如何确定这个统计量的变换的分布? 这在统计应用中是重要的. Delta 方法是解决这个问题的一个常用的方法. Delta 方法的基本思想就是利用泰勒展开式, 由 $T_n-\theta$ 的渐近分布来获取 $g(T_n)-g(\theta)$ 的渐近分布.

定理 2.8.1 (Delta 定理)　设 T_n 是一列统计量使得

$$\sqrt{n}(T_n-\theta) \xrightarrow{\mathcal{L}} N(0,\sigma^2(\theta)),\quad \sigma(\theta)>0.$$

令 $g:R\to R$ 在 θ 处是可微的且 $g'(\theta)\neq 0$. 那么

$$\sqrt{n}(g(T_n)-g(\theta)) \xrightarrow{\mathcal{L}} N(0,[g'(\theta)]^2\sigma^2(\theta)).$$

证明　由定理的假设和 Slutsky 定理可知

$$T_n-\theta=\frac{1}{\sqrt{n}}[\sqrt{n}(T_n-\theta)] \xrightarrow{\mathcal{L}} 0\cdot N(0,\sigma^2(\theta))=0,$$

再由定理 2.4.2 可知 $T_n-\theta \xrightarrow{P} 0$.

另外, 由中值定理知

$$\sqrt{n}[g(T_n)-g(\theta)]=\sqrt{n}g'(T_n^*)(T_n-\theta),$$

其中 T_n^* 满足 $|T_n^*-\theta|\leqslant|T_n-\theta|$, 在这个不等式中, 由于右端依概率收敛于 0, 故左端也必依概率收敛于 0, 从而

$$T_n^* \xrightarrow{P} \theta.$$

再由 g' 在点 θ 处连续和定理 2.7.1 可得

$$g'(T_n^*) \xrightarrow{P} g'(\theta).$$

综上所述, 再一次应用 Slutsky 定理即可得

$$g'(T_n^*)[\sqrt{n}(T_n-\theta)] \xrightarrow{\mathcal{L}} g'(\theta)N(0,\sigma^2(\theta)),$$

从而定理获证.

用同样的方法可以证明下面更一般的定理.

定理 2.8.2 设 $\lim\limits_{n\to\infty} a_n=\infty$, b 为常数, 且对随机变量序列 T_n 有

$$a_n(T_n-b) \xrightarrow{L} T.$$

又设 $g(\cdot)$ 为可微函数, 且 g' 在点 b 处连续, 则有

$$a_n(g(T_n)-g(b)) \xrightarrow{L} g'(b)T.$$

Delta 定理可以推广到多元随机变量的场合, 见下面的定理.

定理 2.8.3 (多元 Delta 方法) 设 T_n 是一列 k 维随机向量序列使得

$$\sqrt{n}(T_n-\theta) \xrightarrow{\mathcal{L}} N_k(0,\Sigma^2(\theta)), \quad \sigma(\theta)>0.$$

令 $g: R^k \to R^m$ 在 θ 处是可微的且其梯度 $\nabla_\theta g(\theta)=\dfrac{\partial g(\theta)}{\partial\theta}$ 在 θ 处取值不为 0. 那么

$$\sqrt{n}(g(T_n)-g(\theta)) \xrightarrow{\mathcal{L}} N_m(0,(\nabla_\theta g(\theta))^{\mathrm{T}}\Sigma^2(\theta)\nabla_\theta g(\theta)).$$

定理的证明可参考周勇 (2013) 的文献.

第 3 章　拟似然非线性模型中极大拟似然估计的渐近性质

拟似然非线性模型是广义线性模型和指数族非线性模型的进一步推广. 本章对于带固定设计的拟似然非线性模型, 在 Y 的一、二阶矩已知的条件下, 给出了极大拟似然估计的相合性和渐近正态性条件, 从本质上改进和发展了 McCullagh(1983) 的结果. 介绍了带固定设计拟似然非线性模型中极大拟似然估计的强相合性及其收敛速度, 推广和发展了 Yue 和 Chen (2004) 等的工作. 介绍了响应变量 Y 的均值函数正确, 但方差函数不正确情形下, 带固定设计的拟似然非线性模型参数估计的相合性与渐近正态性以及弱相合性的充分条件.

3.1　拟似然非线性模型中极大拟似然估计的相合性与渐近正态性

本节研究带固定设计的拟似然非线性模型参数估计的大样本性质. 首先给出了一些正则条件和引理, 然后基于所给的正则条件和引理, 证明了带固定设计的拟似然非线性模型中极大拟似然估计的存在性、相合性和渐近正态性.

3.1.1　引言

广义线性模型的理论是对经典线性模型理论的重要推广, 它适用于连续数据和离散数据, 特别是后者, 如属性数据, 这在实际应用上, 尤其是在生物、医学和经济社会数据的统计分析上, 有重要意义. 自从 Nelder 和 Wedderburn(1972) 提出广义线性模型以来, 很多学者都在努力发展他们的理论和算法. 起初, 随机误差只限于指数族分布, 这就是经典的广义线性模型. 1997 年, Jorgensen 在他的著作 *The Theory of Dispersion Models* 中定义了再生散度模型, 这是一族广泛的分布, 它包括指数族作为一个特殊情形. Jorgensen 指出再生散度模型可以作为广义线性模型的随机误差, 这进一步扩大了广义线性模型的范围. 但是, 不论是以指数族分布作为随机误差, 还是以再生散度模型作为随机误差, 都有一定的缺陷. 因为在许多情形下, 假定随机误差服从指数族分布或者再生散度模型, 都是不切实际的. 为了克服这一缺陷, 1974 年, Wedderburn 注意到如果响应变量 Y 的均值函数和方差函数被正确给定的话, 许多似然的方法仍可适用, 为此他提出了拟似然的概念.

假定响应变量 $Y=(y_1,\cdots,y_n)^{\mathrm{T}}$ 的各个分量相互独立, 其均值与协方差具有以下关系:

$$\begin{cases} E(Y)=\mu(\beta), \\ \mathrm{Cov}(Y)=\sigma^2 V(\mu), \end{cases} \tag{3.1.1}$$

其中 $\mu(\beta)=(\mu_1(\beta),\cdots,\mu_n(\beta))^{\mathrm{T}}, \mu_i(\beta)=f(x_i,\beta), i=1,2,\cdots,n$. $\beta=(\beta_1,\cdots,\beta_p)^{\mathrm{T}}$ 为 p 维未知参数, 其定义域为 $\mathcal{B}\subset R^p$, $x_i=(x_{i1},\cdots,x_{iq})^{\mathrm{T}}$ 为已知非随机 q 维设计变量, 其定义域为 $\mathcal{X}\subset R^q$, $f(\cdot;\cdot)$ 为定义在 $\mathcal{X}\times\mathcal{B}$ 上的已知函数, $V(\beta)\triangleq V(\mu)=\mathrm{diag}\{v(\mu_1),\cdots,v(\mu_n)\}$ 为已知的对称正定矩阵函数, 其对角元 $v(\mu_i)$ $(i=1,\cdots,n)$ 为定义在 Ω 上的已知函数, Wedderburn(1974) 提出了拟似然函数为

$$Q(\beta;Y)=\sum_{i=1}^{n}\int_{y_i}^{\mu_i}\frac{y_i-t}{\sigma^2 v(t)}\mathrm{d}t, \quad \mu_i=f(x_i,\beta). \tag{3.1.2}$$

两边微分可得

$$\frac{\partial Q(\beta;Y)}{\partial\beta}=\sigma^{-2}\sum_{i=1}^{n}\frac{\partial\mu_i}{\partial\beta}(v(\mu_i))^{-1}(y_i-\mu_i(\beta)).$$

因此拟似然方程为

$$\sum_{i=1}^{n}\frac{\partial\mu_i}{\partial\beta}(v(\mu_i))^{-1}(y_i-\mu_i(\beta))=0. \tag{3.1.3}$$

由 (3.1.1)—(3.1.3) 所定义的模型称为拟似然非线性模型 (也称为带固定设计的拟似然非线性模型). 以 $\hat{\beta}_n$ 记方程 (3.1.3) 的根, 它称为 β 的极大拟似然估计. 当 $\mu_i(\beta)=f(x_i^{\mathrm{T}}\beta)$, 且 y_i 是独立地抽自单参数指数族分布时, 具有密度

$$\exp\{\theta_i y_i-b(\theta_i)\}\mathrm{d}\gamma(y_i), \quad i=1,\cdots,n,$$

这里 $\gamma(\cdot)$ 为一测度. 拟似然方程 (3.1.3) 化为

$$\sum_{i=1}^{n}x_i\left.\frac{\partial f(\eta)}{\partial\eta}\right|_{\eta=x_i^{\mathrm{T}}\beta}(b''(\theta_i))^{-1}(y_i-\mu_i(\beta))=0,$$

这正是广义线性模型的对数似然方程. 因此, 拟似然模型是广义线性模型的进一步推广.

近年来, 已有一些学者对带固定设计的拟似然非线性模型进行了研究. 例如: Wei 等 (2000) 对拟似然非线性模型, 在欧氏空间建立了微分几何结构, 并研究了拟似然估计的与统计曲率有关的渐近推断. Tang 和 Wang (2000) 对拟似然非线性模型, 在欧氏内积空间建立了几何结构, 导出了参数和子集参数的与统计曲率有关的三种近似置信域. 但对带固定设计的拟似然非线性模型中的极大拟似然估计的大样

本性质, 只有一些零星而不完善的结果. 例如, Tzavelas(1998) 在一些正则条件下证明了拟似然估计的唯一性. McCullagh(1983) 在 Y 的 3 阶矩存在的情况下, 给出了证明极大拟似然估计的存在性和渐近正态性的框架, 但没有给出严格的证明; 由于拟似然模型的特点是仅知道 Y 的一、二阶矩, 除此之外, 没有任何信息, 至于 Y 的分布也是未知, 因此, McCullagh(1983) 的结果是不能令人满意的. 本节在仅知道响应变量 Y 的均值函数和方差函数的情形下, 提出了一些正则条件, 基于这些正则条件, 我们证明了拟似然非线性模型中极大拟似然估计的存在性、强相合性和渐近正态性. 3.1.2 节提出了一些正则条件和有关引理, 3.1.3 节给出了主要结果及其证明.

3.1.2 条件和引理

从 (3.1.2) 式易得拟得分函数, 拟观察信息阵和拟 Fisher 信息阵可分别表示为

$$S_n(\beta) \triangleq \frac{\partial Q(\beta;Y)}{\partial \beta} = \sigma^{-2}\sum_{i=1}^{n}\frac{\partial \mu_i}{\partial \beta}(v(\mu_i))^{-1}(y_i-\mu_i(\beta)), \tag{3.1.4}$$

$$\begin{aligned}H_n(\beta) \triangleq& -\frac{\partial^2 Q(\beta;Y)}{\partial\beta\partial\beta^{\mathrm{T}}}\\ =&-\sigma^{-2}\left\{\sum_{i=1}^{n}\frac{\partial^2\mu_i}{\partial\beta\partial\beta^{\mathrm{T}}}(v(\mu_i))^{-1}(y_i-\mu_i(\beta))+\sum_{i=1}^{n}\frac{\partial\mu_i}{\partial\beta}\frac{\partial v^{-1}(\mu_i)}{\partial\beta^{\mathrm{T}}}(y_i-\mu_i(\beta))\right.\\ &\left.-\sum_{i=1}^{n}\frac{\partial\mu_i}{\partial\beta}v^{-1}(\mu_i)\frac{\partial\mu_i}{\partial\beta^{\mathrm{T}}}\right\},\end{aligned}$$

$$F_n(\beta) \triangleq E(H_n(\beta)) = \sigma^{-2}\sum_{i=1}^{n}\frac{\partial\mu_i}{\partial\beta}v^{-1}(\mu_i)\frac{\partial\mu_i}{\partial\beta^{\mathrm{T}}},\quad H_n(\beta)=F_n(\beta)-R_n(\beta), \tag{3.1.5}$$

这里

$$\begin{aligned}R_n(\beta)=&\sigma^{-2}\left\{\sum_{i=1}^{n}\frac{\partial^2\mu_i}{\partial\beta\partial\beta^{\mathrm{T}}}(v(\mu_i))^{-1}(y_i-\mu_i(\beta))+\sum_{i=1}^{n}\frac{\partial\mu_i}{\partial\beta}\frac{\partial v^{-1}(\mu_i)}{\partial\beta^{\mathrm{T}}}(y_i-\mu_i(\beta))\right\}\\ =&\sigma^{-2}\left\{\sum_{i=1}^{n}\frac{\partial^2\mu_i}{\partial\beta\partial\beta^{\mathrm{T}}}(v(\mu_i))^{-1}(y_i-\mu_i(\beta))-\sum_{i=1}^{n}\frac{\partial\mu_i}{\partial\beta}\frac{1}{v^2(\mu_i)}\frac{\partial v(\mu_i)}{\partial\mu_i}\frac{\partial\mu_i}{\partial\beta^{\mathrm{T}}}(y_i-\mu_i(\beta))\right\}.\end{aligned}$$

为了后面使用方便, 我们先引进一些记号. 令 $\lambda_{\min}A$ ($\lambda_{\max}A$) 表示对称矩阵 A 的最小 (最大) 特征根; 对于一个矩阵 $B=(b_{ij})\in R^{p\times q}$, 令 $||B||=\left(\sum_{i=1}^{p}\sum_{j=1}^{q}|b_{ij}|^2\right)^{1/2}$; 用 $A^{1/2}$ ($A^{\mathrm{T}/2}$) 表示正定矩阵 A 的一个左 (右) 平方根矩阵, 即 $A^{1/2}A^{\mathrm{T}/2}=A$, $A^{-1/2}=(A^{1/2})^{-1}, A^{-\mathrm{T}/2}=(A^{\mathrm{T}/2})^{-1}$; 用 c 表示一个绝对正的常数, 在每次出现时

可取不同的值, 甚至在同一个表达式中, 取值也可以不同, 例如在 $ce^{c\sqrt{n}}$ 中, 两个 c 的值可以不同. 对于 $\beta_0 \in \mathcal{B}$ 和给定的 $\delta > 0$, β_0 的 δ-邻域表示为 $N(\delta) = \{\beta : ||\beta - \beta_0|| < \delta\}$, 因为拟似然非线性模型里的兴趣参数是 β, 并且 β 和 σ^2 的极大拟似然估计可以单独进行, 为了简化, 我们令 $\sigma^2 = 1$. 为了对 β 作推断, 我们需要下面的一些假设.

假设 A (i) $\mathcal{X}$ 是 R^q 中的紧子集, $\mathcal{B}$ 是 R^p 中的开子集;

(ii) $f(x,\beta)$ 作为 β 的函数, 是三次可导的, 函数 $f(x,\beta)$ 和它的所有导数都在 $\mathcal{X} \times \mathcal{B}$ 上连续;

(iii) 对所有的 $x_i \in \mathcal{X}$ 和 $\beta \in \mathcal{B}$, 有 $\mu_i = \mu_i(\beta) = f(x_i,\beta) \in \Omega, i = 1,2,\cdots,$;

(iv) β_0 是 β 的真值, 并且 β_0 是 $\mathcal{B}_1$ 的一个内点 ($\mathcal{B}_1$ 是 $\mathcal{B}$ 的一个紧子集);

(v) $D(\beta) = \partial\mu(\beta)/\partial\beta^{\mathrm{T}}$ 是满列秩, 这里 $\mu(\beta) = (\mu_1,\cdots,\mu_n)^{\mathrm{T}}$;

(vi) $v(\mu_i)$ 关于 $\mu_i \in \Omega$ 是连续可微的.

注 3.1.1 假设 A(v) 将保证对所有的 $\beta \in \mathcal{B}$, 拟 Fisher 信息阵 $F_n(\beta)$ 是正定的.

假设 B (i) $\lambda_{\min} F_n(\beta_0) \to \infty$;

(ii) 存在 β_0 的一个邻域 $N \subset \mathcal{B}$、某个常数 $c > 0$ 和一个正整数 n_1, 使得

$$\lambda_{\min} F_n(\beta) \geqslant c\lambda_n, \quad \beta \in N,\ n \geqslant n_1,$$

这里以及后面 $\lambda_n = \lambda_{\max} F_n(\beta_0)$;

(iii) 对 n 充分大, 有 $\lambda_n \geqslant cn$;

(iv) 存在 β_0 的一个紧邻域 $\overline{N}(\delta_0) \subset \mathcal{B}$, 使得对某个 $\alpha > 0$, 有

$$\limsup_{n\to\infty} \frac{1}{n}\left(\sum_{i=1}^{n} \sup_{\beta\in\overline{N}(\delta_0)} v(\mu_i)\right)^{1/2+\alpha} < +\infty.$$

注 3.1.2 假设 B(i), (ii) 类似于 Fahrmeir 和 Kaufmann (1985, p.348) 的假设, 假设 B(iii) 类似于 Yue 和 Chen (2004, p.884) 以及 Yin 和 Zhao(2005, p.1010) 所给的假设, 假设 B(iv) 是为了保证使用强大数律.

假设 C 存在一个正定且连续的矩阵 $L(\beta)$, 使得在 $\overline{N}(\delta) = \{\beta : ||\beta - \beta_0|| \leqslant \delta\}$ $(\delta > 0)$ 上一致有

$$n^{-1}F_n(\beta) \to L(\beta).$$

注 3.1.3 假设 C 可被认为是关于拟 Fisher 信息阵 $F_n(\beta)$ 的稳定性假设, 并且在非线性模型中用得非常普遍 (Wu, 1981; Jennrich, 1969).

为了记号的简便, 后面在 $S_n(\beta_0), F_n(\beta_0), E_{\beta_0}, P_{\beta_0}$ 等中我们将省去 β_0, 简记为 S_n, F_n, E, P 等.

引理 3.1.1 设 $\{z_i\}$ 是一列独立随机变量序列, 对所有的 $\beta \in \mathcal{B}$, $h(z,\beta)$ 是 z 的可测函数. 如果对 $Eh(z_i,\beta)=0, \mathrm{Var}\ h(z_i,\beta)=\sigma_i^2(\beta)>0$ 和 $A_n \to \infty$, 有

$$\limsup_{n\to\infty} \frac{1}{A_n}\left(\sum_{i=1}^n \sup_{\beta\in\mathcal{B}} \sigma_i^2(\beta)\right)^{1/2+\alpha} < +\infty \quad \text{对某个} \quad \alpha > 0,$$

那么对任何 $\beta \in \mathcal{B}$, 有

$$\frac{1}{A_n}\sum_{i=1}^n h(z_i,\beta) \to 0, \quad \text{a.s.}.$$

证明 对任意给定的 $\beta \in \mathcal{B}$, 我们有

$$\begin{aligned}
&\limsup_{n\to\infty} \frac{1}{A_n}\left(\sum_{i=1}^n \mathrm{Var}\ h(z_i,\beta)\right)^{1/2+\alpha} \\
\leqslant\ &\limsup_{n\to\infty} \frac{1}{A_n}\left(\sum_{i=1}^n \sup_{\beta\in\mathcal{B}} \sigma_i^2(\beta)\right)^{1/2+\alpha} < +\infty, \quad \text{对某个}\ \alpha > 0.
\end{aligned}$$

从 Wu(1981) 文献中的引理 2, 可推得

$$\frac{1}{A_n}\sum_{i=1}^n h(z_i,\beta) \to 0\ (\text{a.s.}).$$

由于 β 是任意给定的, 可得引理 3.1.1 的结果.

引理 3.1.2 设 $\{z_i\}$ 是一列独立随机变量序列, 对所有的 $\beta \in \mathcal{B}$, $h(z,\beta)$ 是 z 的可测函数, 且有对所有的 $\beta \in \mathcal{B}$, 有 $Eh(z_i,\beta)=0$, $\mathrm{Var}h(z_i,\beta)=\sigma_i^2(\beta)>0$. 如果对某个 $\alpha>0$, $\limsup\limits_{n\to\infty} \dfrac{1}{n}\left(\sum\limits_{i=1}^n \sup\limits_{\beta\in\mathcal{B}} \sigma_i^2(\beta)\right)^{1/2+\alpha} < +\infty$, 而且 $g(x,\beta)$ 是 $\mathcal{X}\times\mathcal{B}_1$ 上的连续函数, 这里 $\mathcal{B}_1$ 是 $\mathcal{B}$ 的一个紧子集, 那么在 $\mathcal{B}_1$ 上一致地有

$$\lim_{n\to\infty}\sum_{i=1}^n \frac{1}{n} h(z_i,\beta)g(x_i,\beta) = 0, \quad \text{a.s.}. \tag{3.1.6}$$

特别地, 如果在 $\overline{N}(\delta)$ 上有 $\beta_n \to \beta_0$, 那么

$$\frac{1}{n}\sum_{i=1}^n h(z_i,\beta_n)g(x_i,\beta_n) \to 0, \quad \text{a.s.}.$$

证明 对任意给定的 $\beta \in \mathcal{B}_1$, 在 β 的 $N(\delta)$ 上考虑一个点 $\beta' \neq \beta$, 那么

$$\begin{aligned}
&\left|\frac{1}{n}\sum_{i=1}^{n} h(z_i,\beta')g(x_i,\beta')\right| \\
\leqslant &\left|\frac{1}{n}\sum_{i=1}^{n} h(z_i,\beta')g(x_i,\beta)\right| + \left|\frac{1}{n}\sum_{i=1}^{n} h(z_i,\beta')[g(x_i,\beta')-g(x_i,\beta)]\right| \\
\leqslant &\left|\frac{1}{n}\sum_{i=1}^{n} h(z_i,\beta')g(x_i,\beta)\right| + \sup_{\mathcal{X}}\left|g(x,\beta')-g(x,\beta)\right|\left\{\frac{1}{n}\sum_{i=1}^{n}|h(z_i,\beta')|\right\}. \quad (3.1.7)
\end{aligned}$$

由于 $Eh(z_i,\beta')g(x_i,\beta)=0$, 并且

$$\begin{aligned}
&\frac{1}{n}\left(\sum_{i=1}^{n}\mathrm{Var}(h(z_i,\beta')g(x_i,\beta))\right)^{1/2+\alpha} \\
\leqslant &\sup_{\mathcal{X}\times\mathcal{B}_1}[g^2(x,\beta)]^{1/2+\alpha}\frac{1}{n}\left(\sum_{i=1}^{n}\sup_{\beta\in\mathcal{B}}\sigma_i^2(\beta)\right)^{1/2+\alpha} < +\infty.
\end{aligned}$$

从引理 3.1.1 可推得 (3.1.7) 式的第一项趋于零, 因为 $g(x,\beta)$ 在 $\mathcal{X}\times\mathcal{B}_1$ 上一致连续, 我们有如果 $\beta'\to\beta$, 那么 $\sup\limits_{\mathcal{X}}|g(x,\beta')-g(x,\beta)|\to 0$. 另外, 有

$$\frac{1}{n}\sum_{i=1}^{n}|h(z_i,\beta')| = \frac{1}{n}\sum_{i=1}^{n}\{|h(z_i,\beta')|-E|h(z_i,\beta')|\} + \frac{1}{n}\sum_{i=1}^{n}E|h(z_i,\beta')|.$$

因为

$$\begin{aligned}
&\frac{1}{n}\left(\sum_{i=1}^{n}\mathrm{Var}(|h(z_i,\beta')|-E|h(z_i,\beta')|)\right)^{1/2+\alpha} \leqslant \frac{1}{n}\left(\sum_{i=1}^{n}\mathrm{Var}(h(z_i,\beta'))\right)^{1/2+\alpha} \\
\leqslant &\frac{1}{n}\left(\sum_{i=1}^{n}\sup_{\beta\in\mathcal{B}}\sigma_i^2(\beta)\right)^{1/2+\alpha} < +\infty \quad \text{对某个 } \alpha>0.
\end{aligned}$$

从引理 3.1.1 可推得

$$\frac{1}{n}\sum_{i=1}^{n}\{|h(z_i,\beta')|-E|h(z_i,\beta')|\}\to 0, \quad \text{a.s.}.$$

而

$$\frac{1}{n}\sum_{i=1}^{n}E|h(z_i,\beta')| \leqslant \frac{1}{2n}\sum_{i=1}^{n}E(1+h^2(z_i,\beta')) \leqslant \frac{1}{2}+\frac{1}{2n}\sum_{i=1}^{n}Eh^2(z_i,\beta') < +\infty.$$

因此有

$$\frac{1}{n}\sum_{i=1}^{n}|h(z_i,\beta')|<+\infty,\ \text{a.s.}\quad (n\to\infty).$$

综合上面的讨论, 我们获得以下结论:

对任意 $\varepsilon>0$, 都存在 β 的一个邻域 $N(\delta_1)$ $(0<\delta_1\leqslant\delta)$ 以及一个随机数 n_1, 使得对任何 $\beta'\in N(\delta_1)$,

$$P\left(\left|\frac{1}{n}\sum_{i=1}^{n}h(z_i,\beta')g(x_i,\beta')\right|<\varepsilon,n>n_1\right)=1.$$

因为 $\mathcal{B}_1$ 是紧的, 所以从有限覆盖定理可推得存在 $n_2>n_1$, 使得对任何 $\beta\in\mathcal{B}_1$ 有

$$P\left(\left|\frac{1}{n}\sum_{i=1}^{n}h(z_i,\beta)g(x_i,\beta)\right|<\varepsilon,n>n_2\right)=1.$$

这样 (3.1.6) 式获证.

引理 3.1.3 如果在模型 (3.1.1)—(3.1.3) 中, 假设 A, B, 以及引理 3.1.2 的条件都成立, 那么存在 $\delta>0$, 使得

$$\frac{1}{n}\sup_{\beta\in\overline{N}(\delta)}||R_n(\beta)||\to 0,\quad \text{a.s.}. \tag{3.1.8}$$

特别地, 如果在 $\overline{N}(\delta)\subset\mathcal{B}_1$ 上, 有 $\beta_n\to\beta_0$, 那么

$$n^{-1}R_n(\beta_n)\to 0,\quad \text{a.s.}.$$

证明 $n^{-1}R_n(\beta)$ 在 (a,b) 的元可表示为

$$\begin{aligned}\{n^{-1}R_n(\beta)\}_{a,b}=&n^{-1}\sum_{i=1}^{n}\left\{\frac{\partial^2\mu_i}{\partial\beta\partial\beta^{\mathrm{T}}}\right\}_{a,b}(v(\mu_i))^{-1}(y_i-\mu_i(\beta))\\&-n^{-1}\sum_{i=1}^{n}\frac{\partial\mu_i}{\partial\beta_a}\frac{1}{v^2(\mu_i)}\frac{\partial v(\mu_i)}{\partial\mu_i}\frac{\partial\mu_i}{\partial\beta_b}(y_i-\mu_i(\beta))\\=&B_n-C_n,\end{aligned}$$

其中,

$$B_n=n^{-1}\sum_{i=1}^{n}\left\{\frac{\partial^2\mu_i}{\partial\beta\partial\beta^{\mathrm{T}}}\right\}_{a,b}(v(\mu_i))^{-1}(y_i-\mu_i(\beta)),$$

$$C_n=n^{-1}\sum_{i=1}^{n}\frac{\partial\mu_i}{\partial\beta_a}\frac{1}{v^2(\mu_i)}\frac{\partial v(\mu_i)}{\partial\mu_i}\frac{\partial\mu_i}{\partial\beta_b}(y_i-\mu_i(\beta)),$$

这里 $\left\{\dfrac{\partial^2\mu_i}{\partial\beta\partial\beta^{\mathrm{T}}}\right\}_{a,b}$ 是矩阵 $\dfrac{\partial^2\mu_i}{\partial\beta\partial\beta^{\mathrm{T}}}$ 在 (a,b) 处的元素, $\dfrac{\partial\mu_i}{\partial\beta_a}$ 是向量 $\dfrac{\partial\mu_i}{\partial\beta}$ 的第 a 个元素, $\dfrac{\partial\mu_i}{\partial\beta_b}$ 是向量 $\dfrac{\partial\mu_i}{\partial\beta^{\mathrm{T}}}$ 的第 b 个元素. 令 $h(y_i,\beta) = y_i - \mu_i(\beta)$, $g_1(x_i,\beta) = \left\{\dfrac{\partial^2\mu_i}{\partial\beta\partial\beta^{\mathrm{T}}}\right\}_{a,b}(v(\mu_i))^{-1}$, $g_2(x_i,\beta) = \dfrac{\partial\mu_i}{\partial\beta_a}\dfrac{1}{v^2(\mu_i)}\dfrac{\partial v(\mu_i)}{\partial\mu_i}\dfrac{\partial\mu_i}{\partial\beta_b}$. 那么从引理 3.1.2 可推得存在 $\delta > 0$ 使得对所有 $\beta \in \overline{N}(\delta)$,

$$B_n \to 0 \text{ (a.s.)}, \quad C_n \to 0 \text{ (a.s.)}. \tag{3.1.9}$$

结合上面的讨论, (3.1.8) 成立.

引理 3.1.4 如果在模型 (3.1.1)—(3.1.3) 中, 假设 A, B 成立, 那么

$$F_n^{-1/2}S_n \xrightarrow{\mathcal{L}} N(0, I_p),$$

这里 $\mathcal{L}$ 表示依分布收敛, I_p 是 $p \times p$ 单位阵.

证明 为了得到引理 3.1.4, 我们只要证明对任何 $\lambda^{\mathrm{T}}\lambda = 1$, 有

$$Z_n = \lambda^{\mathrm{T}}F_n^{-1/2}S_n \xrightarrow{\mathcal{L}} N(0,1)$$

成立即可. Z_n 可被写成 $Z_n = \sum\limits_{i=1}^n \alpha_{ni}\varepsilon_i$, 这里, $\alpha_{ni} = \lambda^{\mathrm{T}}F_n^{-1/2}\dfrac{\partial\mu_i}{\partial\beta}(v(\mu_i))^{-1/2}, \varepsilon_i = (v(\mu_i))^{-1/2}(y_i - \mu_i)$. 从假设 A, 易见 $E(\alpha_{ni}\varepsilon_i) = 0$, 以及 $\mathrm{Var}\left(\sum\limits_{i=1}^n \alpha_{ni}\varepsilon_i\right) = 1$. 下面我们将证明 Lindeberg 条件满足 (Ferguson, p.27), 即对任何 $\rho > 0$, 有

$$g_n(\rho) = A_n^{-2}\sum_{i=1}^n E\{\alpha_{ni}^2\varepsilon_i^2 I(|\alpha_{ni}\varepsilon_i|^2 > \rho^2 A_n^2)\} \to 0 \quad (n \to \infty), \tag{3.1.10}$$

这里 $A_n^2 = \sum\limits_{i=1}^n \mathrm{Var}(\alpha_{ni}\varepsilon_i)$, 因为 $A_n^2 = 1$, 故 (3.1.10) 可被改写为

$$\begin{aligned} g_n(\rho) &= \sum_{i=1}^n E\{\alpha_{ni}^2\varepsilon_i^2 I(|\alpha_{ni}\varepsilon_i|^2 > \rho^2\} \\ &= \sum_{i=1}^n \alpha_{ni}^2 E\left\{\varepsilon_i^2 I\left(\varepsilon_i^2 > \frac{\rho^2}{\alpha_{ni}^2}\right)\right\} \to 0 \quad (n \to \infty). \end{aligned} \tag{3.1.11}$$

从假设 B(i) 可推得 $\lambda_{\max}F_n^{-1} \to 0$, 利用 $\mathcal{X}$ 的紧性, 我们得到

$$\max_{1\leqslant i\leqslant n} \alpha_{ni}^2 \to 0 \quad (n \to \infty).$$

令 ε_i 的分布函数为 F_X. 定义

$$h_c(x)=\int_{\{|z|>c\}} z^2\mathrm{d}F_X.$$

我们有, 对任何大的 $c>0$, 有

$$E\left\{\varepsilon_i^2 I\left(\varepsilon_i^2>\frac{\rho^2}{\alpha_{ni}^2}\right)\right\}\leqslant h_c(x_i),\quad i=1,2,\cdots,n,n\geqslant n_0(c).$$

结合上面的结果可得

$$g_n(\rho)\leqslant\sum_{i=1}^n \alpha_{ni}^2 h_c(x_i),\quad n\geqslant n_0(c).$$

根据 Helly-Bray 引理和连续函数的性质, 我们知道函数 $h_c(x)$ 有下列性质: $h_c(x)$ 在 $\mathcal{X}$ 上是连续的, 当 $c\to+\infty$ 时, $h_c(x)\to 0$ (收敛是逐点的, 对任何的 $x\in\mathcal{X}$), 并且 $h_c(x)$ 是随着 c 单调减少的, 根据上面的性质和 $\mathcal{X}$ 的紧性, 我们推得在 $\mathcal{X}$ 上, $h_c(x)$ 一致趋于零 (当 $c\to+\infty$), 即

$$\sup_{\mathcal{X}} h_c(x)\to 0\ . \tag{3.1.12}$$

根据 $\sum\alpha_{ni}^2\leqslant K<\infty$, 这里 K 是一个常数, 我们有

$$g_n(\rho)\leqslant K\max_{x\in\mathcal{X}} h_c(x),\quad n\geqslant n_0(c). \tag{3.1.13}$$

从 (3.1.12) 和 (3.1.13), 易见 $g_n(\rho)\to 0$.

3.1.3 主要结果

定理 3.1.1 在模型 (3.1.1)—(3.1.3) 中, 如果假设 A, B 成立, 那么存在一个随机变量序列 $\{\hat{\beta}_n\}$ 和一个随机数 n_0, 有

(i) $P(S_n(\hat{\beta}_n)=0$ 对任何 $n>n_0)=1$(渐近存在性);

(ii) $\hat{\beta}_n\to\beta_0$, a.s.(强相合性).

证明 根据 (3.1.5), 我们有 $n^{-1}H_n(\beta)=n^{-1}F_n(\beta)-n^{-1}R_n(\beta)$. 这可以推出

$$\lambda^{\mathrm{T}}\frac{H_n(\beta)}{n}\lambda\geqslant\frac{1}{n}\lambda_{\min}F_n(\beta)-\frac{||R_n(\beta)||}{n}\ \text{(a.s.)}. \tag{3.1.14}$$

由假设 B(ii), (iii), 以及引理 3.1.3, 可以推出存在一个随机数 n_1, 使得对所有 $\beta\in N(\delta_0)$ 以及 $n>n_1$ 有

$$\frac{1}{n}\lambda^{\mathrm{T}}H_n(\beta)\lambda\geqslant\frac{c}{2}\ \text{(a.s.)}, \tag{3.1.15}$$

进一步可推得

$$\lambda^{\mathrm{T}} H_n(\beta)\lambda \geqslant \frac{c}{2}n > 0, \quad \text{a.s.}, \tag{3.1.16}$$

所以在 $N(\delta_0)$ 上 $Q(\beta;Y)$ a.s. 是凹的. 因此, 我们只需要证明对任何 δ $(0<\delta<\delta_0)$, 存在一个随机数 n_0, 使得对所有 $\beta\in\partial N(\delta)=\{\beta:||\beta-\beta_0||=\delta\}$ 以及 $n>n_0$, 有下式成立

$$Q(\beta;Y)-Q(\beta_0;Y)<0, \quad \text{a.s.}. \tag{3.1.17}$$

这意味着 $\hat{\beta}_n$(极大化 $Q(\beta;Y)$) 一定位于 $N(\delta)$ 内. 由于 $0<\delta<\delta_0$ 以及 δ 是任意的, 定理的 (i),(ii) 获证.

为证明 (3.1.17), 令 $\lambda=(\beta-\beta_0)/\delta$, 那么由泰勒级数展开可得

$$Q(\beta;Y)-Q(\beta_0;Y)=\delta\lambda^{\mathrm{T}}S_n-\frac{1}{2}\delta^2\lambda^{\mathrm{T}}H_n(\beta_n^*)\lambda, \tag{3.1.18}$$

这里 $\beta_n^*=t_n\beta_0+(1-t_n)\beta$, 对某个 $0\leqslant t_n\leqslant 1$. 那么 (3.1.17) 等价于对所有 $\lambda^{\mathrm{T}}\lambda=1$, 以及 $n>n_0$,

$$\frac{1}{n}\lambda^{\mathrm{T}}S_n<\frac{1}{2n}\delta\lambda^{\mathrm{T}}H_n(\beta_n^*)\lambda, \quad \text{a.s.}, \tag{3.1.19}$$

从 (3.1.4) 可见 $n^{-1}S_n=n^{-1}\sum\limits_{i=1}^{n}\dfrac{\partial\mu_i}{\partial\beta}(v(\mu_i))^{-1}(y_i-\mu_i)$ 的第 a 个分量是

$$\frac{s_{na}}{n}=\frac{1}{n}\sum_{i=1}^{n}\frac{\partial\mu_i}{\partial\beta_a}(v(\mu_i))^{-1}(y_i-\mu_i).$$

在假设 A, B 下, 从引理 3.1.2 可推得 $n^{-1}s_{na}\to 0$ (a.s.), 因此 $n^{-1}||S_n||\to 0$ (a.s.). 根据 Cauchy-Schwarz 不等式, 对任何 $\lambda^{\mathrm{T}}\lambda=1$, 有

$$|\lambda^{\mathrm{T}}S_n|^2\leqslant(\lambda^{\mathrm{T}}\lambda)S_n^{\mathrm{T}}S_n=||S_n||^2.$$

因此, 对任何 $\lambda^{\mathrm{T}}\lambda=1$, 有

$$n^{-1}\lambda^{\mathrm{T}}S_n\to 0, \quad \text{a.s.}. \tag{3.1.20}$$

另外, 根据 (3.1.15), 存在 δ $(0<\delta<\delta_0)$, 使得对任何 $\beta\in N(\delta)$ 以及 $n>n_1$,

$$n^{-1}\lambda^{\mathrm{T}}H_n(\beta_n^*)\lambda>\frac{c}{2}>0, \quad \text{a.s.}. \tag{3.1.21}$$

根据 (3.1.20), 存在一个随机数 $n_0>n_1$, 使得对任何 $\beta\in N(\delta)$ 以及 $n>n_0$,

$$n^{-1}\lambda^{\mathrm{T}}S_n<\frac{1}{2}\delta\cdot\frac{c}{2}, \quad \text{a.s.}. \tag{3.1.22}$$

从 (3.1.21),(3.1.22) 易见 (3.1.19) 成立. 因此, (3.1.17) 成立, 这样, 定理 3.1.1 获证.

定理 3.1.2 在模型 (3.1.1)—(3.1.3) 中, 假定假设 A, B(i), B(iii), B(iv), C 成立, 那么存在一个极大拟似然估计 $\{\hat{\beta}_n\}$, 使得

(i) $\hat{\beta}_n \to \beta_0$ (a.s.) (强相合性);

(ii) $(n)^{1/2}(\hat{\beta}_n - \beta_0) \xrightarrow{\mathcal{L}} N(0, L^{-1}(\beta_0))$ (渐近正态性).

证明 根据 $F_n(\beta)$ 的连续性以及假设 C, 对任意给定的 ε $\left(0 < \varepsilon < \frac{1}{2}\lambda^{\mathrm{T}}L(\beta_0)\lambda\right)$, 存在一个正整数 n_0 和 β_0 的一个邻域 $N(\delta_0)$, 使得对任何 $\beta \in N(\delta_0)$, $n > n_0$ 以及 $\lambda^{\mathrm{T}}\lambda = 1$,

$$\begin{aligned}&\left|\frac{1}{n}\lambda^{\mathrm{T}}F_n(\beta)\lambda - \lambda^{\mathrm{T}}L(\beta_0)\lambda\right| \\ \leqslant &\left|\frac{1}{n}\lambda^{\mathrm{T}}F_n(\beta)\lambda - \lambda^{\mathrm{T}}L(\beta)\lambda\right| + \left|\lambda^{\mathrm{T}}L(\beta)\lambda - \lambda^{\mathrm{T}}L(\beta_0)\lambda\right| < \varepsilon. \end{aligned} \tag{3.1.23}$$

那么我们得到, $n^{-1}\lambda^{\mathrm{T}}F_n(\beta)\lambda > \lambda^{\mathrm{T}}L(\beta_0)\lambda - \varepsilon > \frac{1}{2}\lambda^{\mathrm{T}}L(\beta_0)\lambda > 0$, 这推出假设 B(ii) 成立. 因此, 根据定理 3.1.1, (i) 成立.

为了证明定理的 (ii), 将 S_n 在 $\hat{\beta}_n$ 处按泰勒展开, 可得

$$S_n = S_n(\hat{\beta}_n) + H_n(\beta_n^*)(\hat{\beta}_n - \beta_0) = H_n(\beta_n^*)(\hat{\beta}_n - \beta_0),$$

这里 $\beta_n^* = t_n^*\beta_0 + (1 - t_n^*)\hat{\beta}_n$, 对某个 $0 \leqslant t_n^* \leqslant 1$. 上面的等式可被写为

$$F_n^{-1/2}S_n = F_n^{-1/2}H_n(\beta_n^*)F_n^{-\mathrm{T}/2}F_n^{\mathrm{T}/2}(\hat{\beta}_n - \beta_0).$$

那么有

$$(n)^{1/2}(\hat{\beta}_n - \beta_0) = (n^{-1}F_n)^{-\mathrm{T}/2}G_n^{-1}(\beta_n^*)F_n^{-1/2}S_n, \tag{3.1.24}$$

这里 $G_n(\beta_n^*) = F_n^{-1/2}H_n(\beta_n^*)F_n^{-\mathrm{T}/2}$. 另外,

$$G_n(\beta_n^*) = (n^{-1}F_n)^{-1/2}\{n^{-1}F_n(\beta_n^*) - n^{-1}R_n(\beta_n^*)\}(n^{-1}F_n)^{-\mathrm{T}/2}. \tag{3.1.25}$$

因为 $\beta_n^* \to \beta_0$, a.s.$(n \to \infty)$, 由引理 3.1.3 可推得

$$n^{-1}R_n(\beta_n^*) \to 0, \text{ a.s.}. \tag{3.1.26}$$

由假设 C, 我们得到

$$(n^{-1}F_n)^{-\mathrm{T}/2} \to L^{-\mathrm{T}/2}. \tag{3.1.27}$$

因为 $\beta_n^* \to \beta_0$, a.s. $(n \to \infty)$, 用证明 (3.1.23) 类似的方法, 可以证明

$$n^{-1}F_n(\beta_n^*) \to L = L^{1/2}L^{\mathrm{T}/2}. \tag{3.1.28}$$

把 (3.1.26)—(3.1.28) 代入 (3.1.25), 得到 $G_n(\beta_n^*) \to I_p$, a.s.. 因此, 由 (3.1.24) 和引理 3.1.4 可推得 $(n)^{1/2}(\hat{\beta}_n - \beta_0) \to N(0, L^{-1}(\beta_0))$.

定理 3.1.3 在模型 (3.1.1)—(3.1.3) 中, 假定假设 A, B(i), B(iii), B(iv), C 成立, 那么存在一个序列 $\{\hat{\beta}_n\}$ 满足

$$2\{Q(\hat{\beta}_n; Y) - Q(\beta_0; Y)\} \xrightarrow{\mathcal{L}} \mathcal{X}^2(p), \tag{3.1.29}$$

这里 $\mathcal{X}^2(p)$ 表示自由度为 p 的 $\mathcal{X}^2$ 分布.

证明 将 S_n 在 $\hat{\beta}_n$ 处按泰勒展开, 可得

$$S_n = S_n(\hat{\beta}_n) + H_n(\beta_n^*)(\hat{\beta}_n - \beta_0) = H_n(\beta_n^*)(\hat{\beta}_n - \beta_0),$$

这里 $\beta_n^* = t_n^*\beta_0 + (1 - t_n^*)\hat{\beta}_n$, 对某个 $0 \leqslant t_n^* \leqslant 1$. 上面的等式可被写为

$$F_n^{-1/2} S_n = F_n^{-1/2} H_n(\beta_n^*) F_n^{-\mathrm{T}/2} F_n^{\mathrm{T}/2} (\hat{\beta}_n - \beta_0).$$

那么有

$$(\hat{\beta}_n - \beta_0) = F_n^{-\mathrm{T}/2} G_n^{-1}(\beta_n^*) F_n^{-1/2} S_n, \tag{3.1.30}$$

这里 $G_n(\beta_n^*) = F_n^{-1/2} H_n(\beta_n^*) F_n^{-\mathrm{T}/2}$. 将 $Q(\beta; Y)$ 在 $\hat{\beta}_n$ 处按泰勒展开可得

$$Q(\beta_0; Y) = Q(\hat{\beta}_n; Y) + S_n^{\mathrm{T}}(\hat{\beta}_n)(\beta_0 - \hat{\beta}_n) - \frac{1}{2}(\beta_0 - \hat{\beta}_n)^{\mathrm{T}} H_n(\beta_n^{**})(\beta_0 - \hat{\beta}_n),$$

这里 $\beta_n^{**} = t_n^{**}\beta_0 + (1 - t_n^{**})\hat{\beta}_n$, 对某个 $0 \leqslant t_n^{**} \leqslant 1$. 从 $S_n(\hat{\beta}_n) = 0$, 我们有

$$2\{Q(\hat{\beta}_n; Y) - Q(\beta_0; Y)\} = (\beta_0 - \hat{\beta}_n)^{\mathrm{T}} H_n(\beta_n^{**})(\beta_0 - \hat{\beta}_n). \tag{3.1.31}$$

把 (3.1.30) 代入 (3.1.31), 得到

$$\begin{aligned} &2\{Q(\hat{\beta}_n; Y) - Q(\beta_0; Y)\} \\ &= \{F_n^{-1/2} S_n\}^{\mathrm{T}} [G_n^{-\mathrm{T}}(\beta_n^*)] F^{-1/2} H_n(\beta_n^{**}) F_n^{-\mathrm{T}/2} [G_n^{-1}(\beta_n^*)] \{F_n^{-1/2} S_n\}. \end{aligned} \tag{3.1.32}$$

因为 $\hat{\beta}_n \to \beta_0$ $(n \to \infty)$, 我们有 $\beta_n^* \to \beta_0$ $(n \to \infty)$, 从而可推得

$$G_n(\beta_n^*) = F_n^{-1/2} H_n(\beta_n^*) F_n^{-\mathrm{T}/2} \to I_p, \text{ a.s..}$$

类似可证

$$F_n^{-1/2} H_n(\beta_n^{**}) F_n^{-\mathrm{T}/2} \to I_p, \text{ a.s..}$$

因为 $G_n^{-1}(\beta_n^*) \to I_p$, a.s., $F_n^{-1/2} H_n(\beta_n^{**}) F_n^{-\mathrm{T}/2} \to I_p$, a.s., 根据连续性定理、引理 3.1.4 和 $\mathcal{X}^2$ 分布的定义, 可推得 (3.1.29) 成立.

3.2 拟似然非线性模型中极大拟似然估计的强相合性的收敛速度

3.1 节研究了拟似然非线性模型中极大拟似然估计的存在性、相合性与渐近正态性, 本节进一步研究拟似然非线性模型中极大拟似然估计的强相合性的收敛速度. 为了得到极大拟似然估计的强相合性的收敛速度, 首先给出了一些正则条件, 这些正则条件中矩的条件得到了加强, 然后利用 Bernstein 不等式、Yue 和 Chen 引理等工具, 证明了拟似然非线性模型中极大拟似然估计的强相合性并给出了收敛速度. Yue 和 Chen (2004) 关于广义线性模型中极大拟似然估计的强相合性的结果被推广到了拟似然非线性模型中.

3.2.1 引言

为了后面研究方便, 将 (3.1.3) 式改写为

$$U_n(\beta) \triangleq \sum_{i=1}^{n} \frac{\partial \mu_i}{\partial \beta}(v(\mu_i))^{-1}(y_i - \mu_i(\beta)) = 0, \quad \mu_i(\beta) = f(x_i, \beta). \tag{3.2.1}$$

令 $\hat{\beta}_n$ 表示 β 的极大拟似然估计, 它是拟似然方程 $U_n(\beta) = 0$ 的根. 关于 $\hat{\beta}_n$ 的强相合性及收敛速度的研究, 近年来已有很多讨论. 例如, 对于广义线性模型中的极大拟似然估计, Yue 和 Chen (2004) 证明了: 若 $\sup\limits_{i\geqslant 1}||Z_i|| < \infty$, $\sup\limits_{i\geqslant 1} E||y_i||^{7/3} < \infty$, 且其他一些正则条件满足, 则以概率 1 当 n 充分大时, 拟似然方程有一解 $\hat{\beta}_n$, 且 $\hat{\beta}_n - \beta_0 = O(n^{-(\delta-1/2)}(\mathrm{loglog}n)^{1/2})$. Yin 和 Zhao (2005) 证明了: 若 $\sup\limits_{i\geqslant 1}||Z_i|| < \infty$, 对某个 $\alpha \in (0,1]$, 有 $\lambda_{\min} \geqslant cn^{\alpha}$, $\sup\limits_{i\geqslant 1} E||y_i||^{r} < \infty$ (对某个 $r > 1/\alpha$), 且其他一些正则条件满足, 则以概率 1 当 n 充分大时, 拟似然方程有一解 $\hat{\beta}_n$, 且 $\hat{\beta}_n \to \beta_0$, a.s. $(n \to \infty)$. Chang (1999) 研究了 $q = 1$ 且设计阵是自适应的情形, 在 $\sup\limits_{i\geqslant 1}||Z_i|| < \infty$, a.s., $\lambda_{\min}\left(\sum\limits_{i=1}^{n} Z_i Z_i^{\mathrm{T}}\right) > cn^{\alpha}$, a.s. (对某个 $\alpha \in (0,1]$)和其他一些正则条件之下, 得到了 β_0 的强相合性及收敛速度.

本节只限于研究 $\hat{\beta}_n$ 的强相合性及收敛速度, 在一个重要的场合, 我们获得收敛速度为 $O(n^{-1/2}(\mathrm{loglog}n)^{1/2})$, 这正是独立随机变量部分和重对数律的收敛速度, 因此不能再作改进.

3.2.2 条件和引理

为了获得 β 的极大拟似然估计 $\hat{\beta}_n$ 的强相合性及收敛速度, 我们需要下列的假设:

假设 (i) $\mathcal{X}$ 是 R^q 中的紧子集, $\mathcal{B}$ 是 R^p 中的开子集, β_0 是 β 的未知真参数, β_0 是 $\mathcal{B}$ 的内点;

(ii) $f(x_i,\beta)$ 作为 β 的函数, 是三次可微的, 函数 $f(x_i,\beta)$ 和它的所有导数都在 $\mathcal{X}\times\mathcal{B}$ 上连续;

(iii) $\sup\limits_{i\geqslant 1}\left\|\dfrac{\partial\mu_i}{\partial\beta}\right\|<\infty$, 对于 n 充分大, $\varepsilon_1\ (>0)$ 充分小和某个 $\delta\in(2/\bar{p},1]$ (这里 $\bar{p}=2+\varepsilon_1$), 有

$$\lambda_{\min}\left(\sum_{i=1}^n\frac{\partial\mu_i}{\partial\beta}\frac{\partial\mu_i}{\partial\beta^{\mathrm{T}}}\right)\geqslant cn^{\delta};$$

(iv) $\sup\limits_{i\geqslant 1}E_{\beta_0}|Y_i|^{\bar{p}}<\infty, \bar{p}=2+\varepsilon_1$;

(v) $0<\inf\limits_{i\geqslant 1}v(\mu_i)\leqslant\sup\limits_{i\geqslant 1}v(\mu_i)<\infty$.

为了简化记号, 我们将大多数省掉 $S_n(\beta_0),F_n(\beta_0),E_{\beta_0},P_{\beta_0}$ 等中的 β_0, 简记为 S_n,F_n,E,P 等. 为了后面的使用, 我们引进一些引理.

引理 3.2.1 (Bernstein 不等式 (Bennett, 1962)) 假设 $X_1,\cdots,X_n$ 是独立随机变量, 均值为零, 且存在一个常数 b, 使得 $|X_i|\leqslant b, 1\leqslant i\leqslant n$, 那么, 对任给的 $\varepsilon>0$, 有

$$P\left(\left|\sum_{i=1}^n X_i/n\right|\geqslant\varepsilon\right)\leqslant 2\exp\left\{-\frac{n\varepsilon^2}{(2b\varepsilon+2\bar{\sigma}^2)}\right\},\quad \bar{\sigma}^2=\sum_{i=1}^n\mathrm{Var}(X_i)/n.$$

引理 3.2.2 (Stout, 1974, p.154) 假设 $X_1,X_2,\cdots,X_n$ 是独立随机变量, 且 $EX_i=0, 1\leqslant i\leqslant n$, $\bar{p}\geqslant 2$, 那么

$$\left|\sum_{i=1}^n X_i\right|^{\bar{p}}\leqslant cn^{\bar{p}/2-1}\sum_{i=1}^n E|X_i|^{\bar{p}},$$

这里 c 是与 n 以及 $X_1,X_2,\cdots,X_n$ 的分布无关的. 特别地, 如果 $\sup\limits_{i\geqslant 1}E|X_i|^{\bar{p}}\leqslant cn^{\bar{p}/2}$, 那么 $E\left|\sum\limits_{i=1}^n X_i\right|^{\bar{p}}\leqslant cn^{\bar{p}/2}$.

引理 3.2.3 (Petrov, 1975, p.115) 假设 $X_1,\cdots,X_n$ 是引理 3.2.2 中的随机变量, 令 $B_n=\sum\limits_{i=1}^n\mathrm{Var}(X_i), D_n=\sum\limits_{i=1}^n E|X_i|^{2+\varepsilon}, 0\leqslant\varepsilon\leqslant 1$, 假定 $B_n>0, D_n<\infty$, 令 F_n 为 X_n 的分布函数, Φ 为 $N(0,1)$ 的分布函数, 那么

$$\sup_x|F_n(x)-\Phi(x)|\leqslant cD_n/B_n^{1+\varepsilon/2},$$

这里 c 不依赖于 n.

引理 3.2.4 (Petrov, 1975, p.305) $X_1, \cdots, X_n$ 以及 B_n, F_n, Φ 如引理 3.2.3, 如果对某个 $\varepsilon > 0$, 有

(a) $B_n \to \infty$;

(b) $B_{n+1}/B_n \to 1$;

(c) $\sup\limits_x |F_n(x) - \Phi(x)| = O((\log B_n)^{-(1+\varepsilon)})$,

那么

$$\limsup_{n\to\infty} \frac{\left|\sum\limits_{i=1}^n X_i\right|}{(2B_n \log\log B_n^{1/2})} = 1, \quad \text{a.s.},$$

$$\sum_{i=1}^\infty P\left(\left|\sum_{i=1}^n X_i\right| \geqslant ((2+\varepsilon_1)B_n \log\log B_n)^{1/2}\right) < \infty, \quad \forall \varepsilon_1 > 0.$$

引理 3.2.5 (Stout, 1974, p.210) 随机变量 $X_1, \cdots, X_n$ 如引理 3.2.2, 且对某个 $\bar{p} \geqslant 2$, 有 $\sup\limits_{i\geqslant 1} E|X_i|^{\bar{p}} < \infty$. 那么

$$\frac{\left|\sum\limits_{i=1}^n X_i\right|}{n^{1/2}(\log n)^{1/\bar{p}}(\log\log n)^{2/\bar{p}}} \to 0, \quad \text{a.s.}.$$

引理 3.2.6 (Yue and Chen, 2004) 令 ξ_n 是随机变量序列, c_n 是常数列, $c_n \downarrow 0$. 如果 $\xi_n = O(a_n c_n)$, a.s., 对任何常数列 $\{a_n\}$, 使得 $a_n \uparrow \infty$, 那么 $\xi_n = O(c_n)$, a.s..

3.2.3 主要结果

定理 3.2.1 在模型 (3.1.1)—(3.1.3) 中, 如果假设 (i)—(vi) 满足, 那么存在 β_0 的极大拟似然估计序列 $\{\hat{\beta}_n\}$, 使得

(i) $P(U_n(\hat{\beta}_n) = 0 \text{ 对 } n \text{ 充分大}) = 1$; (3.2.2)

(ii) $||\hat{\beta}_n - \beta_0|| = O(n^{-(\delta-1/2)}(\log\log n)^{1/2})$, a.s.. (3.2.3)

证明 证明的方法基于下面的简单观察: 如果

$$\inf\{||U_n(\beta) - U_n(\beta_0)|| : \beta \in \bar{S}\} > 2||U_n(\beta_0)||,$$

这里 $\bar{S}$ 是以 β_0 为中心的球 S 的表面, 那么 $\inf\{||U_n(\beta)|| : \beta \in \bar{S}\} > ||U_n(\beta_0)||$, 所以 $||U_n(\beta)||$ 在球 S 的内部有一局部最小点 $\hat{\beta}_n$. 这个事实可被用来进一步证明 $\hat{\beta}_n$ 为 $U_n(\beta)$ 的零点.

取一常数列 $\{a_n\}, 0 < a_n \uparrow \infty, a_n = o(\log n), (\log\log n)^{1/2} = o(a_n)$, 令 $b_n = n^{-(\delta-1/2)}a_n, n \geqslant 1$, 定义 $N(b_n) = \{\beta : ||\beta - \beta_0|| < b_n\}, \overline{N}(b_n) = \{\beta : ||\beta - \beta_0|| \leqslant$

$b_n\}, \partial N(b_n) = \{\beta : ||\beta - \beta_0|| = b_n\}$, 令 $A_i(\beta) = \dfrac{\partial \mu_i}{\partial \beta}(v(\mu_i(\beta))^{-1}, e_i = y_i - \mu_i(\beta_0)$, $i \geqslant 1$, 根据假设 (v), 有 $Ee_i = 0, i \geqslant 1$, 以及 $\sup\limits_{i\geqslant 1} E|e_i|^{\bar{p}} < \infty$, 取 $\beta \in \partial N(b_n)$, 有

$$\begin{aligned} U_n(\beta_0) - U_n(\beta) &= \sum_{i=1}^n A_i(\beta)(\mu_i(\beta) - \mu_i(\beta_0)) + \sum_{i=1}^n (A_i(\beta_0) - A_i(\beta))e_i \\ &\triangleq F_{n1}(\beta) + F_{n2}(\beta), \\ \mu_i(\beta) - \mu_i(\beta_0) &\triangleq \frac{\partial \mu_i(\beta_{ij})}{\partial \beta^{\mathrm{T}}}(\beta - \beta_0), \end{aligned} \tag{3.2.4}$$

这里 $\dfrac{\partial \mu_i(\beta_{ij})}{\partial \beta^{\mathrm{T}}} = \dfrac{\partial \mu_i}{\partial \beta^{\mathrm{T}}}|_{\beta=\beta_{ij}}$, 而 β_{ij} 在 β 和 β_0 的连线上, 令

$$\mu_{ij}(\beta) = \frac{\partial \mu_i(\beta_{ij})}{\partial \beta_j} - \frac{\partial \mu_i(\beta)}{\partial \beta_j}, \quad j = 1, 2, \cdots, p. \tag{3.2.5}$$

由假设 (i), (ii), $\beta \in \overline{N}(b_n)$, 我们有

$$\sup\{|\mu_{ij}(\beta)| : i \geqslant 1, j = 1, 2, \cdots, p, \beta \in \overline{N}(b_n)\} = O(b_n). \tag{3.2.6}$$

令 $u_i(\beta) = (\mu_{i1}(\beta), \cdots, \mu_{ip}(\beta))^{\mathrm{T}}$, 由 (3.2.4) 和 (3.2.5), 我们有

$$\begin{aligned} F_{n1}(\beta) &= \sum_{i=1}^n A_i(\beta)(\mu_i(\beta) - \mu_i(\beta_0)) \\ &= \sum_{i=1}^n A_i(\beta)\frac{\partial \mu_i}{\partial \beta^{\mathrm{T}}}(\beta - \beta_0) + \sum_{i=1}^n A_i(\beta)u_i^{\mathrm{T}}(\beta)(\beta - \beta_0) \\ &\triangleq F_{n11}(\beta) + F_{n12}(\beta). \end{aligned} \tag{3.2.7}$$

由 (3.2.6), 我们有

$$\inf\{||F_{n11}(\beta)|| : \beta \in \partial N(b_n)\} \geqslant cn^{\delta} b_n = cn^{1/2} a_n, \tag{3.2.8}$$

$$\sup\{||F_{n12}(\beta)|| : \beta \in \partial N(b_n)\} \leqslant cnb_n^2 = cn^{2-2\delta} a_n^2. \tag{3.2.9}$$

因为 $\delta > 2/\bar{p}, 2 - 2\delta < 2\varepsilon_1/\bar{p}$ 以及 $a_n = o(\log n)$, 由 (3.2.8), (3.2.9), 我们有

$$\sup\{||F_{n12}(\beta)|| : \beta \in \partial N(b_n)\} = o(\inf\{||F_{n11}(\beta)|| : \beta \in \partial N(b_n)\}). \tag{3.2.10}$$

为了估计 $F_{n2}(\beta)$, 取 $r \in (\delta^{-1}, \bar{p} - 1)$, 令 $\bar{e}_i = e_i I(|e_i| \leqslant i^{1/r}), i = 1, 2, \cdots$, 因为 $r < \bar{p}$, 所以

$$\sum_{i=1}^n P(\bar{e}_i \neq e_i) = \sum_{i=1}^n P(|e_i| > i^{1/r}) \leqslant \sup_{i\geqslant 1} E|e_i|^{\bar{p}} \sum_{i=1}^n i^{-\bar{p}/r} < \infty.$$

根据 Borel-Cantelli 引理, 我们断定以概率 1 对 n 充分大有 $\bar{e}_n = e_n$. 因此为了估计 $F_{n2}(\beta)$, 我们只需要估计

$$\bar{F}_{n2}(\beta) = \sum_{i=1}^{n}(A_i(\beta_0) - A_i(\beta))\bar{e}_i. \tag{3.2.11}$$

因为 $|E(\bar{e}_i)| = |E(e_i - \bar{e}_i)| \leqslant K \cdot i^{-(\bar{p}-1)/r}$, 这里 $K = \sup\limits_{i\geqslant 1} E(|e_i|^{\bar{p}})$, 我们有

$$\left\|\sum_{i=1}^{\infty}(A_i(\beta) - A_i(\beta_0))E(\bar{e}_i)\right\| \leqslant c\sum_{i=1}^{\infty} K \cdot i^{-(\bar{p}-1)/r} < \infty.$$

因此, 为了估计 $\bar{F}_{n2}(\beta)$, 我们只需要估计

$$\tilde{F}_{n2}(\beta) \equiv \sum_{i=1}^{n}(A_i(\beta) - A_i(\beta_0))\tilde{e}_i, \tag{3.2.12}$$

这里 $\tilde{e}_i = \bar{e}_i - E\bar{e}_i$. 我们有 $E\tilde{e}_i = 0, \sup\limits_{i\geqslant 1} E|\tilde{e}_i|^{\bar{p}} < \infty, \sup\limits_{i\geqslant 1}|\tilde{e}_i| < 2n^{1/r}$.

取 $h > 1 - \delta$, 在 $\partial N(b_n)$ 上找 $M = [n^{(p-1)h}]$ 个点 $\beta_1, \beta_2, \cdots, \beta_M$, 使得对任意 $\beta \in \partial N(b_n)$, 我们能找到 j 满足

$$||\beta - \beta_j|| \leqslant cn^{-(\delta-1/2+h)}a_n.$$

这是可能的, 因为 $\overline{N}(b_n)$ 的半径是 $n^{-(\delta-1/2)}a_n$, 而且 $\partial N(b_n)$ 是 $p-1$ 维的, 对于固定的 j, 考虑

$$\tilde{F}_{n2}(\beta_j) = \sum_{i=1}^{n}(A_i(\beta_j) - A_i(\beta_0))\tilde{e}_i \equiv \sum_{i=1}^{n} e_{ij} \tag{3.2.13}$$

的第 k 个元素, 用 $\tilde{F}_{n2}^k(\beta_j) \equiv \sum\limits_{i=1}^{n} e_{ij}^k, 1 \leqslant k \leqslant p$ 来表示之, 对任意给定的 $\varepsilon_0 > 0$,

$$P(|\tilde{F}_{n2}^k(\beta_j)| \geqslant \varepsilon_0 n^{1/2}a_n) = P\left(\left|\frac{1}{n}\sum_{i=1}^{n} e_{ij}^k\right| \geqslant \varepsilon_0 n^{-1/2}a_n\right). \tag{3.2.14}$$

应用引理 3.2.1 到 (3.2.14) 的右边, 这时 $b = cn^{-(\delta-1/2)+1/r}a_n, \bar{\sigma}^2 \leqslant cn^{-(2\delta-1)}a_n^2, \varepsilon = \varepsilon_0 n^{-1/2}a_n, b\varepsilon = cn^{-\delta+1/r}a_n^2, n\varepsilon^2 = ca_n^2$, 易见 $\dfrac{n\varepsilon^2}{2(b\varepsilon + \bar{\sigma}^2)} \geqslant cn^{\alpha_1}$, 对某个 $\alpha_1 > 0, c > 0$, 这里 α_1 和 c 都不依赖于 $j = 1, 2, \cdots, M$ 和 k, 这给出

$$P\left(\max_{1\leqslant j\leqslant M}||\tilde{F}_{n2}(\beta_j)|| \geqslant p^{1/2}\varepsilon_0 n^{1/2}a_n\right) \leqslant 2pn^{(p-1)h}\exp(-cn^{\alpha_1}). \tag{3.2.15}$$

因为 $\varepsilon_0>0$ 是任意给定的, 从 Borel-Cantelli 引理可推得

$$\max_{1\leqslant j\leqslant M}||\tilde{F}_{n2}(\beta_j)||=o(n^{1/2}a_n),\ \text{a.s.}.$$

对任何 $\beta\in\partial N(b_n)$, 找 $\tilde{\beta}\in\{\beta_1,\cdots,\beta_M\}$, 使得 $||\beta-\tilde{\beta}||=\min\limits_{1\leqslant j\leqslant M}||\beta-\tilde{\beta}_j||\leqslant cn^{-(\delta-1/2+h)}a_n$, 那么

$$\sup_{\beta\in\partial N(b_n)}||\tilde{F}_{n2}(\beta)||\leqslant\max_{1\leqslant l\leqslant M}|||\tilde{F}_{n2}(\beta_l)|+\left\|\sum_{i=1}^n(A_i(\tilde{\beta})-A_i(\beta))\tilde{e_i}\right\|\triangleq J_1+J_2. \quad (3.2.16)$$

因为

$$\begin{aligned}&\sup\{||A_i(\tilde{\beta}))-A_i(\beta)||:\beta\in\partial N(b_n),1\leqslant i\leqslant n,n\geqslant 1\}\\ \leqslant\ &c\sup\{||\tilde{\beta}-\beta||:\beta\in\partial N(b_n)\}=O(n^{-(\delta-1/2+h)}a_n),\end{aligned}$$

而且 $h>1-\delta$, 用类似于处理 $||\tilde{F_{n2}}(\beta_j)||$ 的方法, 可以证明, 对任意给定的 $\varepsilon_0>0$, 当 n 充分大时, 对某个 $\alpha_2>0$ 有

$$P(J_2\geqslant p^{1/2}\varepsilon_0 n^{-(\delta-3/2+h)})\leqslant 2p\exp(-cn^{\alpha_2}). \quad (3.2.17)$$

结合 (3.2.6)—(3.2.8), (3.2.10) 和 (3.2.15)—(3.2.17), 得到存在 $\alpha_2>0$, 使得对于 n 充分大,

$$P(\inf\{||U_n(\beta)-U_n(\beta_0)||:\beta\in\partial N(b_n)\}\geqslant cn^{1/2}a_n)\geqslant 1-2p\exp(-cn^{\alpha_2}). \quad (3.2.18)$$

现在考虑 $U_n(\beta_0)$. 用 η_{1n} 表示 $U_n(\beta_0)$ 的第一项, 那么

$$\eta_{1n}=\sum_{i=1}^n a_{i1}(\beta_0)e_i\triangleq\sum_{i=1}^n X_i,$$

这里$a_{i1}(\beta_0)=\left(\dfrac{\partial\mu_i}{\partial\beta_1}v(\mu_i(\beta))\right)\Bigg|_{\beta=\beta_0}$, $X_1,X_2,\cdots,X_n$ 是独立的, 且 $EX_i=0,i\geqslant 1$.

根据假设 (iii), (iv), (v), 我们有

$$\begin{aligned}B_n\triangleq\operatorname{Var}(X_i)&=\sum_{i=1}^n(a_{i1}(\beta_0))^2E(e_i)^2\geqslant c\sum_{i=1}^n\left.\frac{\partial\mu_i}{\partial\beta_1}\right|_{\beta=\beta_0}\left.\frac{\partial\mu_i}{\partial\beta_1^{\mathrm{T}}}\right|_{\beta=\beta_0}\\ &=c\left(\sum_{i=1}^n\left.\frac{\partial\mu_i}{\partial\beta}\right|_{\beta=\beta_0}\left.\frac{\partial\mu_i}{\partial\beta^{\mathrm{T}}}\right|_{\beta=\beta_0}\text{的 (1,1) 元}\right)\geqslant cn^\delta\to\infty.\end{aligned} \quad (3.2.19)$$

根据 (3.2.19) 和明显的事实 $|B_{n+1}-B_n|=O(1)$, 我们有 $B_{n+1}/B_n\to 1$. 因此, 对于 $\{X_i\}$, 引理 3.2.4 的条件 (a), (b) 成立, 为了验证条件 (c), 注意到从假设 (i), (ii), (iv), 我们有

$$B_n\leqslant cn. \quad (3.2.20)$$

因为 $2<\bar{p}<3$, 令 $\varepsilon_1=\bar{p}-2$, 那么 $D_n=\sum_{i=1}^{n}E|X_i|^{\bar{p}}\leqslant cn$. 从引理 3.2.3 可推得

$$R_n\leqslant cn/(cn^{\delta})^{1+\varepsilon_1/2}\leqslant cn^{1-\delta(1+\varepsilon_1/2)}\triangleq cn^{-\tilde{\varepsilon}},\quad \tilde{\varepsilon}=\delta(1+\varepsilon_1/2)-1>0,$$

这里 $R_n=\sup_x|F_n(x)-\Phi(x)|$, 且有

$$R_n=O((\log B_n)^{-2}).$$

上面的结论对 $U_n(\beta_0)$ 的每个元素成立, 这样引理 3.2.4 给出

$$\sum_{i=1}^{\infty}\tilde{p}_n\triangleq\sum_{n=1}^{\infty}P(||U_n(\beta_0)||\geqslant cn^{1/2}(\mathrm{loglog}n)^{1/2})<\infty. \tag{3.2.21}$$

定义

$$C_n=\{\text{存在 }\hat{\beta}_n\in N(b_n),\text{ 使得 }||U_n(\hat{\beta}_n)||=\inf\{||U_n(\beta)||:\beta\in\overline{N}(b_n)\}\}.$$

那么从 (3.2.18), (3.2.21), $(\mathrm{loglog}n)^{1/2}=o(a_n)$, 我们有

$$P(C_n)\geqslant P(\inf\{||U_n(\beta)-U_n(\beta_0)||:\beta\in\partial N(b_n)\}>2||U_n(\beta_0)||)\geqslant 1-p_n,$$

$$p_n=\tilde{p}_n+2p\exp(-cn^{\alpha_2}),\quad \sum_{i=1}^{\infty}p_n<\infty. \tag{3.2.22}$$

这样定理的 (i) 获证.

下面证明 $U_n(\hat{\beta}_n)=0$, a.s.. 因为 $\hat{\beta}_n\in N(b_n)$, 因此存在 $r_n\in(0,1), n\geqslant 1$, 使得

$$\sum_{i=1}^{\infty}P(b_n-||\hat{\beta}_n-\beta_0||\leqslant r_n)<\infty.$$

因此以概率为 1 对 n 充分大有 $b_n-||\hat{\beta}_n-\beta_0||>r_n$.

给定 $d\in(0,1)$, 假定 $U_n(\hat{\beta}_n)=d_n$, 且 $||d_n||\geqslant d$, 用 $\hat{\beta}_n+\Delta_n$, $\hat{\beta}_n$ 取代 (3.3.3) 中的 β_0, β (相应地, 用 $Y_i-\mu_i(\hat{\beta}_n+\Delta_n)$ 取代 e_i), 有

$$\begin{aligned}&U_n(\hat{\beta}_n+\Delta_n)-U_n(\hat{\beta}_n)\\&=\sum_{i=1}^{n}A_i(\hat{\beta}_n)(\mu_i(\hat{\beta}_n)-\mu_i(\hat{\beta}_n+\Delta_n))+\sum_{i=1}^{n}(A_i(\hat{\beta}_n+\Delta_n)-A_i(\hat{\beta}_n))(Y_i-\mu_i(\hat{\beta}_n+\Delta_n))\\&\triangleq J_{n1}+J_{n2}.\end{aligned} \tag{3.2.23}$$

根据 (3.2.5)—(3.2.7), 我们有

$$J_{n1}=-\Delta_nG_n-\sum_{i=1}^{n}A_i(\hat{\beta}_n)\left(\left.\frac{\partial\mu_i}{\partial\beta^{\mathrm{T}}}\right|_{\beta=\beta^*}-\left.\frac{\partial\mu_i}{\partial\beta^{\mathrm{T}}}\right|_{\beta=\hat{\beta}_n}\right)\Delta_n\triangleq J_{n11}+J_{n12}, \tag{3.2.24}$$

这里 $G_n = \sum_{i=1}^{n}\left(\frac{\partial \mu_i}{\partial \beta}(v(\mu_i(\beta)))^{-1}\frac{\partial \mu_i}{\partial \beta^{\mathrm{T}}}\right)\bigg|_{\beta=\hat{\beta}_n}$, 且 β^* 在 $\hat{\beta}_n$ 和 $\hat{\beta}_n+\Delta_n$ 的连线上. 从假设 (iii), (v) 和 $\hat{\beta}_n \in N(b_n)$ 可推得 G_n^{-1} 存在, 取

$$\Delta_n = t_n G_n^{-1} d_n r_n, \quad t_n = (\max(||d_n||, 1))^{-1}.$$

根据 $t_n||d_n|| \leqslant 1$ 和假设 (iii) 和 (v), 我们有 $||\Delta_n|| \leqslant cn^{-\delta} r_n \leqslant r_n$, 所以 $\hat{\beta}_n + \Delta_n \in N(b_n)$, 且

$$J_{n11} = -t_n d_n r_n. \tag{3.2.25}$$

根据假设 (i), (ii), (iii) 和

$$\hat{\beta}_n \in N(b_n), \quad \hat{\beta}_n + \Delta_n \in N(b_n), \quad \delta > 2/\bar{p}, \quad t_n||d_n|| \leqslant 1, \quad 0 \leqslant r_n \leqslant 1,$$

我们有

$$||J_{n12}|| \leqslant cn||\Delta_n||^2 \leqslant cnn^{-2\delta} t_n^2 ||d_n||^2 r_n^2 \leqslant \frac{1}{3} t_n ||d_n|| r_n. \tag{3.2.26}$$

记

$$Y_i - \mu_i(\hat{\beta}_n + \Delta_n) = (\mu_i(\beta_0) - \mu_i(\hat{\beta}_n + \Delta_n)) + e_i \equiv m_i + e_i.$$

从假设 (i), (ii), (iii), 我们有

$$||m_i|| \leqslant c(||\beta_0 - \hat{\beta}_n|| + ||\Delta_n||) \leqslant cn^{-(\delta-1/2)} a_n + cn^{-\delta} t_n ||d_n|| r_n.$$

因此

$$\begin{aligned} ||J_{n2}|| \leqslant & \sum_{i=1}^{n}\left\|A_i(\hat{\beta}_n + \Delta_n) - A_i(\hat{\beta}_n)\right\| |m_i| + \left\|\sum_{i=1}^{n}(A_i(\hat{\beta}_n + \Delta_n) - A_i(\hat{\beta}_n))e_i\right\| \\ \triangleq & J_{n21} + J_{n22}. \end{aligned} \tag{3.2.27}$$

根据假设 (i), (ii) 和 (v), 我们有

$$||A_i(\hat{\beta}_n + \Delta_n) - A_i(\hat{\beta}_n)|| \leqslant c||\Delta_n|| \leqslant cn^{-\delta} t_n ||d_n|| r_n.$$

因此

$$J_{n21} \leqslant cn^{-(2\delta-3/2)} a_n t_n ||d_n|| r_n + cn^{-(2\delta-1)} t_n^2 ||d_n||^2 r_n^2.$$

根据 $t_n||d_n|| \leqslant 1, 0 \leqslant r_n \leqslant 1, \delta > 2/\bar{p}$ 和 $a_n = o(\log n)$, 我们有

$$J_{n21} \leqslant \frac{1}{4} t_n ||d_n|| r_n. \tag{3.2.28}$$

现考虑 J_{n22}, 选取 h, 使得 $1-\delta<h<1-\delta+\varepsilon,\varepsilon>0$, 在球 $V=\{t:||t||\leqslant cn^{-\delta}r_n\}$ 内找 $N=[n^{ph}]$ 个点 $\omega_1,\cdots,\omega_N$, 使得对任何点 $\omega\in V$, 我们能够找到 j 满足 $||\omega-\omega_j||\leqslant cn^{-(h+\delta)}r_n$. 因为 $||\Delta_n||\leqslant cn^{-\delta}r_n$ 以及 $\Delta_n\in V$, 存在 j 使得 $||\Delta_n-\omega_j||\leqslant cn^{-(h+\delta)}r_n$, 因此

$$\begin{aligned}J_{n22}\leqslant&\left\|\sum_{i=1}^n(A_i(\beta_0+\omega_j)-A_i(\beta_0))\mathrm{e}_i\right\|+\left\|\sum_{i=1}^n(A_i(\beta_0+\Delta_n)-A_i(\beta_0+\omega_j))\mathrm{e}_i\right\|\\&+\left\|\sum_{i=1}^n(A_i(\hat\beta_n+\Delta_n)-A_i(\beta_0+\Delta_n)-(A_i(\hat\beta_n)-A_i(\beta_0)))\right\|\\\leqslant&\max_{1\leqslant l\leqslant N}\left\|\sum_{i=1}^n(A_i(\beta_0+\omega_l)-A_i(\beta_0))\mathrm{e}_i\right\|+\left\|\sum_{i=1}^n(A_i(\beta_0+\Delta_n)-A_i(\beta_0+\omega_j))\mathrm{e}_i\right\|\\&+\left\|\sum_{i=1}^n(A_i(\hat\beta_n+\Delta_n)-A_i(\beta_0+\Delta_n)-(A_i(\hat\beta_n)-A_i(\beta_0)))\mathrm{e}_i\right\|\\\triangleq&K_1+K_2+K_3.\end{aligned}\tag{3.2.29}$$

任意选取矩阵

$$A_i(\hat\beta_n+\Delta_n)-A_i(\beta_0+\Delta_n)-(A_i(\hat\beta_n)-A_i(\beta_0))$$

的一个元素, 它具有形式

$$M=(h_i(\hat\beta_n+\Delta_n)-h_i(\beta_0+\Delta_n))-(h_i(\hat\beta_n)-h_i(\beta_0)),$$

对某个函数 h_i. 因为 $\hat\beta_n\in N(b_n),||\Delta_n||\leqslant cn^{-\delta}t_n||d_n||r_n$, 从假设 (i), (ii), (iii) 和中值定理, 可以推得

$$\begin{aligned}|M|=&|\Delta_n^{\mathrm T}(h_i'(\hat\beta_n+t)-h_i'(\beta_0+t))|_{t=\Delta},\\\leqslant&||\Delta_n||\max_{||t||\leqslant1}|h_i''(t)|||\hat\beta_n-\beta_0||\\\leqslant&cn^{-(2\delta-1/2)}t_n||d_n||r_na_n.\end{aligned}$$

这里 Δ 在 0 与 Δ_n 的连线上. 因此, 有

$$\begin{aligned}K_3\leqslant&cn^{-(2\delta-1/2)}t_n||d_n||r_na_n\sum_{i=1}^n|e_i|\\\leqslant&cn^{-(2\delta-1/2)}t_n||d_n||r_na_n\sum_{i=1}^nE|e_i|+cn^{-(2\delta-1/2)}t_n||d_n||r_na_n\sum_{i=1}^n(|e_i|-E|e_i|)\\\triangleq&K_{31}+K_{32}.\end{aligned}\tag{3.2.30}$$

因为 $\sup\limits_{i\geqslant 1} E|\mathrm{e}_i| < \infty$, $\delta > 2/\bar{p}$ 以及 $a_n = o(\log n)$, 所以

$$\begin{aligned} K_{31} &\leqslant ct_n||d_n||r_n n^{-(2\delta-1/2)}a_n \cdot n\sup_{i\geqslant 1} E|e_i| \\ &\leqslant ct_n||d_n||r_n n^{-(2\delta-3/2)}\log n \leqslant \frac{1}{48}t_n||d_n||r_n. \end{aligned} \tag{3.2.31}$$

注意 $\bar{p} > 2$, 从引理 3.2.2 可推得

$$P\left(\sum_{i=1}^{n}(|e_i| - E|e_i|) \geqslant cn\right) \leqslant cn^{-\bar{p}/2}.$$

因此

$$P\left(K_{32} \geqslant \frac{1}{48}t_n||d_n||r_n\right) \leqslant cn^{-\bar{p}/2}.$$

这与 (3.2.31) 结合, 给出

$$P\left(K_3 \leqslant \frac{1}{24}t_n||d_n||r_n\right) \geqslant 1 - cn^{-\bar{p}/2}. \tag{3.2.32}$$

因为 $h+\delta > 1$, 用处理 $\tilde{F}_{n2}(\beta_j)$ 类似的方法, 可以证明对 $\varepsilon_0 = h+\delta-1 > 0$, 存在 $\alpha_3 > 0$ 使得 $P(K_2 \leqslant cn^{-\varepsilon_0}r_n) \geqslant 1 - 2p\exp(-cn^{\alpha_3})$. 因为 $||d_n|| \geqslant d$, 我们有 $t_n||d_n|| \geqslant d$. 因此

$$P\left(K_2 \leqslant \frac{1}{12}t_n||d_n||r_n\right) \geqslant 1 - 2p\exp(-cn^{\alpha_3}). \tag{3.2.33}$$

现在考虑 K_1, 固定 j, 令

$$\tilde{K}_{1j} \triangleq \sum_{i=1}^{n}(A_i(\beta_0+\omega_j) - A_i(\beta_0))\tilde{e}_i,$$

这里 $\tilde{e_i}$ 定义如同 (3.2.12), 用处理 $F_{n2}(\beta)$ 类似的方法, 可得对任何 $\varepsilon_0 > 0$, 有

$$P(||\tilde{K}_{1j}|| > p^{1/2}\varepsilon_0 r_n) \leqslant 2p\exp\left(-\frac{n\varepsilon^2}{2(b\varepsilon+\bar{\sigma}^2)}\right),$$

这里 $b = cn^{-\delta+1/r}r_n, \bar{\sigma}^2 \leqslant cn^{-2\delta}r_n^2, \varepsilon = \varepsilon_0 n^{-1}r_n, b\varepsilon = cn^{-(\delta+1)+1/r}r_n^2$. 易见对某个 $\alpha_4 > 0$, 有 $\dfrac{n\varepsilon^2}{2(b\varepsilon+\bar{\sigma}^2)} \geqslant cn^{\alpha_4}$, 这里 c, α_4 与 $j = 1, \cdots, N$ 无关. 于是

$$P(K_1 \geqslant p^{1/2}\varepsilon_0 r_n) = P(\max_{1\leqslant l\leqslant N}||\tilde{K}_{1l}|| \geqslant p^{1/2}\varepsilon_0 r_n) \leqslant 2pn^{ph}\exp\{-cn^{\alpha_4}\}.$$

这个事实与 $t_n||d_n|| \geqslant d$ 结合, 给出

$$P\left(K_1 \leqslant \frac{1}{8}t_n||d_n||r_n\right) \geqslant 1 - 2pn^{ph}\exp\{-cn^{\alpha_4}\}. \tag{3.2.34}$$

结合 (3.2.32)—(3.2.34), 我们有

$$P\left(J_{n22} \leqslant \frac{3}{8}t_n||d_n||r_n\right) \geqslant 1-2pn^{ph}\exp(-cn^{\alpha_4})-2p\exp(-cn^{\alpha_3})-cn^{-\bar{p}/2}. \quad (3.2.35)$$

从 (3.2.23)—(3.2.28) 和 (3.2.35), 可得

$$P\left(||U_n(\hat{\beta}_n)|| \geqslant d, \hat{\beta}_n \in N(b_n), ||U_n(\hat{\beta}_n+\Delta_n)|| > \left(1-\frac{1}{24}t_nr_n\right)||U_n(\hat{\beta}_n)||\right)$$
$$\leqslant P\left(J_{n22} > \frac{3}{8}t_n||d_n||r_n\right) \leqslant 2pn^{ph}\exp(-cn^{\alpha_4})+2p\exp(-cn^{\alpha_3})+cn^{-\bar{p}/2}.$$

另一方面, 从 (3.2.22) 和 $\hat{\beta}_n \in N(b_n)$, 我们有

$$P\left(||U_n(\hat{\beta}_n)|| \geqslant d, \hat{\beta}_n \in N(b_n), ||U_n(\hat{\beta}_n+\Delta_n)|| \leqslant \left(1-\frac{1}{24}t_nr_n\right)||U_n(\hat{\beta}_n||\right) \leqslant p_n,$$

这里 p_n 定义如同 (3.2.22). 上面两个等式给出

$$P(||U_n(\hat{\beta}_n)|| \geqslant d, \hat{\beta}_n \in N(b_n)) \leqslant p_n+2pn^{ph}\exp(-cn^{\alpha_4})+2p\exp(-cn^{\alpha_3})+cn^{-\bar{p}/2}.$$

但是, $P(\hat{\beta}_n \in N(b_n)) \geqslant 1-p_n$, 因此

$$P(||U_n(\hat{\beta}_n)|| \geqslant d) \leqslant 2p_n+2pn^{ph}\exp(-cn^{\alpha_3})+2p\exp(-cn^{\alpha_4})+cn^{-\bar{p}/2}.$$

因为 $\sum\limits_{i=1}^{\infty}(2p_n+2pn^{ph}\exp(-cn^{\alpha_4})+2p\exp(-cn^{\alpha_3})+cn^{-\bar{p}/2})<\infty$, 从 Borel-Cantelli 引理可推得

$$P(||U_n(\hat{\beta}_n)|| \geqslant d, \text{i.o})=0.$$

上面的等式对任何 $d>0$ 成立, 所以

$$P(||U_n(\hat{\beta}_n)||>0, \text{i.o})=0, \quad (3.2.36)$$

即

$$P(||U_n(\hat{\beta}_n)||=0 \ \text{对} \ n \ \text{充分大})=1. \quad (3.2.37)$$

从 $\hat{\beta}_n \in N(b_n)$, 我们有

$$||\hat{\beta}_n-\beta_0||=O(n^{-(\delta-1/2)}a_n), \text{a.s.}.$$

这个方程对任何满足 $a_n/\sqrt{2\text{loglog}n} \to \infty$ 及 $a_n/\text{log}n \to 0$ 的 a_n 成立, 应用引理 3.2.6, 我们有

$$||\hat{\beta}_n-\beta_0||=O(n^{-(\delta-1/2)}(\text{loglog}n)^{1/2}), \ \text{a.s.}. \quad (3.2.38)$$

这与 (3.2.37) 一起结合, 就完成了定理 3.2.1 的证明.

注 3.2.1 从实用的观点看, 一个重要的场合是 $\delta = 1$, 对于这种场合, (3.2.3) 具有形式

$$||\hat{\beta}_n - \beta_0|| = O(n^{-1/2}(\log\log n)^{1/2}),$$

这正是独立同分布随机变量的部分和的重对数律的收敛速度, 因此, 不能再被改进.

3.3 方差未知的拟似然非线性模型中极大拟似然估计的渐近性质

3.3.1 引言

自从 Nelder 和 Wedderburn(1972) 关于广义线性模型进行开创性工作以来, 统计学家们一直试图发展广义线性模型的理论和方法, Wedderburn(1974) 注意到只要响应变量 Y 的均值函数和方差函数被正确规定, 那么许多基于似然的程序仍然是适用的, 因此他提出了拟似然函数的概念, 这进一步扩大了广义线性模型的应用范围. 因为在许多场合, 观测的确切分布是未知的, 因此拟似然方法是非常有用的, 此外, 拟似然函数具有类似于似然函数的性质. 关于广义线性模型和拟似然函数的更复杂的解释可参阅 McCullagh 和 Nelder(1989) 的文献.

假定响应变量 $Y = (y_1, \cdots, y_n)^{\mathrm{T}}$ 的各个分量相互独立, 其均值 EY 与协方差 $\mathrm{Cov}(Y)$ 具有以下关系:

$$\begin{cases} EY = \mu = (\mu_1, \cdots, \mu_n)^{\mathrm{T}}, \\ \mathrm{Cov}(Y) = \sigma^2 \mathrm{diag}\{v(\mu_1), \cdots, v(\mu_n)\}, \end{cases} \tag{3.3.1}$$

其中, $\mu_i = f(x_i, \beta)$, $x_i = (x_{i1}, x_{i2}, \cdots, x_{iq})^{\mathrm{T}}$ $(q < n)$ 为已知非随机 q 维设计变量, 其定义域为 $\mathcal{X} \subset R^q$, $\beta = (\beta_1, \beta_2, \cdots, \beta_p)^{\mathrm{T}}$ $(p < n)$ 为 p 维需要估计的未知参数向量, 其定义域为 $\mathcal{B} \subset R^p$, σ^2 是已知的或是可以单独估计的, 为了简化, 在这一节我们假定 σ^2 是已知的; $f(\cdot, \cdot)$ 为定义在 $\mathcal{X} \times \mathcal{B}$ 上的已知函数, 称为联系函数, $v(\cdot)$ 称为方差函数, 它是已知的或是未知的. 在方差函数已知的情形下, 拟似然函数定义为 (McCullagh and Nelder, 1989; Xia et al., 2008)

$$Q(\beta; Y) = \sum_{i=1}^{n} \int_{y_i}^{\mu_i} \frac{y_i - t}{\sigma^2 v(t)} \mathrm{d}t, \quad \mu_i = f(x_i, \beta) \triangleq \mu_i(\beta). \tag{3.3.2}$$

然而, 在许多场合, 完整地给定方差函数是不现实的, 因此, 有必要研究未知方差函数场合下的极大拟似然估计的渐近性质. 在这一节, 我们假定 Y 的方差函数

是未知的. 跟 Fahrmeir (1990) 处理方差未知的广义线性模型一样, 用已知的函数 $\Lambda(\cdot)$ 取代 (3.3.2) 中 $v(\cdot)$, 这样, (3.3.2) 可改写为

$$Q^*(\beta;Y)=\sum_{i=1}^{n}\int_{y_i}^{\mu_i}\frac{y_i-t}{\sigma^2\Lambda(t)}\mathrm{d}t,\quad \mu_i=f(x_i,\beta)\triangleq\mu_i(\beta). \tag{3.3.3}$$

而相应的拟似然方程是

$$\sum_{i=1}^{n}\frac{\partial\mu_i(\beta)}{\partial\beta}(\Lambda(\mu_i(\beta)))^{-1}(y_i-\mu_i(\beta))=0,\quad \mu_i(\beta)=f(x_i,\beta), \tag{3.3.4}$$

这里 $\Lambda(\cdot)>0$ 是一个适当选取的已知函数, 那么由 (3.3.3), (3.3.4) 所定义的模型就称为方差未知的拟似然非线性模型. 方程 (3.3.4) 的根, 仍用 $\hat{\beta}_n$ 表示, 仍然称为 β 的极大拟似然估计. 如果 $\mu_i(\beta)=f(x_i^{\mathrm{T}}\beta),\Lambda(\cdot)=v(\cdot)$ 且观测 y_i 的分布来自单参数指数族分布, 具有密度函数

$$\exp\{\theta_i y_i-b(\theta_i)\}\mathrm{d}\gamma(y_i),\quad i=1,\cdots,n, \tag{3.3.5}$$

这里 $\gamma(\cdot)$ 是某个测度, 那么 (3.3.4) 可改写为

$$\sum_{i=1}^{n}x_i\left.\frac{\partial f(\eta)}{\partial\eta}\right|_{\eta=x_i^{\mathrm{T}}\beta}(b''(\theta_i))^{-1}(y_i-\mu_i(\beta))=0,\quad \mu_i(\beta)=f(x_i^{\mathrm{T}}\beta). \tag{3.3.6}$$

等式 (3.3.6) 正是广义线性模型的对数似然方程 (当 y_i 是一维随机变量时, 见 Fahrmeir 和 Kaufmann (1985), 以及 Yue 和 Chen (2004) 的文献). 因此, 方差未知的拟似然非线性模型进一步扩展了广义线性模型的范围.

在过去的 30 年里, 许多学者都关心过拟似然模型中的极大拟似然估计的渐近性质, 例如: McCullagh (1983) 在 Y 的三阶存在的条件下, 给出了证明极大拟似然估计的存在性和渐近正态性的一个框架, 但没有给出严格的证明. Tzavelas (1998) 在一些正则条件下证明了极大拟似然估计的唯一性. Chang (1999) 通过定义 “最后时” 随机变量的方法, 对于自适应设计和一般的联系函数的拟似然模型, 获得了极大拟似然估计的强相合性. Chen 等 (1999) 对于带有固定设计和自适应设计的广义线性模型分别给出了极大拟似然估计的强相合性. Lu 等 (2006) 研究了带随机刻度的广义线性模型中的极大拟似然估计的渐近性质. Xia 等 (2008) 获得了拟似然非线性模型中极大拟似然估计的渐近性质. 上面的学者都假定了 Y 的方差函数是已知的. 在这一节, 我们介绍方差未知的拟似然非线性模型中极大拟似然估计的渐近性质. 在 3.3.2 节, 我们提出一些适当的正则条件, 在 3.3.3 节, 我们在 3.3.2 节所给的正则条件下, 证明了极大拟似然估计的存在性、相合性以及渐近正态性. 在 3.3.4 节, 我们用模拟来说明所提的方法是合理有效的.

3.3.2 条件和引理

从 (3.3.3) 易见, 对于 β 的拟得分函数、拟观测信息矩阵和拟 Fisher 信息矩阵各自可表示为

$$S_n(\beta) \triangleq \frac{\partial Q^*(\beta;Y)}{\partial \beta} = \sum_{i=1}^{n} \frac{\partial \mu_i(\beta)}{\partial \beta}(\Lambda(\mu_i(\beta)))^{-1}(y_i - \mu_i(\beta)), \tag{3.3.7}$$

$$\begin{aligned} H_n(\beta) \triangleq & -\frac{\partial^2 Q^*(\beta;Y)}{\partial \beta \partial \beta^{\mathrm{T}}} \\ = & -\left\{ \sum_{i=1}^{n} \frac{\partial^2 \mu_i(\beta)}{\partial \beta \partial \beta^{\mathrm{T}}}(\Lambda(\mu_i(\beta)))^{-1}(y_i - \mu_i(\beta)) \right. \\ & + \sum_{i=1}^{n} \frac{\partial \mu_i(\beta)}{\partial \beta} \frac{\partial \Lambda^{-1}(\mu_i(\beta))}{\partial \beta^{\mathrm{T}}}(y_i - \mu_i(\beta)) \\ & \left. - \sum_{i=1}^{n} \frac{\partial \mu_i(\beta)}{\partial \beta} \Lambda^{-1}(\mu_i(\beta)) \frac{\partial \mu_i(\beta)}{\partial \beta^{\mathrm{T}}} \right\}, \end{aligned}$$

$$F_n(\beta) \triangleq E(H_n(\beta)) = \sum_{i=1}^{n} \frac{\partial \mu_i(\beta)}{\partial \beta} \Lambda^{-1}(\mu_i(\beta)) \frac{\partial \mu_i(\beta)}{\partial \beta^{\mathrm{T}}}, \quad H_n(\beta) = F_n(\beta) - R_n(\beta), \tag{3.3.8}$$

这里

$$\begin{aligned} R_n(\beta) = & \left\{ \sum_{i=1}^{n} \frac{\partial^2 \mu_i(\beta)}{\partial \beta \partial \beta^{\mathrm{T}}}(\Lambda(\mu_i(\beta)))^{-1}(y_i - \mu_i(\beta)) \right. \\ & \left. + \sum_{i=1}^{n} \frac{\partial \mu_i(\beta)}{\partial \beta} \frac{\partial \Lambda^{-1}(\mu_i(\beta))}{\partial \beta^{\mathrm{T}}}(y_i - \mu_i(\beta)) \right\}. \end{aligned}$$

为了后面的使用, 我们引进一些记号. 令 $\lambda_{\min} A$ ($\lambda_{\max} A$) 表示对称矩阵 A 的最小 (最大) 特征根; 令 $A^{1/2}$ ($A^{\mathrm{T}/2}$) 表示正定矩阵 A 的左 (右) 平方根矩阵. 对于矩阵 $B = (b_{ij}) \in R^{p \times q}$, 令 $||B|| = \left(\sum_{i=1}^{p} \sum_{j=1}^{q} |b_{ij}|^2 \right)^{1/2}$. 对于 $\beta_0 \in \mathcal{B}$ 和一个给定的 $\delta > 0$, 令 $N(\delta) = \{\beta : ||\beta - \beta_0|| < \delta\}$, $N_n(\delta) = \{\beta : ||F_n^{1/2}(\beta - \beta_0)|| \leqslant \delta\}$ $(n = 1, 2, \cdots)$. 令 $c, c_0, c_1, c_2, \cdots$ 表示一般绝对正的常数, 它的值可以从一个表达式变到另一个表达式. 函数 $f(x, \beta)$ 的范围用 Ω 表示, 它是 R 中的开子集. 为了记号的简便, 在 $S_n(\beta_0), F_n(\beta_0), E_{\beta_0}, P_{\beta_0}$ 等中, 我们常常省去 β_0, 简记为 S_n, F_n, E, P 等.

为了对方差未知的拟似然非模型中的极大拟似然估计作推断, 我们需要一些如下的假设条件:

假设 A (i) $\mathcal{X}$ 是 R^q 中的紧子集, $\mathcal{B}$ 是 R^p 中的开子集;

(ii) $f(x,\beta)$ 作为 β 的函数是三次可导的, 函数 $f(x,\beta)$ 和它的所有导数都在 $\mathcal{X}\times\mathcal{B}$ 上连续.

(iii) 对所有的 $x_i\in\mathcal{X}$ 和 $\beta\in\mathcal{B}$, 有 $\mu_i=\mu_i(\beta)=f(x_i,\beta)\in\Omega, i=1,2,\cdots,;$

(iv) β_0 是 β 的真值, 并且 β_0 是 $\mathcal{B}$ 的一个内点;

(v) $D(\beta)=\partial\mu(\beta)/\partial\beta^{\mathrm{T}}=(\partial\mu_1/\partial\beta,\cdots,\partial\mu_n/\partial\beta)^{\mathrm{T}}$ 是满列秩, 这里 $\mu(\beta)=(\mu_1,\cdots,\mu_n)^{\mathrm{T}}$;

(vi) $\Lambda(\mu)$ 关于 $\mu\in\Omega$ 是连续可微的, 且存在 β_0 一个紧邻域 $\overline{N}(\delta_1)\subset\mathcal{B}$ 和一个常数 $\gamma>0$ 使得对所有的 $\beta\in\overline{N}(\delta_1)$, 有 $\Lambda(\cdot)\geqslant\gamma>0$;

(vii) 存在一个常数 $c_1>0$, 使得 $c_1\leqslant\inf\limits_{i\geqslant1}\mathrm{Var}(y_i)\leqslant\sup\limits_{i\geqslant1}\mathrm{Var}(y_i)<\infty$.

注 3.3.1 假设 A(v) 将保证对所有的 $\beta\in\mathcal{B}$, 拟 Fisher 信息阵 $F_n(\beta)$ 是正定的. 假设 A (vi), (vii) 在拟似然线性模型中是常用的 (Chiou and Müller, 1998, 1999).

注 3.3.2 从假设 A (i), (ii), (vi), (vii) 以及 $N_n(\delta)$ 的紧性, 可以推得存在正的绝对常数 c_4 和 c_5 使得对于所有的 $\beta\in N_n(\delta)$, 有

$$c_4<\Lambda(\mu_i)<c_5.$$

这进一步推得 $V_n\geqslant\dfrac{c_1}{c_5}F_n$, $F_n\leqslant\dfrac{c_5}{c_1}V_n$, 因此, 我们有

$$V_n^{-1/2}F_nV_n^{-1/2}\leqslant\frac{c_5}{c_1}I_p,\quad F_n^{-1/2}V_nF_n^{-1/2}\geqslant\frac{c_1}{c_5}I_p,\quad\forall\,\beta\in N_n(\delta).\tag{3.3.9}$$

从 (3.3.9), 可以推得矩阵 $V_n^{-1/2}F_n^{1/2}$ 的每个元素及它的逆矩阵的每个元素都是有界的.

假设 B (i) $\lambda_{\min}F_n(\beta_0)\to\infty$;

(ii) 存在 β_0 的某个邻域 $N\subset\mathcal{B}$, 某个常数 $c_2>0$ 和某个正整数 n_1 使得

$$\lambda_{\min}F_n(\beta)\geqslant c_2\lambda_n,\quad\beta\in N,\quad n\geqslant n_1,$$

这里以及后面 $\lambda_n=\lambda_{\max}F_n(\beta_0)$;

(iii) 存在充分大的 n 和某个常数 $c_3>0$, 使得 $\lambda_n\geqslant c_3n$;

(iv) 存在 β_0 的某个闭邻域 $\overline{N}(\delta_0)\subset\mathcal{B}$ 使得对某个 $\alpha>0$,

$$\limsup_{n\to\infty}\frac{1}{n}\left(\sum_{i=1}^{n}\sup_{\beta\in\overline{N}(\delta_0)}\Lambda(\mu_i(\beta))\right)^{1/2+\alpha}<+\infty.$$

注 3.3.3 假设 B (i), (ii) 类似于 Fahrmeir 和 Kaufmann (1985) 所提的条件. 假设 B(iii) 类似于 Chang (1999) 的条件 A.3. 假设 B (iv) 用来保证强大数律成立.

假设 C 存在某个正定和连续的矩阵 $L(\beta)$ 使得在 $\overline{N}(\delta)=\{\beta:||\beta-\beta_0||\leqslant\delta\}$ $(\delta>0)$ 上一致地有

$$n^{-1}F_n(\beta)\to L(\beta).$$

注 3.3.4 假设 C 可被看成是拟 Fisher 信息矩阵 $F_n(\beta)$ 的稳定性的假设, 而且在非线性模型中是常用的 (Wu, 1981; Jennrich, 1969).

引理 3.3.1 假定假设 A 和 B 在方差未知的拟似然非线性模型 (3.3.3), (3.3.4) 中成立, 那么存在 $\delta>0$ 使得

$$n^{-1}\sup_{\beta\in\overline{N}(\delta)}||R_n(\beta)||\to 0,\quad \text{a.s.}.$$

特别地, 如果在 $\overline{N}(\delta)\subset B_1$ 上, 有 $\beta_n\to\beta_0$, 那么

$$n^{-1}R_n(\beta_n)\to 0,\quad \text{a.s.}.$$

证明 由引理 3.1.2 可以立刻推得该引理的结论成立.

引理 3.3.2 假定假设 A 和 B 在方差未知的拟似然非线性模型 (3.3.3), (3.3.4) 中成立, 那么

$$V_n^{-1/2}S_n\xrightarrow{\mathcal{L}}N(0,I_p),$$

这里 $V_n=\sum\limits_{i=1}^n\dfrac{\partial\mu_i}{\partial\beta}\Lambda^{-1}(\mu_i)\mathrm{Var}(y_i)\Lambda^{-1}(\mu_i)\dfrac{\partial\mu_i}{\partial\beta^{\mathrm{T}}}$, $\mathcal{L}$ 表示依分布收敛, I_p 是一个 $p\times p$ 单位矩阵.

证明 为了证明引理 3.3.2, 只要证明对于任何 $\lambda^{\mathrm{T}}\lambda=1$, 有 $Z_n=\lambda^{\mathrm{T}}V_n^{-1/2}S_n\xrightarrow{\mathcal{L}}N(0,1)$ 成立即可. Z_n 可被改写为

$$Z_n=\sum_{i=1}^n\alpha_{ni}\varepsilon_i,$$

这里 $\alpha_{ni}=\lambda^{\mathrm{T}}V_n^{-1/2}\dfrac{\partial\mu_i}{\partial\beta}(\Lambda(\mu_i))^{-1/2}$, $\varepsilon_i=(\Lambda(\mu_i))^{-1/2}(y_i-\mu_i)$. 从假设 A, 易见 $E(\alpha_{ni}\varepsilon_i)=0$, $\mathrm{Var}\left(\sum\limits_{i=1}^n\alpha_{ni}\varepsilon_i\right)=1$. 我们将证明 Lindeberg 条件成立 (Ferguson, 1996), 即对于任何 $\rho>0$, 有

$$g_n(\rho)=A_n^{-2}\sum_{i=1}^nE\{\alpha_{ni}^2\varepsilon_i^2I(|\alpha_{ni}\varepsilon_i|^2>\rho^2A_n^2)\}\to 0\quad(n\to\infty),\tag{3.3.10}$$

这里 $A_n^2 = \sum\limits_{i=1}^{n} \mathrm{Var}(\alpha_{ni}\varepsilon_i)$. 因为 $A_n^2 = 1$, 代入 (3.3.10) 中,

$$\begin{aligned} g_n(\rho) &= \sum_{i=1}^{n} E\{\alpha_{ni}^2\varepsilon_i^2 I(|\alpha_{ni}\varepsilon_i|^2 > \rho^2)\} \\ &= \sum_{i=1}^{n} \alpha_{ni}^2 E\left\{\varepsilon_i^2 I\left(\varepsilon_i^2 > \frac{\rho^2}{\alpha_{ni}^2}\right)\right\} \to 0 \quad (n \to \infty). \end{aligned} \tag{3.3.11}$$

从假设 B(i) 可推得 $\lambda_{\max} F_n{}^{-1} \to 0$. 利用 $\mathcal{X}$ 的紧性, 我们得到

$$\max_{1 \leqslant i \leqslant n} \alpha_{ni}^2 \to 0 \quad (n \to \infty).$$

令 ε_i 的分布函数是 F_X, 定义

$$h_c(x) = \int_{\{|z|>c\}} z^2 \mathrm{d}F_X.$$

那么对于任何 (大的) $c > 0$, 有

$$E\left\{\varepsilon_i^2 I\left(\varepsilon_i^2 > \frac{\rho^2}{\alpha_{ni}^2}\right)\right\} = \int_{\left\{z^2 > \frac{\rho^2}{\alpha_{ni}^2}\right\}} z^2 \mathrm{d}F_X \leqslant h_c(x_i), \quad i = 1, 2, \cdots, n, n \geqslant n_0(c).$$

结合上面的结果, 我们得到

$$g_n(\rho) \leqslant \sum_{i=1}^{n} \alpha_{ni}^2 h_c(x_i), \quad n \geqslant n_0(c).$$

根据 Helly-Bray 引理和连续函数的性质, 我们知道函数 $h_c(x)$ 有下面的性质: $h_c(x)$ 在 $\mathcal{X}$ 上是连续的, $h_c(x) \to 0$ $(c \to +\infty)$(对任何 $x \in \mathcal{X}$ 是逐点收敛的), 而且 $h_c(x)$ 关于 c 是单调下降的. 由上面的性质以及 $\mathcal{X}$ 的紧性, 可得当 $c \to +\infty$ 时, 在 $\mathcal{X}$ 上一致地有 $h_c(x) \to 0$, 即

$$\sup_{\mathcal{X}} h_c(x) \to 0 \quad (c \to +\infty). \tag{3.3.12}$$

根据 $\sum \alpha_{ni}^2 \leqslant K < \infty$, 这里 K 是一个常数, 我们有

$$g_n(\rho) \leqslant K \max_{x \in \mathcal{X}} h_c(x), \quad n \geqslant n_0(c). \tag{3.3.13}$$

从 (3.3.12) 和 (3.3.13), 易见 $g_n(\rho) \to 0$.

3.3.3 主要结果

定理 3.3.1 如果假设 A, B 和 C 在模型 (3.3.3), (3.3.4) 中成立, 那么存在一个随机变量序列 $\hat{\beta}_n$ 使得

$$P(S_n(\hat{\beta}_n) = 0) \to 1 \tag{3.3.14}$$

及

$$V_n^{-1/2} F_n(\hat{\beta}_n - \beta_0) \xrightarrow{L} N(0, I_p). \tag{3.3.15}$$

由于 (3.3.14) 和 (3.3.15) 的证明几乎等同于 Fahrmeir 和 Kaufmann(1985) 的文献中定理 3 的证明, 这里我们省略其证明.

注 3.3.5 因为 β_0 和 $\mathrm{Var}(y_i)$ 都是未知的, 所以定理 3.3.1 不能用作统计推断. 为了统计推断的目的, 我们需要下面的定理 3.3.2. 令

$$\hat{V}_n = \sum_{i=1}^{n} \frac{\partial \mu_i}{\partial \beta} \Lambda^{-1}(\mu_i)(y_i - \mu_i)^2 \Lambda^{-1}(\mu_i) \frac{\partial \mu_i}{\partial \beta^{\mathrm{T}}}\bigg|_{\beta_0 = \hat{\beta}_n}$$

及

$$\hat{F}_n = \sum_{i=1}^{n} \frac{\partial \mu_i}{\partial \beta} \Lambda^{-1}(\mu_i) \frac{\partial \mu_i}{\partial \beta^{\mathrm{T}}}\bigg|_{\beta_0 = \hat{\beta}_n} = F_n\bigg|_{\beta_0 = \hat{\beta}_n}.$$

那么我们有:

定理 3.3.2 如果假设 A, B 和 C 在模型 (3.3.3), (3.3.4) 中成立, 那么存在一个随机变量序列 $\hat{\beta}_n$ 使得

$$P(S_n(\hat{\beta}_n) = 0) \to 1 \tag{3.3.16}$$

及

$$\hat{W}_n(\hat{\beta}_n - \beta_0) \xrightarrow{L} N(0, I_p), \tag{3.3.17}$$

这里 $\hat{W}_n$ 是矩阵 $\hat{F}_n \hat{V}_n^{-1} \hat{F}_n$ 的 Cholesky 均方根.

证明 只要证明 (3.3.17) 成立就可以了, 因为 (3.3.16) 直接从定理 3.3.1 中可推得.

首先, 我们证明

$$\hat{F}_n^{-1} \hat{V}_n \hat{F}_n^{-1} = F_n^{-1} V_n^{1/2}(I_p + o_p(1)) V_n^{1/2} F_n^{-1}. \tag{3.3.18}$$

记 $\hat{V}_n(\beta) = \sum_{i=1}^{n} \frac{\partial \mu_i(\beta)}{\partial \beta} \Lambda^{-1}(\mu_i(\beta))(y_i - \mu_i(\beta))^2 \Lambda^{-1}(\mu_i(\beta)) \frac{\partial \mu_i(\beta)}{\partial \beta^{\mathrm{T}}}, e_i = y_i - \mu_i(\beta_0)$, $M_i(\beta) = \frac{\partial \mu_i(\beta)}{\partial \beta} \Lambda^{-1}(\mu_i(\beta))$. 那么我们有

$$\hat{V}_n(\beta) = A_n + B_n(\beta) + C_n(\beta) + C_n^{\mathrm{T}}(\beta) + D_n(\beta) + E_n(\beta), \tag{3.3.19}$$

这里,

$$A_n = \sum_{i=1}^{n} M_i e_i^2 M_i^{\mathrm{T}},$$

$$B_n(\beta) = \sum_{i=1}^{n} (M_i(\beta) - M_i) e_i^2 (M_i^{\mathrm{T}}(\beta) - M_i^{\mathrm{T}}),$$

$$C_n(\beta) = \sum_{i=1}^{n} (M_i(\beta) - M_i) e_i^2 M_i^{\mathrm{T}},$$

$$D_n(\beta) = -\sum_{i=1}^{n} M_i(\beta) 2e_i (\mu_i(\beta) - \mu_i) M_i^{\mathrm{T}}(\beta),$$

$$E_n(\beta) = \sum_{i=1}^{n} M_i(\beta)(\mu_i(\beta) - \mu_i)^2 M_i^{\mathrm{T}}(\beta).$$

现在, 我们证明

$$V_n^{-1/2} A_n V_n^{-1/2} = I_p + o_p(1). \tag{3.3.20}$$

令 $\gamma_{ni} = \lambda^{\mathrm{T}} V_n^{-1/2} \dfrac{\partial \mu_i}{\partial \beta} \Lambda^{-1}(\mu_i), Y_{ni} = (\gamma_{ni} e_i)^2$. 那么从假设 B (i), (iii) 和注 3.3.2 可推得 $\max\limits_{1 \leqslant i \leqslant n} ||\gamma_{ni}|| \to 0$ 及 $\sum\limits_{i=1}^{n} ||\gamma_{ni}||^2 \leqslant \dfrac{1}{c_1}$. 用类似于证明式 (3.3.11) 的方法, 可以证明

$$\sum_{i=1}^{n} EY_{ni} I(Y_{ni} \geqslant \varepsilon) = \sum_{i=1}^{n} \gamma_{ni}^2 E\left(e_i^2 I\left(e_i^2 \geqslant \frac{\varepsilon}{\gamma_{ni}^2}\right)\right) \to 0. \tag{3.3.21}$$

因为 $Y_{ni} \geqslant 0, E\sum\limits_{i=1}^{n} Y_{ni} = 1$, (3.3.21), Chow 和 Teicher (1988) 文献中的推论 2 可以推得式 (3.3.20) 成立.

记 $N_n^*(\delta) = \{\beta : ||V_n^{-1/2} F_n(\beta - \beta_0)|| \leqslant \delta\}$. 根据假设 A (i), (ii), (vi), (vii) 和式 (3.3.9), 我们有 $\lambda_{\min} F_n V_n^{-1} F_n \to \infty$ 且对任何给定的 $\delta > 0$, 当 $n \to \infty$ 时,

$$\sum_{i=1}^{n} ||V_n^{-1/2}(M_i(\beta) - M_i)||^2 \leqslant ||V_n^{-1/2}||^2 \cdot n \sup_{i \geqslant 1} ||M_i(\beta) - M_i||^2 \to 0. \tag{3.3.22}$$

根据 (3.3.22), 假设 A(ii), (vii) 及假设 C, 我们有

$$\begin{aligned} &E \max_{\beta \in N_n^*(\delta)} ||V_n^{-1/2} B_n(\beta) V_n^{-1/2}|| \\ \leqslant &c \sup_{i \geqslant 1} E|e_i|^2 \sup_{\beta \in N_n^*(\delta), i \geqslant 1} ||M_i(\beta) - M_i||^2 \to 0. \end{aligned} \tag{3.3.23}$$

因此, 当 $n \to \infty$ 时,

$$\max_{\beta \in N_n^*(\delta)} ||V_n^{-1/2} B_n(\beta) V_n^{-1/2}|| \xrightarrow{P} 0. \tag{3.3.24}$$

类似地,

$$\max_{\beta \in N_n^*(\delta)} ||V_n^{-1/2}(C_n(\beta) + C_n^{\mathrm{T}}(\beta) + D_n(\beta) + E_n(\beta)) V_n^{-1/2}|| \xrightarrow{P} 0. \tag{3.3.25}$$

根据式 (3.3.23)—(3.3.25), (3.3.19) 及引理 3.3.2, 我们有

$$\hat{V}_n(\hat{\beta}_n) = V_n^{1/2}(I_p + o_p(1)) V_n^{1/2}. \tag{3.3.26}$$

从假设 C, 可以推得

$$\begin{aligned} &\max_{\beta \in N_n^*(\delta)} ||F_n^{-1/2} F_n(\beta) F_n^{-1/2} - I_p|| \\ \leqslant &||F_n^{-1/2}||^2 \max_{\beta \in N_n^*(\delta)} ||F_n(\beta) - F_n|| \to 0. \end{aligned} \tag{3.3.27}$$

根据 (3.3.27) 及引理 3.3.2, 我们有

$$F_n(\hat{\beta}_n) = F_n^{1/2}(I_p + o_p(1)) F_n^{1/2}. \tag{3.3.28}$$

根据 (3.3.28) 和 (3.3.26), 我们有

$$\begin{aligned} \hat{F}_n^{-1} \hat{V}_n \hat{F}_n^{-1} = \ & F_n^{-1} V_n^{1/2} \{[V_n^{-1/2} F_n^{1/2}(I_p + o_p(1)) F_n^{-1/2} V_n^{1/2}](I_p + o_p(1)) \\ & \cdot [V_n^{1/2} F_n^{-1/2}(I_p + o_p(1)) F_n^{1/2} V_n^{-1/2}]\} V_n^{1/2} F_n^{-1}. \end{aligned} \tag{3.3.29}$$

从 (3.3.29) 和 (3.3.9), 可推得 (3.3.18) 成立.

因为 $\hat{W}_n$ 是矩阵 $\hat{F}_n \hat{V}_n^{-1} \hat{F}_n$ 的 Cholesky 的平方根, 根据 Stoer (1976) 的文献, 我们知道 $\hat{W}_n$ 是带有正的对角元素的下三角矩阵且是唯一的, 它满足 $\hat{W}_n^{\mathrm{T}} W_n = \hat{F}_n \hat{V}_n^{-1} \hat{F}_n$. 易见存在正交矩阵 Q_n, 使得 $W_n = Q_n \hat{V}_n^{-1/2} \hat{F}_n$. 从 (3.3.18), 我们有

$$Q_n V_n^{1/2} F_n^{-1} \hat{F}_n \hat{V}_n^{-1} \hat{F}_n F_n^{-1} V_n^{1/2} Q_n^{\mathrm{T}} \xrightarrow{P} I_p. \tag{3.3.30}$$

因此, 根据 (3.3.30) 及 Cholesky 平方根的连续性, 我们有 $\hat{W}_n W_n^{-1} \xrightarrow{P} I_p$.

根据这个事实, 定理 3.3.1, Fahrmeir 和 Kaufmann (1985, p.349) 的注以及 $\hat{W}_n(\hat{\beta}_n - \beta_0) = \hat{W}_n W_n^{-1}\{Q_n V_n^{-1/2} F_n(\hat{\beta}_n - \beta_0)\}$, 我们有 (3.3.17), 这样就完成了定理 3.3.2 的证明.

3.3.4 模拟研究

首先讨论拟似然方程 (3.3.4) 的求解问题. 令 $\hat{\beta_n}$ 表示方差未知的拟似然非线性模型中 β 的极大拟似然估计, 则其 $\hat{\beta}$ 的求解可以通过 Newton-Raphson 迭代法来获得, 主要是通过对拟似然方程进行泰勒展开, 进而求得近似解. 具体而言, 假定 $\hat{\beta}$ 为 β 的极大拟似然估计, 则其必然满足拟似然方程 (3.3.4), 即有 $S_n(\hat{\beta})=0$, 将 $S_n(\hat{\beta})=0$ 在 β 处作泰勒展开, 得

$$0=S_n(\hat{\beta})=S_n(\beta)+\frac{\partial S_n(\beta)}{\partial \beta^{\mathrm{T}}}(\hat{\beta}-\beta)=S_n(\beta)-H_n(\beta)(\hat{\beta}-\beta).$$

由此可得

$$H_n(\beta)(\hat{\beta}-\beta)=S_n(\beta),$$

从而可以得到 Newton-Raphson 迭代公式

$$\beta^{k+1}=\beta^k+H_n^{-1}(\beta^k)S_n(\beta^k)\quad (k=0,1,\cdots,). \tag{3.3.31}$$

在式 (3.3.31) 中, 拟观测信息矩阵 $H_n(\beta)$ 的计算涉及拟似然函数的二阶导数, 其计算非常复杂, 因此, 若采用拟 Fisher 信息矩阵 $F_n(\beta)$ 来代替拟观测信息矩阵 $H_n(\beta)$, 则可以把所有的二阶导数的计算转化为拟 Fisher 信息矩阵中的一阶导数的计算, 从而可简化计算. 因此, 在式 (3.3.31) 中, 用拟 Fisher 信息矩阵 $F_n(\beta)$ 代替拟观测信息矩阵 $H_n(\beta)$, 即可得到如下的 Fisher 得分迭代公式:

$$\beta^{k+1}=\beta^k+F_n^{-1}(\beta^k)S_n(\beta^k)\quad (i=0,1,\cdots,). \tag{3.3.32}$$

迭代一直进行到收敛为止. 具体而言, 用 Newton-Raphson 迭代法求拟似然方程 (3.3.4) 中未知参数 β 的极大拟似然估计的计算步骤如下:

(1) 给出 β 的初值 β^0, β 的初值可以通过解带未知方差的近似的拟似然线性模型来获得, 记在第 k 次迭代中参数 β 的估计值为 β^k;

(2) 分别计算 $\mu_i(\beta^k), \dfrac{\partial\mu_i(\beta^k)}{\partial\beta}, \Lambda^{-1}(\mu_i(\beta^k))$, $i=1,2,\cdots,n$, 进而计算 $S_n(\beta^k)$, $F_n(\beta^k)$, 代入迭代公式 (3.3.32) 中得 β^{k+1};

(3) 如果存在某个正整数 k 使得对预先给定的 $\delta>0$, 满足

$$||\beta^{k+1}-\beta^k||<\delta,$$

则停止迭代, 并取 $\hat{\beta}=\beta^{k+1}$ 为 β 的极大拟似然估计. 否则, 设 $k=k+1$, 返回到步骤 (2) 重复上述过程.

为了说明我们所提的方法的有效性, 我们针对两种不同模型的参数估计进行了模拟比较研究. 其一是带正确的方差函数的拟似然非线性模型, 其二是我们所

提的方差未知的拟似然非线性模型. 在下面的模拟中, 我们通过 Gamma-Poisson 混合分布得到了 1000 个过散度 Poisson 数据. 联系函数取为 $\mu_i = f(x_i,\beta) = \mathrm{e}^{\beta_1}\exp\{-x_i\mathrm{e}^{\beta_2}\}$, 其中 $\beta_1 = 3, \beta_2 = -2$, 散度参数 $\sigma^2 = 6$, 这样正确的方差为 $\mathrm{Var}(y_i) = 6\mu_i$. 设计点取为 $x_i = i/n, i = 1,\cdots,100$. 为了进行比较, 我们也取了一个错误的方差 $\mathrm{Var}(y_i) = 6$. 应用上面所介绍的 Newton-Raphson 迭代法, 针对两种模型, 我们给出了两种估计方法如下:

QLE, 经典的拟似然估计, 即带正确的方差函数的拟似然估计;

QLWMVE, 我们所提的方差未知的拟似然估计.

根据 β 的参数估计 $\hat{\beta} = (\hat{\beta}_1,\hat{\beta}_2)^{\mathrm{T}}$ 的有关性能, 比如均值、标准误差、偏差和均方误差 (MSE) 等, 我们对上面两种方法进行了评价. 我们也给出了相对的 MSE, 这里带正确的方差函数的拟似然估计作为评价标准. 表 3.3.1 给出了参数估计 $\hat{\beta} = (\hat{\beta}_1,\hat{\beta}_2)^{\mathrm{T}}$ 的均值、标准误差 (SE)、偏差 (Bias) 和均方误差 (MSE) 等结果的比较.

对于 $\hat{\beta}_1$ 我们比较第 1 行和第 2 行, 对于 $\hat{\beta}_2$, 我们比较第 3 行和第 4 行, 我们发现: QLWMVE 与 QLE 相比, 所造成的损失不会超过 10%. 模拟的结果表明我们所提的 QLWMVE 是有效可行的.

表 3.3.1 对估计的回归参数的模拟结果

(参数真值 $\beta_1 = 3$, $\beta_2 = -2$; 真的方差 $\sigma^2\mu$)

参数	行	方法	方差	均值	标准误差	偏差	MSE	相对的 MSE
$\hat{\beta}_1$	1	QLE	$\sigma^2\mu$	3.0004	0.0037	0.0004	0.003678	1.0000
	2	QLWMVE	σ^2	3.0004	0.0038	0.0004	0.003766	1.0239
β_2	3	QLE	$\sigma^2\mu$	−1.9783	0.0456	0.0217	0.050471	1.0000
	4	QLWMVE	σ^2	−1.9813	0.0520	0.0187	0.055248	1.0946

3.4 方差未知的拟似然非线性模型中极大拟似然估计的弱相合性

本节给出了方差未知的拟似然非线性模型中极大拟似然估计的弱相合性的充分条件, 其中矩的条件要弱于文献中极大拟似然估计的强相合性的条件.

3.4.1 引言

近年来, 已有一些学者对广义线性模型或拟似然非线性模型中极大拟似然估计 (MQLE) 的相合性进行了研究. 例如: 丁洁丽 (2006), Liao 等 (2006), Zhang 和 Liao(2008) 研究了广义线性模型中极大拟似然估计的弱相合性; Yue 和 Chen (2004), Yin 和 Zhao(2005), Chang(1999), Chen 等 (1999), 高启兵和吴耀华 (2004) 研究了广义线性模型中极大拟似然估计的强相合性; Xia 和 Kong(2008) 研究了拟似然非线性模型中极大拟似然估计的强相合性. 为了得到极大拟似然估计的强相合性, 这些学者都假定了响应变量 Y_i 的 p-阶绝对矩 $(p>2)$ 的有限性. 这一条件在拟似然非线性模型中太强了, 因为拟似然非线性模型的特点是, 仅知道 Y_i 的一、二阶矩, 除此之外, 没有 Y_i 的 p-阶绝对矩 $(p>2)$ 的任何信息. 因此, 本节在仅知道响应变量 Y 的均值函数的情形下, 来讨论方差未知的拟似然非线性模型 (3.3.3),(3.3.4) 中的极大拟似然估计的弱相合性的充分条件, 没有用到 Y_i 的 p-阶绝对矩 $(p>2)$, 所用的矩的条件比文献中极大拟似然估计的强相合性的条件要弱. 3.4.2 节提出了有关正则条件和有关引理, 3.4.3 节给出了主要结果及其证明. 文献中关于广义线性模型极大拟似然估计的弱相合性的结果被扩展到了方差未知的拟似然非线性模型中.

3.4.2　条件和引理

在列出假设之前, 我们先引进一些记号. 对于一个矩阵 $B=(b_{ij})\in R^{p\times q}$, 令 $||B||=\left(\sum_{i=1}^{p}\sum_{j=1}^{q}|b_{ij}|^2\right)^{1/2}=(\mathrm{tr}(B^{\mathrm{T}}B))^{1/2}$; 令 $\lambda_{\min}A$ $(\lambda_{\max}A)$ 表示一个对称矩阵 A 的最小 (最小) 特征根; 用 A^{T} 表示矩阵 A 的转置矩阵; 用 $A^{1/2}(A^{\mathrm{T}/2})$ 表示正定矩阵 A 的一个左 (右) 平方根矩阵, 即 $A^{1/2}A^{\mathrm{T}/2}=A, A^{-1/2}=(A^{1/2})^{-1}, A^{-\mathrm{T}/2}=(A^{\mathrm{T}/2})^{-1}$; 对任意的 $\delta>0$, 定义 β_0 的 δ-闭邻域 N_δ 为 $N_\delta=\{\beta:||\beta-\beta_0||\leqslant\delta\}$; 令 $N_n(\delta)=\{\beta:||F_n^{\mathrm{T}/2}(\beta-\beta_0)||\leqslant\delta\}$ $(n=1,\cdots,n)$; 用 β_0 表示 β 的真值. 用 c 表示一个绝对正的常数, 在每次出现时可取不同的值, 甚至在同一个表达式中, 取值也可以不同, 例如在 $ce^{c\sqrt{n}}$ 中, 两个 c 之值可以不同. 因为拟似然非线性模型里的兴趣参数是 β, 并且 β 和 σ^2 的极大拟似然估计可以单独进行, 为了简化, 我们假定 σ^2 是已知的, 不失一般性, 令 $\sigma^2=1$. 拟得分函数 $S_n(\beta)$、拟观察信息阵 $H_n((\beta)$ 和拟 Fisher 信息阵 $F_n(\beta)$ 仍然沿用 3.3 节中的记号. 令 $\hat{\beta}$ 表示 β 的极大拟似然估计, 它是拟似然方程 $S_n(\beta)=0$ 的解.

为了对 β 作推断, 我们需要下面的假设.

假设 A　$\lambda_{\min}F_n(\beta_0)\to\infty$.

注 3.4.1　假设 A 在广义线性模型中是常见的 (Fahrmeir 和 Kaufmann, 1985).

为了记号的简便, 后面在 $S_n(\beta_0), F_n(\beta_0), E_{\beta_0}, P_{\beta_0}$ 等中我们将省去 β_0, 简记为 S_n, F_n, E, P 等.

引理 3.4.1 (Heuser, 1981)　令 $X=(x_1,\cdots,x_q)^{\mathrm{T}}$, $F=(f_1,\cdots,f_q)^{\mathrm{T}}$. 如果在凸集 $G\subset R^q$ 上, $f_i=f_i(x_1,\cdots,x_q)$ $(i=1,\cdots,q)$ 是连续可微的, 那么对于

$\alpha \in G, \beta \in G$, 有

$$F(\beta) - F(\alpha) = \left(\int_0^1 \partial F / \partial X^{\mathrm{T}}|_{X=\alpha+t(\beta-\alpha)} \mathrm{d}t \right) (\beta - \alpha).$$

这里积分是对矩阵 $\partial F / \partial X^{\mathrm{T}}|_{X=\alpha+t(\beta-\alpha)}$ 里的每个元素进行的.

3.4.3 主要结果

定理 3.4.1 在方差未知的拟似然非线性模型 (3.3.3), (3.3.4) 中, 如果假设 A 成立, 并且对所有的 $\delta > 0$, 有

$$P(H_n(\beta) - cF_n(\beta) > 0 \ \text{对所有的} \ \beta \in N_n(\delta)) \to 1, \tag{3.4.1}$$

这里 $c > 0$ 是独立于 δ 的某个常数, 那么存在一个随机变量序列 $\{\hat{\beta}_n\}$, 使得

(i) $P(S_n(\hat{\beta}_n) = 0) \to 1$ (渐近存在性);

(ii) $\hat{\beta}_n \xrightarrow{P} \beta_0$ (弱相合性).

证明 令 $\partial N_n(\delta)$ 表示 $N_n(\delta)$ 的边界. 从假设 A 可推知, 当 $n \to \infty$ 时, $N_n(\delta)$ 收缩于 β_0. 易见事件

$$Q(\beta; Y) - Q(\beta_0; Y) < 0, \quad \text{对所有的} \ \beta \in \partial N_n(\delta), \tag{3.4.2}$$

表明在 $N_n(\delta)$ 内部有一个局部极大值. 从 $\hat{\beta}_n$ 的定义, 可知 $S_n(\hat{\beta}_n) = 0$. 下面证明对任意的 $\eta > 0$, 存在 $\delta > 0$ 和 n_1 使得对所有 $n \geqslant n_1$, 有

$$P(Q(\beta; Y) - Q(\beta_0; Y) < 0 \ \text{对所有} \ \beta \in \partial N_n(\delta)) \geqslant 1 - \eta \tag{3.4.3}$$

成立. 由此可以推得定理 3.4.1(i), (ii) 成立.

为了证明 (3.4.3), 令 $\beta \in \partial N_n(\delta)$, $\lambda = F_n^{\mathrm{T}/2}(\beta - \beta_0)/\delta$, 那么由泰勒展开可得

$$\begin{aligned} Q(\beta; Y) - Q(\beta_0; Y) &= (\beta - \beta_0)^{\mathrm{T}} S_n - \frac{1}{2}(\beta - \beta_0)^{\mathrm{T}} \cdot H_n(\tilde{\beta}_n) \cdot (\beta - \beta_0) \\ &= \delta \lambda^{\mathrm{T}} F_n^{-1/2} S_n - \delta^2 \lambda^{\mathrm{T}} G_n(\tilde{\beta}_n) \lambda / 2 \\ &\leqslant \delta ||F_n^{-1/2} S_n|| - \delta^2 \lambda_{\min}(G_n(\tilde{\beta}_n))/2, \quad \lambda^{\mathrm{T}} \lambda = 1, \end{aligned} \tag{3.4.4}$$

这里 $G_n(\tilde{\beta}_n) = F_n^{-1/2} H_n(\tilde{\beta}_n) F_n^{-\mathrm{T}/2}$, $\tilde{\beta}_n = \beta_0 + t_n(\beta - \beta_0)$ 对某个 $0 \leqslant t_n \leqslant 1$. 令 $E||F_n^{-1/2} S_n||^2 = p$, 对任意的 $\eta > 0$, 取 $\delta^2 = 8p/(c^2\eta)$, 从 Markov 不等式可得

$$P\{||F_n^{-1/2} S_n||^2 < (\delta c)^2/4\} \geqslant 1 - 4p/(\delta c)^2 = 1 - \eta/2. \tag{3.4.5}$$

从 (3.4.1),(3.4.5) 可推得, 对 $\delta^2 = 8p/(c^2\eta)$ 和充分大的 n, 有

$$P\{||F_n^{-1/2} S_n||^2 < \delta^2 \lambda_{\min}^2(G_n(\tilde{\beta}_n))/4\} \geqslant 1 - \eta.$$

由此可以推得 (3.4.3) 成立. 定理 3.4.1 证毕.

定理 3.4.2　在方差未知的拟似然非线性模型 (3.3.3), (3.3.4) 中, 如果假设 A 成立, 并且存在 $\delta > 0$ 使得当 $n \to \infty$, 有

$$(\lambda_{\max} F_n(\beta_0))^{1/2} / \inf\{\lambda_{\min} F_n(\beta) : \beta \in N_\delta\} \to 0,$$

那么存在一个随机变量序列 $\{\hat{\beta}_n\}$ 有

(i) $P(S_n(\hat{\beta}_n) = 0) \to 1$ (渐近存在性);

(ii) $\hat{\beta}_n \xrightarrow{P} \beta_0$ (弱相合性).

证明　令 ∂N_δ 表示 N_δ 的边界. 易见事件

$$Q(\beta; Y) - Q(\beta_0; Y) < 0, \quad 对所有的\ \beta \in \partial N_\delta, \tag{3.4.6}$$

表明在 N_δ 内部有一个局部极大值. 从 $\hat{\beta}_n$ 的定义, 可知 $S_n(\hat{\beta}_n) = 0$. 下面先证明对任意的 $\eta > 0$, 存在 $\delta > 0$ 和 n_1 使得对所有 $n \geqslant n_1$, 有

$$P(Q(\beta; Y) - Q(\beta_0; Y) < 0\ 对所有\ \beta \in \partial N_\delta) \geqslant 1 - \eta \tag{3.4.7}$$

成立.

为了证明 (3.4.7), 令 $\beta \in \partial N_\delta$, 那么由泰勒展开可得

$$Q(\beta; Y) - Q(\beta_0; Y) = (\beta - \beta_0)^{\mathrm{T}} S_n - \frac{1}{2}(\beta - \beta_0)^{\mathrm{T}} \cdot H_n(\tilde{\beta_n}) \cdot (\beta - \beta_0), \tag{3.4.8}$$

这里 $\tilde{\beta_n} = \beta_0 + t_n(\beta - \beta_0)$ 对某个 $0 \leqslant t_n \leqslant 1$. 从引理 3.4.1, 我们有

$$H_n(\tilde{\beta_n}) = \int_0^1 F_n(\beta_0 + t_n(\beta - \beta_0)) \mathrm{d}t_n. \tag{3.4.9}$$

由于 $F_n(\beta_0 + t_n(\beta - \beta_0)) \geqslant \lambda_{\min} F_n(\tilde{\beta}_n) \cdot I$ 及 $\tilde{\beta}_n \in N_\delta$, 从而有

$$\int_0^1 F_n(\beta_0 + t_n(\beta - \beta_0)) \mathrm{d}t_n \geqslant \inf\{\lambda_{\min} F_n(\beta), \beta \in N_\delta\} \cdot I,$$

记 $\underline{F_n} = \inf\{\lambda_{\min} F_n(\beta), \beta \in N_\delta\}$, 那么从 (3.4.8),(3.4.9) 可推得

$$Q(\beta; Y) - Q(\beta_0; Y) \leqslant \delta ||S_n|| - \delta^2 \underline{F_n}/2. \tag{3.4.10}$$

由 (3.4.10), 可得

$$\begin{aligned} & P(Q(\beta; Y) - Q(\beta_0; Y) < 0, 对所有 \beta \in \partial N_\delta) \\ \geqslant & P\left(||S_n|| < \frac{\delta}{2}\underline{F_n}\right) = 1 - P\left(||S_n|| \geqslant \frac{\delta}{2}\underline{F_n}\right). \end{aligned} \tag{3.4.11}$$

由 Markov 不等式, 可得

$$P\left(||S_n|| \geqslant \frac{\delta}{2}\underline{F_n}\right) \leqslant 4E||S_n||^2/\delta^2\underline{F_n}^2. \tag{3.4.12}$$

根据 (3.4.11), (3.4.12), 我们有

$$P(Q(\beta;Y)-Q(\beta_0;Y)<0, \text{对所有}\beta\in\partial N_\delta) \geqslant 1-4E||S_n||^2/\delta^2\underline{F_n}^2. \tag{3.4.13}$$

从 3.3 节的 (3.3.7), (3.3.8) 易见 $E(S_nS_n^{\mathrm{T}})=F_n$, 因此,

$$E||S_n||^2 = E(S_n^{\mathrm{T}}S_n) = \mathrm{tr}(E(S_nS_n^{\mathrm{T}})) = \mathrm{tr}F_n \leqslant p\lambda_{\max}F_n. \tag{3.4.14}$$

从 (3.4.13), (3.4.14) 可推得

$$\begin{aligned}&P(Q(\beta;Y)-Q(\beta_0;Y)<0, \text{对所有}\beta\in\partial N_\delta)\\ \geqslant& 1-(4p/\delta^2)\cdot[(\lambda_{\max}F_n)^{1/2}/\underline{F_n}]^2.\end{aligned} \tag{3.4.15}$$

从定理 3.4.2 的假设可推得, 对任意的 $\eta>0$, 存在 $\delta>0$ 和 n_1 使得当 $n>n_1$ 时, 有

$$(\lambda_{\max}F_n)^{1/2}/\underline{F_n} \leqslant (\eta\delta^2/4p)^{1/2}. \tag{3.4.16}$$

根据 (3.4.15), (3.4.16), 可得对任意的 $\eta>0$, 存在 $\delta>0$ 和 n_1 使得当 $n>n_1$ 时, 有

$$P(Q(\beta;Y)-Q(\beta_0;Y)<0, \text{对所有}\beta\in\partial N_\delta) \geqslant 1-\eta,$$

即 (3.4.7) 成立. 再证明: 对任意的 δ_1 $(0<\delta_1<\delta)$, 仍有

$$P(Q(\beta;Y)-Q(\beta_0;Y)<0, \text{对所有}\beta\in\partial N_{\delta_1}) \geqslant 1-\eta. \tag{3.4.17}$$

由 δ_1 的任意性, 可推得定理 3.4.2(i), (ii) 成立.

事实上,

$$\inf\{\lambda_{\min}F_n(\beta):\beta\in N_{\delta_1}\} \geqslant \inf\{\lambda_{\min}F_n(\beta):\beta\in N_\delta\}.$$

因此由定理 3.4.2 的假设可得

$$(\lambda_{\max}F_n(\beta_0))^{1/2}/\inf\{\lambda_{\min}F_n(\beta):\beta\in N_{\delta_1}\}\to 0 \tag{3.4.18}$$

成立. 由假设 A 和 (3.4.18), 重复前面的过程, 可证得 (3.4.17) 成立. 定理 3.4.2 证毕.

第 4 章　带随机回归的拟似然非线性模型中极大拟似然估计的渐近性质

第 3 章研究了带固定设计的拟似然非线性模型中极大拟似然估计的渐近性质, 本章则研究带随机回归的拟似然非线性模型中极大拟似然估计的渐近性质. 本章首先给出了一些正则条件, 利用这些正则条件, 证明了带随机回归的拟似然非线性模型中极大拟似然估计的存在性、相合性和渐近正态性.

4.1.1　引言

自从 Nelder 和 Wedderburn(1972) 提出了广义线性模型以来, 统计学家们一直试图发展广义线性模型的理论和方法. 近年来, 广义线性模型的研究已向随机回归的方向扩展. 例如, 带随机回归的广义线性模型 (Fahrmair and Kaufmnan, 1985), 线性随机系数模型 (Longford,1993), 非线性随机系数模型 (Chen et al., 2001), 以及在生物、医学研究中经常遇到的分层非线性模型 (Davidian and Giltinan, 1995).

假定观察数据 $(X_1,Y_1),\cdots,(X_n,Y_n)$ 可被认为随机地抽自一个总体 (X,Y), 带有条件均值和条件方差,

$$\begin{cases} \mu(x)=E(Y|X=x)=f(x,\beta), \\ \mathrm{Var}(Y|X=x)=\sigma^2 v\{\mu(x)\}, \end{cases} \tag{4.1.1}$$

这里 $f(\cdot,\cdot),v(\cdot)$ 是已知的函数, x 是 X 的观察值. 跟 McCullagh 和 Nelder(1989) 一样, 对数拟似然被定义为

$$Q_n(\beta;Y)=\sum_{i=1}^n\int_{y_i}^{\mu_i}\frac{y_i-t}{\sigma^2 v(t)}\mathrm{d}t,\quad \mu_i=f(x_i,\beta)\triangleq\mu_i(\beta). \tag{4.1.2}$$

这里, $x_i=(x_{i1},x_{i2},\cdots,x_{iq})^{\mathrm{T}}$ $(q<n)$ 是对第 i 个观察的解释变量, 它是随机的, 而 $\beta=(\beta_1,\beta_2,\cdots,\beta_p)^{\mathrm{T}}$ $(p<n)$ 是要被估计的未知参数向量, x_i, β 分别被定义在 R^q 的子集 $\mathcal{X}$ 上和 R^p 的子集 $\mathcal{B}$ 上, σ^2 也许是未知的, 但不依赖于 β. 记 $V(\mu)=\mathrm{diag}\{v(\mu_1),\cdots,v(\mu_n)\}$, 那么它是一已知的正定矩阵. 从 (4.1.2) 易见对数拟似然方程是

$$\sum_{i=1}^n\frac{\partial\mu_i}{\partial\beta}(v(\mu_i))^{-1}(y_i-\mu_i(\beta))=0,\quad \mu_i(\beta)=f(x_i,\beta). \tag{4.1.3}$$

那么由 (4.1.1)—(4.1.3) 所定义的模型称为带随机回归的拟似然非线性模型. 当 $\mu_i(\beta) = f(x_i^{\mathrm{T}}\beta)$, 而且 y_i 独立地抽自一个单参数指数族分布, 且有密度

$$\exp\{\theta_i y_i - b(\theta_i)\}\mathrm{d}\gamma(y_i), \quad i = 1, \cdots, n,$$

这里 $\gamma(\cdot)$ 为一测度, 那么 (4.1.3) 可写为

$$\sum_{i=1}^{n} x_i \left.\frac{\partial h(\eta)}{\partial \eta}\right|_{\eta = x_i^{\mathrm{T}}\beta} (b''(\theta_i))^{-1}(y_i - \mu_i(\beta)) = 0, \quad \mu_i(\beta) = f(x_i^{\mathrm{T}}\beta). \tag{4.1.4}$$

方程 (4.1.4) 正是习知的带随机回归的广义线性模型的对数似然方程 (当 y_i 是一维随机变量时, 见 Fahrmeir 和 Kaufmann (1985) 的文献). 因此, 带随机回归的拟似然非线性模型是带随机回归的广义线性模型的进一步扩展.

令 $\hat{\beta}_n$ 表示 β 的最大拟似然估计, 它是拟似然方程 $S_n(\beta) = 0$ 的解. 在过去的 40 年里, 许多学者都关心过带随机回归模型的参数估计的渐近性质, 例如: Wei(1985) 研究了随机回归模型的最小二乘估计的渐近性质; Lai 和 Robbins(1979) 讨论了一般模型中的随机逼近; Fahrmeir 和 Kaufmann (1985) 研究了带随机回归的广义线性模型的最大似然估计的强相合性和渐近正态性; Lu(2006) 等给出了带随机刻度的广义线性模型的拟似然估计渐近性质. Liebscher (2003) 讨论了非线性自回归模型中的 M-估计的强相合性并给出了收敛速度. Bustos(1982) 研究了线性自回归模型中的 M-估计的渐近正态性. Koul(1996) 研究了非线性自回归模型中的 M-估计的渐近正态性. 还有一些学者研究了自回归模型中的非参数估计, 例如, 可参见 Györfi 等 (1989), Liebscher(1996) , Masry 和 Tjϕ stheim(1995) 的文献. 本章介绍带随机回归的拟似然非线性模型中的极大拟似然估计的大样本性质. 4.1.2 节引进了一些正则条件和引理. 在 4.1.3 节, 我们在 4.1.2 节所给的正则条件下, 证明了带随机回归的拟似然非线性模型中极大拟似然估计的存在性、相合性和渐近正态性.

4.1.2 条件和引理

从 (4.1.1) 和 (4.1.2) 易知, 在给定 $x_1, \cdots, x_n$ 的条件下, 对 β 的条件拟得分函数、条件拟似然观测信息阵和条件拟 Fisher 信息阵可分别表为

$$S_n(\beta) \triangleq \sigma^{-2}\sum_{i=1}^{n}\frac{\partial \mu_i}{\partial \beta}(v(\mu_i))^{-1}(y_i - \mu_i(\beta)), \tag{4.1.5}$$

$$H_n(\beta) \triangleq -\frac{\partial^2 Q(\beta; Y)}{\partial\beta\partial\beta^{\mathrm{T}}}$$

$$= -\sigma^{-2}\left\{\sum_{i=1}^{n}\frac{\partial^2\mu_i}{\partial\beta\partial\beta^{\mathrm{T}}}(v(\mu_i))^{-1}(y_i-\mu_i(\beta))\right.$$

$$\left.+\sum_{i=1}^{n}\frac{\partial\mu_i}{\partial\beta}\frac{\partial v^{-1}(\mu_i)}{\partial\beta^{\mathrm{T}}}(y_i-\mu_i(\beta))-\sum_{i=1}^{n}\frac{\partial\mu_i}{\partial\beta}v^{-1}(\mu_i)\frac{\partial\mu_i}{\partial\beta^{\mathrm{T}}}\right\},$$

$$F_n(\beta)\triangleq E\left(-\frac{\partial Q(\beta;Y)}{\partial\beta\partial\beta^{\mathrm{T}}}\right)=\sigma^{-2}\sum_{i=1}^{n}\frac{\partial\mu_i}{\partial\beta}v^{-1}(\mu_i)\frac{\partial\mu_i}{\partial\beta^{\mathrm{T}}},\quad H_n(\beta)=F_n(\beta)-R_n(\beta),\tag{4.1.6}$$

这里,

$$R_n(\beta)=\sigma^{-2}\left\{\sum_{i=1}^{n}\frac{\partial^2\mu_i}{\partial\beta\partial\beta^{\mathrm{T}}}(v(\mu_i))^{-1}(y_i-\mu_i(\beta))+\sum_{i=1}^{n}\frac{\partial\mu_i}{\partial\beta}\frac{\partial v^{-1}(\mu_i)}{\partial\beta^{\mathrm{T}}}(y_i-\mu_i(\beta))\right\}.$$

为了后面的使用, 我们引进一些记号和带随机回归的拟似然非线性模型的一些基本性质. 令 $\lambda_{\min}A$ ($\lambda_{\max}A$) 表示对称矩阵 A 的最小 (最大) 特征根, 对于一个矩阵 $B=(b_{ij})\in R^{p\times q}$, 令 $||B||=\left(\sum_{i=1}^{p}\sum_{j=1}^{q}|b_{ij}|^2\right)^{1/2}$. 用 c 表示一个绝对正常数, 在它每次出现的时候, 可以取不同的值, 即使在同一表达式中, 例如在 $c\mathrm{e}^{-c\sqrt{n}}$ 中, 两个 c 的值也可以不同. 对于 $\beta_0\in\mathcal{B}$ 和给定的 $\delta>0$, β_0 的带有半径 δ 的邻域可被表为 $N(\delta)=\{\beta:||\beta-\beta_0||<\delta\}$. 用 $P_{\cdot|_{\{x_n\}}}$ 表示在给定 $x_1,\cdots,x_n$ 下的条件概率测度, $E_{\cdot|_{\{x_n\}}}$, $\mathrm{Var}_{\cdot|_{\{x_n\}}}$ 表示在给定 $x_1,\cdots,x_n$ 下的条件期望和方差. 由于拟似然模型中的兴趣参数是 β, 而 β 和 σ^2 的极大拟似然估计可以分开进行, 为了简化, 我们可以令 $\sigma^2=1$.

令 $F(\beta)=F_1(\beta)=\dfrac{1}{\sigma^2}\dfrac{\partial\mu_1}{\partial\beta}v^{-1}(\mu_1)\dfrac{\partial\mu_1}{\partial\beta^{\mathrm{T}}}$, 它表示给定 x_1 时单个观察 y_1 的条件信息, 再令

$$R(\beta)=R_1(\beta)=\sigma^{-2}\left\{\frac{\partial^2\mu_1}{\partial\beta\partial\beta^{\mathrm{T}}}(v(\mu_1))^{-1}(y_1-\mu_1(\beta))+\frac{\partial\mu_1}{\partial\beta}\frac{\partial v^{-1}(\mu_1)}{\partial\beta^{\mathrm{T}}}(y_1-\mu_1(\beta))\right\}.$$

为了对 β 作推断, 我们假定

假设 A (i) $\mathcal{X}$ 是 R^q 中的紧子集, $\mathcal{B}$ 是 R^p 中的开子集;

(ii) $f(x,\beta)$, 作为 β 的函数, 假定是三次可微的, 函数 $f(x,\beta)$ 和它的所有导数在 $\mathcal{X}\times\mathcal{B}$ 上连续;

(iii) 对所有的 $x_i\in\mathcal{X}$ 及 $\beta\in\mathcal{B}$, $\mu_i=\mu_i(\beta)=f(x_i,\beta)\in\Omega, i=1,2,\cdots,$;

(iv) β_0 是 β 的未知真参数, β_0 是 $\mathcal{B}_1$ 的内点 ($\mathcal{B}_1$ 是 $\mathcal{B}$ 的紧子集);

(v) $D(\beta)=\partial\mu(\beta)/\partial\beta^{\mathrm{T}}$ 是满秩的, $\mu(\beta)=(\mu_1,\cdots,\mu_n)^{\mathrm{T}}$;

(vi) $v(\mu_i)$ 关于 $\mu_i \in \Omega$ 是连续可微的.

注 4.1.1　条件 A(v) 将保证对所有的 $\beta \in \mathcal{B}$, 条件拟 Fisher 信息阵 $F_n(\beta)$ 是正定的.

假设 B　(i) $EF(\beta_0)$ 存在且是正定的;

(ii) $E\max_{\beta\in N}||F(\beta)||$ 及 $E\max_{\beta\in N}||R(\beta)||$ 在 β_0 的一个紧邻域 $N \subset B$ 上是存在的;

(iii) 对 n 充分大, 有 $\lambda_n \geqslant cn$.

注 4.1.2　假设 B(i), (ii) 类似于 Fahrmeir 和 Kaufmann(1985) 的假设, 这个假设是为了保证使用 Banach 空间随机变量的强大数律 (Padgett 和 Taylor, 1973). 假设 B(iii) 类似于 Yue 和 Chen(2004) 以及 Yin 和 Zhao(2005) 的假设.

假设 C　在给定 $x_1, \cdots, x_n$ 的条件下, $\lambda_{\min} F_n(\beta_0) \to \infty$.

注 4.1.3　类似于假设 C 的条件在文献中用得很普遍. 例如, Drygas(1976)、Lai 等 (1979) 在讨论一般的线性回归模型中的最小二乘估计的相合性时用到了类似于假设 C 的条件, Fahrmeir 和 Kaufmann (1985) 在讨论带随机回归的广义线性模型参数的 MLE 时也用到了假设 C.

为了记号简便, 在 $S_n(\beta_0), F_n(\beta_0), E_{\beta_0}, P_{\beta_0}$ 中将大多数都省去 β_0, 而简记为 S_n, F_n, E, P 等.

引理 4.1.1　在假设 A, B 以及在给定的 $x_1, \cdots, x_n$ 之下, 我们有

$$F_n^{-1/2} S_n \xrightarrow{\mathcal{L}} N(0, I_p).$$

这里, $\mathcal{L}$ 表示依分布收敛, I_p 是一个 $p \times p$ 单位阵.

证明　为了证明引理 4.1.1 , 只要证明对任何满足 $\lambda^{\mathrm{T}}\lambda = 1$ 的 λ, 在给定的 $x_1, \cdots, x_n$ 之下, 有 $Z_n = \lambda^{\mathrm{T}} F_n^{-1/2} S_n \xrightarrow{\mathcal{L}} N(0,1)$ 成立即可. Z_n 可被写为 $Z_n = \sum_{i=1}^{n} \alpha_{ni}\varepsilon_i$. 这里, $\alpha_{ni} = \lambda^{\mathrm{T}} F_n^{-1/2} \dfrac{\partial \mu_i}{\partial \beta}(v(\mu_i))^{-1/2}$, $\varepsilon_i = (v(\mu_i))^{-1/2}(y_i - \mu_i)$. 在给定 $x_1, \cdots, x_n$ 的条件下, 根据假设 A(vi), 易见, $E_{\cdot|\{x_n\}}(\alpha_{ni}\varepsilon_i) = 0$, $\mathrm{Var}_{\cdot|\{x_n\}}\left(\sum_{i=1}^{n} \alpha_{ni}\varepsilon_i\right) = 1$. 我们将证明 Lindeberg 条件满足 (Ferguson, 1996), 即对任何 $\rho > 0$, 有

$$g_n(\rho) = A_n^{-2} \sum_{i=1}^{n} E_{\cdot|\{x_n\}}\{\alpha_{ni}^2 \varepsilon_i^2 I(|\alpha_{ni}\varepsilon_i|^2 > \rho^2 A_n^2)\} \to 0 \quad (n \to \infty), \tag{4.1.7}$$

这里 $A_n^2=\sum_{i=1}^n \mathrm{Var.}_{|\{x_n\}}(\alpha_{ni}\varepsilon_i)$. 因为 $A_n^2=1$, 代入 (4.1.7), 可得

$$\begin{aligned}g_n(\rho)=&\sum_{i=1}^n E._{|\{x_n\}}\{\alpha_{ni}^2\varepsilon_i^2 I(|\alpha_{ni}\varepsilon_i|^2>\rho^2\}\\=&\sum_{i=1}^n \alpha_{ni}^2 E._{|\{x_n\}}\left\{\varepsilon_i^2 I\left(|\varepsilon_i|^2>\frac{\rho^2}{\alpha_{ni}^2}\right)\right\}\to 0\quad (n\to\infty).\end{aligned}\tag{4.1.8}$$

从 $F_n/n\to EF$, 可推得

$$\max_{1\leqslant i\leqslant n}\alpha_{ni}^2\to 0\ (n\to\infty),\ \text{a.s.}.$$

在给定 $x_1,\cdots,x_n$ 的条件下, 令 ε_i 的条件分布函数是 $F(z|X)$, 且定义

$$h_c(x)=\int_{\{|z|>c\}} z^2\mathrm{d}F(z|X).$$

那么, 对任何大的 $c>0$, 有

$$E._{|\{x_n\}}\left\{\varepsilon_i^2 I\left(\varepsilon_i^2>\frac{\rho^2}{\alpha_{ni}^2}\right)\right\}\leqslant h_c(x_i),\quad i=1,2,\cdots,n,\ n\geqslant n_2(c).$$

代入 (4.1.8), 有

$$\begin{aligned}g_n(\rho)\leqslant&\sum_{i=1}^n\alpha_{ni}^2 h_c(x_i)\\=&\sum_{i=1}^n\lambda^{\mathrm{T}}F_n^{-1/2}\frac{\partial\mu_i}{\partial\beta}(v(\mu_i))^{-1}\frac{\partial\mu_i}{\partial\beta^{\mathrm{T}}}h_c(x_i)F_n^{-\mathrm{T}/2}\lambda\\=&\lambda^{\mathrm{T}}F_n^{-1/2}\sum_{i=1}^n\frac{\partial\mu_i}{\partial\beta}(v(\mu_i))^{-1}\frac{\partial\mu_i}{\partial\beta^{\mathrm{T}}}h_c(x_i)F_n^{-\mathrm{T}/2}\lambda\\\leqslant&||\sqrt{n}F_n^{-1/2}||\left\|\frac{1}{n}\sum_{i=1}^n\frac{\partial\mu_i}{\partial\beta}(v(\mu_i))^{-1}\frac{\partial\mu_i}{\partial\beta^{\mathrm{T}}}h_c(x_i)\right\|||\sqrt{n}F_n^{-\mathrm{T}/2}||,\quad n\geqslant n_2(c),\ \text{a.s.}.\end{aligned}$$

显然, $||\sqrt{n}F_n^{-1/2}||$ 及 $||\sqrt{n}F_n^{-\mathrm{T}/2}||$ 是几乎处处一致有界的. 对固定的 $\delta>0$, 由强大数律得到

$$\left\|\frac{1}{n}\sum_{i=1}^n\frac{\partial\mu_i}{\partial\beta}(v(\mu_i))^{-1}\frac{\partial\mu_i}{\partial\beta^{\mathrm{T}}}h_c(x_i)\right\|\xrightarrow{\text{a.s.}}||EFh_c(x)||,$$

因为 $h_c(x)\to 0$ (当 $c\to\infty$), 应用控制收敛可证明 $||EFh_c((x)||\to 0$ (当 $c\to\infty$). 先选 c 后选 n 充分大, 可推得 $g_n(\delta)$ a.s. 对充分大的 n 是任意小.

4.1.3　主要结果

定理 4.1.1　假定假设 A, B 在模型 (4.1.1)—(4.1.3) 中成立, 那么存在一个随机变量序列 $\{\hat{\beta}_n\}$ 和一个随机数 n_0, 满足

(i) $P(S_n(\hat{\beta}_n)=0$ 对所有的 $n \geqslant n_2)=1$ (渐近存在性);

(ii) $\hat{\beta}_n \to \beta_0$, a.s. (强相合性);

(iii) $F_n^{\mathrm{T}/2}(\hat{\beta}_n-\beta_0) \xrightarrow{\mathcal{L}} N(0,I_p)$ (渐近正态性).

证明　函数 $F_n(\beta)$ 作为 β 的函数, 是从 Banach 空间 N 到 $p\times p$ 矩阵空间的一个连续映射, 在假设 B(ii) 下, 从 Banach 空间独立同分布的随机变量的强大数律可推得, 对 $\beta\in N$ 一致有

$$F_n(\beta)/n \to EF(\beta), \quad R_n(\beta)/n \to 0, \text{ a.s..} \tag{4.1.9}$$

特别地, 如果在 N 上 $\beta_n \to \beta_0$, 那么

$$R_n(\beta_n)/n \to 0, \text{ a.s..} \tag{4.1.10}$$

进一步我们有 $\dfrac{||R_n(\beta)||}{n} \to 0$, a.s., 根据假设 B(iii), 可推得 $\dfrac{||R_n(\beta)||}{\lambda_n} \to 0$, a.s.. 从 (4.1.9), 可推得在 $\beta\in N$ 上一致有 $\lambda_{\min}F_n \to \infty$, a.s. .

对于对称矩阵 A, B, 通常有 $|\lambda_{\min}A-\lambda_{\min}B|, |\lambda_{\max}A-\lambda_{\max}B| \leqslant c||A-B||$, 这里 $c>0$ 只依赖于所用的范数. 因此, 特征值 $\lambda_{\min}F_n(\beta)/n, \lambda_{\max}F_n(\beta)/n$ 在 $\beta\in N$ 上各自几乎处处一致收敛到 $\lambda_{\min}EF(\beta)$, $\lambda_{\max}EF(\beta)$. 类似地, 可以证明 $\lambda_{\min}H_n(\beta)/n, \lambda_{\max}H_n(\beta)/n$ 在 $\beta\in N$ 上各自几乎处处一致收敛于 $\lambda_{\min}EF(\beta)$, $\lambda_{\max}EF(\beta)$. 这样, 对任给的 $\varepsilon>0$ 和充分大的 n, 在 $\beta\in N$ 上几乎处处一致地有

$$\frac{\lambda_{\min}F_n(\beta)}{\lambda_{\max}F_n} \geqslant \frac{\lambda_{\min}EF(\beta)-\varepsilon}{\lambda_{\max}EF+\varepsilon}. \tag{4.1.11}$$

从连续性、$EF(\beta)$ 的正定性知, 特征值 $\lambda_{\min}EF(\beta)$在$\beta\in N$ 上是有界的, 且不为零. 若选得 $\varepsilon>0$ 充分小, (4.1.11) 的右边是有界的, 且非零. 因此, 存在常数 $c>0$ 使得对于充分大的 n, 对 $\beta\in N$ 一致地有

$$\lambda_{\min}F_n(\beta)/\lambda_n > c, \text{ a.s..} \tag{4.1.12}$$

根据 (4.1.6), 我们有

$$\frac{\lambda_{\min}H_n(\beta)}{\lambda_n} \geqslant \frac{\lambda_{\min}F_n(\beta)}{\lambda_n} - \frac{||R_n(\beta)||}{\lambda_n}. \tag{4.1.13}$$

令 $N(\delta)=\{\beta:||\beta-\beta_0||\leqslant\delta\}$, $\partial N(\delta)=\{\beta:||\beta-\beta_0||=\delta\}$. 选取 $\delta_0\ (>0)$ 充分小, 使得 $N(\delta_0)$ 含在 β_0 的邻域 N 内, 从 (4.1.12),(4.1.13) 和 $||R_n(\beta)||/\lambda_n \to 0$, a.s., 可

推得存在一个随机数 n_2 使得, 当 $n \geqslant n_2$ 时, 对所有的 $\beta \in N(\delta_0)$, 有

$$\frac{\lambda_{\min} H_n(\beta)}{\lambda_n} \geqslant \frac{\lambda_{\min} F_n(\beta)}{\lambda_n} - \frac{||R_n(\beta)||}{\lambda_n} \geqslant \frac{c}{2} > 0, \text{ a.s.,} \tag{4.1.14}$$

所以 $Q(\beta;Y)$ 在 $N(\delta_0)$ 上几乎处处是凹的. 因此, 我们只需要证明对任何 δ $(0 < \delta < \delta_0)$ 都存在一个随机数 n_0 使得对所有的 $\beta \in \partial N(\delta), n > n_0$, 有

$$Q(\beta;Y) - Q(\beta_0;Y) < 0, \text{ a.s..} \tag{4.1.15}$$

这意味着极大化 $Q(\beta;Y)$ 的 $\hat{\beta}_n$ 一定落在 $N(\delta)$ 内. 因为 $0 < \delta < \delta_0$, δ 是任意的, 故在给定 $x_1, \cdots, x_n$ 下, 定理 4.1.1(i), (ii) 获证.

为了证明 (4.1.15), 令 $\lambda = (\beta - \beta_0)/\delta$, 那么由泰勒级数展开可得

$$Q(\beta;Y) - Q(\beta_0;Y) = \delta\lambda^{\mathrm{T}} S_n - \frac{1}{2}\delta^2 \lambda^{\mathrm{T}} H_n(\beta_n^*)\lambda, \tag{4.1.16}$$

这里 $\beta_n^* = t_n\beta_0 + (1 - t_n)\beta$, 对某个 $0 \leqslant t_n \leqslant 1$. 那么 (4.1.15) 等价于对所有 $||\lambda|| = 1, n > n_0$, 有

$$\frac{1}{\lambda_n}\lambda^{\mathrm{T}} S_n < \frac{1}{2\lambda_n}\delta\lambda^{\mathrm{T}} H_n(\beta_n^*)\lambda, \text{ a.s..} \tag{4.1.17}$$

令 s_{na} 表示 S_n 的第 a 个元素, 我们有, $\mathrm{Var.}_{|\{x_n\}}(s_{na}) \leqslant \lambda_n$. 从 Wu (1981) 的文献中的引理 2 可推得, $\lambda_n^{-1} s_{na} \to 0$, a.s.. 因此, 有 $\lambda_n^{-1}||S_n|| \to 0$, a.s.. 根据 Cauchy-Schwarz 不等式, 对任何 $\lambda^{\mathrm{T}}\lambda = 1$, 我们有

$$|\lambda^{\mathrm{T}} S_n| \leqslant (\lambda^{\mathrm{T}}\lambda) S_n^{\mathrm{T}} S_n = ||S_n||^2.$$

因此

$$\lambda_n^{-1}\lambda^{\mathrm{T}} S_n \to 0, \text{ a.s. 对任何 } \lambda^{\mathrm{T}}\lambda = 1. \tag{4.1.18}$$

另外, 从 (4.1.14), 可推得存在 δ $(0 < \delta < \delta_0)$ 使得对任何 $\beta \in N(\delta)$ 及 $n > n_1$, 有

$$\lambda_n^{-1}\lambda^{\mathrm{T}} H_n(\beta_n^*)\lambda > \frac{c}{2} > 0, \quad \text{a.s..} \tag{4.1.19}$$

根据 (4.1.18), 存在随机数 $n_0 > n_1$, 使得对任何 $\beta \in N(\delta)$, $n > n_0$, 有

$$\lambda_n^{-1}\lambda^{\mathrm{T}} S_n < \frac{\delta}{2} \cdot \frac{c}{2}, \quad \text{a.s..} \tag{4.1.20}$$

从 (4.1.19),(4.1.20), 易见 (4.1.17) 成立, 因此 (4.1.15) 成立, 从而在给定 $x_1, \cdots, x_n$ 下, 定理 4.1.1 的 (i),(ii) 获证.

由于均值 $EF(\beta)$ 是 β 的连续函数, 按照通常的分解, 我们获得, 如果 β 充分靠近 β_0 以及 $n \geqslant n_1$, 则对任何 $\varepsilon > 0$, 几乎处处有

$$\left\| \frac{H_n(\beta)}{n} - \frac{F_n}{n} \right\|$$

$$
\begin{aligned}
&= \left\| \frac{H_n(\beta)}{n} - EF(\beta) + EF(\beta) - EF + EF - \frac{F_n}{n} \right\| \\
&\leqslant \left\| \frac{H_n(\beta)}{n} - EF(\beta) \right\| + \left\| EF(\beta) - EF \right\| + \left\| EF - \frac{F_n}{n} \right\| \leqslant \varepsilon.
\end{aligned} \tag{4.1.21}
$$

从 $F_n/n \to EF$, a.s., 可推得 $||F_n^{-1/2}||, ||F_n^{-\mathrm{T}/2}|| \leqslant c/\sqrt{n}$, a.s., 这里 $c>0$ 是某个常数. 从这个事实及 (4.1.21) 可推得, 对 $\beta \in N$ 一致成立

$$
||V_n(\beta) - I|| \leqslant ||F_n^{-1/2}||\,||H_n(\beta) - F_n||\,||F_n^{-\mathrm{T}/2}|| \leqslant c\varepsilon, \tag{4.1.22}
$$

这里 $V_n(\beta) = F_n^{-1/2} H_n(\beta) F_n^{-\mathrm{T}/2}$. 这可推得

$$
\max_{\beta \in N} ||V_n(\beta) - I|| \to 0. \tag{4.1.23}
$$

因为当 $\lambda_{\min} F_n \to \infty$ 时, 可选取 n 充分大, 使得对所有 $\delta > 0$, $N_n(\delta)$ 被含在 β_0 的邻域 N 内, 易见,

$$
\max_{\beta \in N_n(\delta)} ||V_n(\beta) - I|| \to 0. \tag{4.1.24}
$$

从 (4.1.24) 可推得

$$
P.|_{\{x_n\}}(H_n(\beta) - cF_n \geqslant 0 \text{ 对所有 } \beta \in N_n(\delta)) \to 1, \tag{4.1.25}
$$

这里 $c\ (>0)$ 是独立于 δ 的.

从 (4.1.25) 可推得, 对任何 $\eta > 0$ 都存在 $\delta > 0$ 和 n_1 使得对所有的 $n \geqslant n_1$, 有

$$
P.|_{\{x_n\}}(H_n(\beta) - cF_n \geqslant 0 \text{ 对所有 } \beta \in N_n(\delta)) \geqslant 1 - \eta/2. \tag{4.1.26}
$$

下面证明对任何 $\eta > 0$ 存在 $\delta > 0$ 和 n_1 使得对所有 $n \geqslant n_1$, 有

$$
P.|_{\{x_n\}}(Q(\beta; Y) - Q(\beta_0; Y) < 0 \text{ 对所有 } \beta \in \partial N_n(\delta)) \geqslant 1 - \eta. \tag{4.1.27}
$$

为了证明 (4.1.27), 令 $\lambda = F_n^{\mathrm{T}/2}(\beta - \beta_0)/\delta$, 那么泰勒级数展开给出

$$
\begin{aligned}
Q(\beta; Y) - Q(\beta_0; Y) &= \delta \lambda^{\mathrm{T}} F_n^{-1/2} S_n - \delta^2 \lambda^{\mathrm{T}} V_n(\tilde{\beta}_n) \lambda / 2 \\
&\leqslant \delta ||F_n^{-1/2} S_n|| - \delta^2 \lambda_{\min} V_n(\tilde{\beta}_n)/2, \quad \lambda^{\mathrm{T}} \lambda = 1,
\end{aligned} \tag{4.1.28}
$$

这里 $V_n(\tilde{\beta}_n) = F_n^{-1/2} H_n(\tilde{\beta}_n) F_n^{-\mathrm{T}/2}$, $\tilde{\beta}_n = t_n \beta_0 + (1 - t_n)\beta$, 对某个 $0 \leqslant t_n \leqslant 1$, 令 $E.|_{\{x_n\}}[||F_n^{-1/2} S_n||^2] = p$, 从 Markov 不等式可推出

$$
P.|_{\{x_n\}}(||F_n^{-1/2} S_n||^2 < (\delta c)^2/4) \geqslant 1 - 4p/(\delta c)^2 = 1 - \eta/2, \tag{4.1.29}
$$

对 $\delta^2 = 8p/(c^2\eta)$. 从 (4.1.26), (4.1.29) 式可推得, 对任何 $\eta > 0$, 都存在 $\delta > 0$ 和 n_1 使得对所有的 $n \geqslant n_1$, 有

$$P.|_{\{x_n\}}(||F_n^{-1/2}S_n||^2 < \delta^2\lambda_{\min}^2 V(\tilde{\beta}_n)/4) \geqslant 1-\eta,$$

对 $\delta^2 = 8p/(c^2\eta)$ 和充分大的 n, 这推得 (4.1.27). 因为由事件

$$Q(\beta;Y) - Q(\beta_0;Y) < 0 \quad 对所有的\ \beta \in \partial N_n(\delta), \tag{4.1.30}$$

可推得在 $N_n(\delta)$ 内部有一局部最大值. 从 $\hat{\beta}_n$ 的定义可知, $S_n(\hat{\beta}_n) = 0$. 从 (4.1.27) 可推得

$$P.|_{\{x_n\}}(S_n(\hat{\beta}_n) = 0) \to 1.$$

再从 (4.1.27) 和假设 C, 可推得在给定 $x_1, \cdots, x_n$ 的条件下

$$\hat{\beta}_n \xrightarrow{P} \beta_0. \tag{4.1.31}$$

对所有的 $\eta > 0$ 都存在 $\delta > 0$ 和 n_1 使得对所有 $n \geqslant n_1$, 有

$$P.|_{\{x_n\}}(||F_n^{\mathrm{T}/2}(\hat{\beta}_n - \beta_0)|| \leqslant \delta) \geqslant 1-\eta. \tag{4.1.32}$$

为了证明在给定 $x_1, \cdots, x_n$ 下, 定理 4.1.1, (iii) 成立, 将要用到 S_n 在 $\hat{\beta}_n$ 处的泰勒级数展开, 由向量值函数的均值定理 (Heuser,1981), 我们得到

$$S_n = \left[\int_0^1 H_n(\beta_0 + t(\hat{\beta}_n - \beta_0))\mathrm{d}t\right](\hat{\beta}_n - \beta_0),$$

这里积分是对每个元素进行的, 而且

$$F_n^{-1/2}S_n = \left[\int_0^1 V_n(\beta_0 + t(\hat{\beta}_n - \beta_0))\mathrm{d}t\right] F_n^{\mathrm{T}/2}(\hat{\beta}_n - \beta_0). \tag{4.1.33}$$

如果对某个 $\delta > 0$, $\hat{\beta}_n$ 在 $N_n(\delta)$ 内, 从 (4.1.24) 和 $\left\|\int \cdot\right\| \leqslant \int ||\cdot||$, 我们可推得, 当 n 充分大时, 对任何 $\varepsilon > 0$ 和任何 $\eta > 0$, 有

$$P.|_{\{x_n\}}\left(\left\|\int_0^1 V_n(\beta_0 + t(\hat{\beta}_n - \beta_0))\mathrm{d}t - I\right\| \leqslant \int_0^1 \varepsilon \mathrm{d}t = \varepsilon\right) \geqslant 1-\eta.$$

根据 (4.1.32), δ 可被选得使这个事件的条件概率任意接近 1, 因此, 在给定 $x_1, \cdots, x_n$ 下

$$\int_0^1 V_n(\beta_0 + t(\hat{\beta}_n - \beta_0))\mathrm{d}t \xrightarrow{P} I. \tag{4.1.34}$$

由式 (4.1.33), (4.1.34), (4.1.31) 和连续性定理可推得, 在给定 $x_1, \cdots, x_n$ 下, 定理 4.1.1(iii) 成立.

因为我们估计 β_0 是从 $y_1, \cdots, y_n$ 的条件拟然来估计的, 所以定理 4.1.1 的结论首先是指相应的条件概率测度. 类似于 Fahrmeir 和 Kaufmann (1985) 的讨论可知, 定理 4.1.1 的结论对于无条件情形也是成立的.

第 5 章　自适应拟似然非线性模型中的极大拟似然估计的渐近性质

在第 3, 4 章中我们分别讨论了带固定设计的拟似然非线性模型和带随机回归的拟似然非线性模型中参数估计的大样本性质. 本章则进一步讨论自适应设计的拟似然非线性模型中参数估计的大样本性质.

自适应设计是一种统计方法, 这种方法允许我们根据前面的设计变量和响应变量来选择新的设计变量. 该方法已被应用到很多领域, 比如: 工程控制 (Kumar, 1985)、教育、心理测验 (Lord, 1980)、生物分析 (Finney, 1978) 等. 例如: 近年来, 自适应方法与现代计算技术相结合, 已被实施到教育、心理测验中, 现在被称为计算自适应测验 (computerized adaptive testing, CAT). 根据现代教育、心理测验理论, 对被测验者进行测验时, 要根据被测验者以前对试验项目的表现, 来选择新的试验项目 (Lord, 1980; Wainer, 1990), 即对每个被测验者来说, 在 CAT 下所获得的数据不再是独立的. 这是自适应设计的共同特征 —— 数据是有顺序地被观察且通常是相依的.

自适应最优设计的重大突破属于 Robbins 和 Monro (1951), 他们创造了著名的随机逼近方法. Cochran 和 Davis (1965) 以及 Finney (1978) 在生物分析中, 论述了这样的自适应设计是如何被用来获得有效的抽样计划; Lord (1971a, 1971b) 证明了 Robbins-Monro 方法可被用来在教育心理测验中设计合适的检验. Wetherill (1963) 以及 Wu(1985) 讨论了该方法在这个领域里的新发展, 并提出了他们自己的方法. Chang(2001) 给出了自适应设计的广义线性模型中参数的置信域.

本章主要介绍自适应拟似然非线性模型中参数估计的大样本性质. 首先在一组适当的正则条件下, 对自适应拟似然非线性模型, 研究了极大拟似然估计的存在性、相合性与渐近正态性. 然后在一组适当的正则条件下, 获得了极大拟似然估计的强相合性及其收敛速度, 推广和发展了 Chang(1999)、Chen 等 (1999) 的工作.

5.1　自适应拟似然非线性模型中的极大拟似然估计的相合性与渐近正态性

5.1.1　引言

假定 $\{(x_i, y_i), i = 1, 2, \cdots, n\}$ 是 n 对设计向量和响应变量, 在许多实际应用

中, 在特定阶段的设计变量的选取要根据前面的观察而定. 换句话说, 设计向量 x_n 在第 n 阶段的选取依赖于前面的观测 $x_1, y_1, \cdots, x_{n-1}, y_{n-1}$. 例如, 在自适应模型中, 新的设计变量的选取要基于前面的设计变量和响应变量. 正式地, 对于 $n \in N$, 令 $\mathcal{F}_n = \sigma(x_1, y_1, \cdots, x_n, y_n)$, 那么, 在第 n 阶段的设计向量, 即 x_n, 是 $\mathcal{F}_{n-1}$-可测的. 对每个 i, 假定 (x_i, y_i) 满足

$$E(y_i|\mathcal{F}_{i-1}) = \mu_i = f(x_i, \beta), \tag{5.1.1}$$

$$\mathrm{Var}(y_i|\mathcal{F}_{i-1}) = \sigma_i^2 = \sigma^2 v(\mu_i), \tag{5.1.2}$$

这里 $x_i \in R^q, y_i \in R, f(\cdot,\cdot)$ 是已知的可微函数, $\beta = (\beta_1, \cdots, \beta_p)^{\mathrm{T}}$ 是未知的参数向量, 其真值是 β_0, σ^2 是散度参数, 通常看成是讨厌参数, $v(\cdot)$ 是方差函数. 跟 McCullagh 和 Nelder (1989), Wedderburn (1974) 及 Xia 等 (2008, 2010, 2014) 一样, 对数拟似然定义为

$$Q(\beta; Y) = \sum_{i=1}^{n} \int_{y_i}^{\mu_i} \frac{y_i - t}{\sigma^2 v(t)} \mathrm{d}t, \quad \mu_i = f(x_i, \beta) \triangleq \mu_i(\beta). \tag{5.1.3}$$

那么由 (5.1.1)—(5.1.3) 所定义的模型称为自适应拟似然非线性模型. 从 (5.1.3) 易见拟似然方程是

$$\sum_{i=1}^{n} \frac{\partial \mu_i(\beta)}{\partial \beta} (v(\mu_i(\beta)))^{-1} (y_i - \mu_i(\beta)) = 0, \quad \mu_i(\beta) = f(x_i, \beta). \tag{5.1.4}$$

显然, 自适应拟似然非线性模型包括一些重要的特殊模型. 例如, 如果 $\mu_i(\beta) = {x_i}^{\mathrm{T}}\beta$ 且 $v(\cdot) = 1$, 它就变为线性随机回归模型 (Nelson, 1980; Lai and Wei, 1982; Wei, 1985); 如果 $\mu_i(\beta) = f(x_i^{\mathrm{T}}\beta)$, 且 y_i 抽自单参数指数族分布, 其密度函数为

$$\exp\{\theta_i y_i - b(\theta_i)\} \mathrm{d}\gamma(y_i), \quad i = 1, \cdots, n,$$

这里 $b(\cdot)$ 是已知的函数, $\gamma(\cdot)$ 是某个测度, 那么 (5.1.4) 被重写为

$$\sum_{i=1}^{n} x_i \frac{\partial h(\eta)}{\partial \eta}\bigg|_{\eta = x_i^{\mathrm{T}}\beta} (b''(\theta_i))^{-1} (y_i - \mu_i(\beta)) = 0, \quad \mu_i(\beta) = f(x_i^{\mathrm{T}}\beta). \tag{5.1.5}$$

等式 (5.1.5) 正是众所周知的自适应设计的广义线性模型的似然方程 (Chang, 1999, 2001). 因此, 自适应拟似然非线性模型是拟似然非线性模型和自适应设计的广义线性模型的扩展. 方程 (5.1.4) 的根, 用 $\hat{\beta}_n$ 表示, 被称为 β_0 的极大拟似然估计 (MQLE).

在过去的几十年里, 很多学者已研究过自适应回归模型中参数估计的渐近性质. 例如, Anderson 和 Taylor (1979), Aström 和 Wittenmark (1973), Box 和 Jenkins

(1970), Moore(1978), Dixon 和 Mood (1948). 记 $e_i = y_i - E(y_i|\mathcal{F}_{i-1})$ $(i = 1, 2, \cdots)$, 那么易见 $\{e_i, \mathcal{F}_i, i \geqslant 1\}$ 形成一个鞅差序列. 当系统是线性的时候, Lai 和 Wei (1982) 在条件 $\sup\limits_{i\geqslant 1} E(|e_i|^\alpha|\mathcal{F}_{i-1}) < \infty$, a.s. $(\alpha > 2)$ 下, 获得了自适应回归模型中最小二乘估计的强相合性及收敛速度. 对于带有典则联系函数的广义线性模型, 在类似于 Lai 和 Wei (1982) 的条件下, Chen 等 (1999) 分别在自适应设计和固定设计两种情况下获得了参数的极大拟似然估计的强相合性. 对于带有更一般的联系函数的自适应广义线性模型, Chang (1999) 通过定义 "最后时" 随机变量的方法, 在条件 $\lambda_{\min}\left(\sum\limits_{i=1}^n x_i x_i^{\mathrm{T}}\right) > cn^\alpha$, a.s. (对某个 $\alpha \in (1/2, 1]$) 及条件 $\sup\limits_{i\geqslant 1} E(||e_i||^r|\mathcal{F}_{i-1}) < \infty$ (对某个 $r > 2$) 下, 获得了极大拟似然估计强相合性及收敛速度, 但没有给出渐近正态性. Wu(1985,1986) 讨论了自适应设计的广义线性模型中参数估计的大样本性质. 本节介绍自适应拟似然非线性模型中未知参数的极大拟似然估计的渐近性质, 在一组适当的正则条件下, 证明了未知参数的极大拟似然估计的存在性、相合性以及渐近正态性.

5.1.2 条件和引理

从 (5.1.3) 易见对于 β 的拟得分函数、拟观测信息矩阵和拟 Fisher 信息矩阵可分别表示为

$$S_n(\beta) \triangleq \frac{\partial Q(\beta; Y)}{\partial \beta} = \sum_{i=1}^n \frac{\partial \mu_i(\beta)}{\partial \beta}(v(\mu_i(\beta)))^{-1}(y_i - \mu_i(\beta)), \tag{5.1.6}$$

$$\begin{aligned} H_n(\beta) \triangleq & -\frac{\partial^2 Q(\beta; Y)}{\partial \beta \partial \beta^{\mathrm{T}}} \\ = & -\left\{\sum_{i=1}^n \frac{\partial^2 \mu_i(\beta)}{\partial \beta \partial \beta^{\mathrm{T}}}(v(\mu_i(\beta)))^{-1}(y_i - \mu_i(\beta))\right. \\ & + \sum_{i=1}^n \frac{\partial \mu_i(\beta)}{\partial \beta}\frac{\partial v^{-1}(\mu_i(\beta))}{\partial \beta^{\mathrm{T}}}(y_i - \mu_i(\beta)) \\ & \left. - \sum_{i=1}^n \frac{\partial \mu_i(\beta)}{\partial \beta} v^{-1}(\mu_i(\beta))\frac{\partial \mu_i(\beta)}{\partial \beta^{\mathrm{T}}}\right\}, \end{aligned}$$

$$F_n(\beta) \triangleq E(H_n(\beta)) = \sum_{i=1}^n \frac{\partial \mu_i(\beta)}{\partial \beta} v^{-1}(\mu_i(\beta))\frac{\partial \mu_i(\beta)}{\partial \beta^{\mathrm{T}}}, \quad H_n(\beta) = F_n(\beta) - R_n(\beta), \text{ a.s.}, \tag{5.1.7}$$

这里

$$R_n(\beta) = \left\{\sum_{i=1}^n \frac{\partial^2 \mu_i(\beta)}{\partial \beta \partial \beta^{\mathrm{T}}}(v(\mu_i(\beta)))^{-1}(y_i - \mu_i(\beta))\right.$$

$$+\sum_{i=1}^{n}\frac{\partial\mu_i(\beta)}{\partial\beta}\frac{\partial v^{-1}(\mu_i(\beta))}{\partial\beta^{\mathrm{T}}}(y_i-\mu_i(\beta))\Big\}.$$

为了后面的使用, 我们引进一些记号. 令 $\lambda_{\min}A$ ($\lambda_{\max}A$) 表示对称矩阵 A 的最小 (最大) 特征根; 令 $A^{1/2}$ ($A^{\mathrm{T}/2}$) 表示正定矩阵 A 的左 (右) 平方根. 对于一个矩阵 $B=(b_{ij})\in R^{p\times q}$, 令 $||B||=\left(\sum_{i=1}^{p}\sum_{j=1}^{q}|b_{ij}|^2\right)^{1/2}$. 用 $c,c_0,c_1,c_2,\cdots$ 表示一般的绝对正常数, 它的值可以从一个表达式变到另一个不等式. 对于 $\beta_0\in\mathcal{B}$ 和一个给定的 $\delta>0$, β_0 的 δ 邻域用 $N(\delta)=\{\beta:||\beta-\beta_0||<\delta\}$ 表示. 函数 $f(x,\beta)$ 的值域用 Ω 表示, 它是 R 中的开子集.

为了对 β 作推断, 我们假定:

假设 A (i) $\mathcal{X}$ 是 R^q 中的紧子集, $\mathcal{B}$ 是 R^p 中的开子集;

(ii) $\mu_i(\beta)=f(x_i,\beta)\in\Omega, i=1,2,\cdots$, 对所有 $x_i\in\mathcal{X}$ 及 $\beta\in\mathcal{B}$; 函数 $f(x,\beta)$, 作为 β 的函数, 是三阶可微的; $f(x,\beta)$ 以及它的所有导数都在 $\mathcal{X}\times\mathcal{B}$ 上连续;

(iii) β_0 是 $\mathcal{B}$ 的一个内点;

(iv) $D(\beta)=\partial\mu(\beta)/\partial\beta^{\mathrm{T}}=(\partial\mu_1/\partial\beta,\cdots,\partial\mu_n/\partial\beta)^{\mathrm{T}}$ 是满列秩的, 这里 $\mu(\beta)=(\mu_1,\cdots,\mu_n)^{\mathrm{T}}$;

(v) $v(\mu)$ 关于 $\mu\in\Omega$ 是连续可微的, 且存在 β_0 的一个紧邻域 $N\subset\mathcal{B}$ 和一个常数 $c_1>0$ 使得

$$0<\inf_{\beta\in N,i\geqslant1}v'(\mu_i(\beta))\leqslant\sup_{\beta\in N,i\geqslant1}v'(\mu_i(\beta))<c_1;$$

(vi) $\sup\limits_{i\geqslant1}E(|e_i|^r|\mathcal{F}_{i-1})<\infty$, a.s. 对某个 $r>2$.

注 5.1.1 假设 A (iv) 保证拟 Fisher 信息矩阵 $F_n(\beta)$ 对所有 $\beta\in\mathcal{B}$ 是正定的. 假设 A (v), (vi) 在拟似然模型中是常用的 (Chiou and Müller, 1998, 1999).

假设 B (i) $\lambda_{\min}F_n(\beta_0)\to\infty$, a.s. $(n\to\infty)$, 对某个 $\alpha>0$,

$$\liminf_{n\to\infty}\lambda_{\min}F_n(\beta_0)/(n^{1/2}(\log n)^{1/2+\alpha})>0,\ \text{a.s.};$$

(ii) 存在 β_0 的一个紧邻域 $N\subset\mathcal{B}$, 某个常数 $c_2>0$ 以及一个正整数 n_1 使得

$$\lambda_{\min}F_n(\beta)\geqslant c_2\lambda_{\min}F_n,\quad \text{a.s.},\quad \beta\in N,\ n\geqslant n_1.$$

注 5.1.2 假设 B (i), (ii) 类似于 Fahrmeir 和 Kaufmann (1985) 的假设.

假设 C 存在一个非随机正定且连续的矩阵 $\tilde{F}_n^{1/2}(\beta)$ 使得当 $n\to\infty$ 时, 在 $\overline{N}(\delta)=\{\beta:||\beta-\beta_0||\leqslant\delta\}$ $(\delta>0)$ 上一致有

$$F_n^{1/2}(\beta)\to\tilde{F}_n^{1/2}(\beta),\ \text{a.s.}.$$

注 5.1.3 假设 C 可看成是拟 Fisher 信息矩阵 $F_n(\beta)$ 的稳定性的假设, 它在非线性模型中是普遍用到的 (Wu, 1981; Jennrich, 1969).

为了记号的简便, 在 $S_n(\beta_0), F_n(\beta_0), E_{\beta_0}, P_{\beta_0}$ 等中, 我们常常省去 β_0, 简记为 S_n, F_n, E, P 等.

引理 5.1.1 (Yin et al., 2006, 引理 4) 令 $\{X_n, \mathcal{F}_n, n\geqslant 1\}$ 是鞅差, $E(X_i^2|\mathcal{F}_{i-1}) = \sigma_i^2$, $V_n = \sum_{i=1}^{n}\sigma_i^2$, 那么当 n 趋向无穷时, $\sum_{i=1}^{n}X_i$ 在集合 $\{\lim_{n\to\infty} V_n < \infty\}$ 上 a.s. 收敛到某个有限随机变量, 而且对任意 $\alpha > 0$, 在集合 $\{\lim_{n\to\infty} V_n = \infty\}$ 上,

$$\lim_{n\to\infty}\frac{1}{V_n^{1/2}(\log V_n)^{1/2+\alpha}}\sum_{i=1}^{n}X_i = 0, \text{ a.s..}$$

引理 5.1.2 令 $\{X_n, \mathcal{F}_n, n \geqslant 1\}$ 是鞅差, 满足 $E(X_i^2|\mathcal{F}_{i-1}) = \sigma_i^2$, 且

$$A_n \to \infty, \limsup_{n\to\infty}\frac{\left(\sum_{i=1}^{n}\sigma_i^2\right)^{1/2}\left(\log\left(\sum_{i=1}^{n}\sigma_i^2\right)\right)^{1/2+\delta}}{A_n} < \infty, \quad 对某个\ \delta > 0. \tag{5.1.8}$$

那么

$$\frac{1}{A_n}\sum_{i=1}^{n}X_i \to 0, \text{ a.s..} \tag{5.1.9}$$

特别地, 如果存在一个常数 $c >$ 使得 $\sum_{i=1}^{n}\sigma_i^2 \leqslant cn$, a.s., 那么对某个 $\delta > 0$, 有

$$\frac{1}{n^{1/2}(\log n)^{1/2+\delta}}\sum_{i=1}^{n}X_i \to 0, \text{ a.s..}$$

证明 (i) 假设 $\lim_{n\to\infty}\sum_{i=1}^{n}\sigma_i^2 = c < \infty$, 由引理 5.1.1 知, 存在一个有限的随机变量 X 使得 $\sum_{i=1}^{n}X_i \to X$, a.s., 进而由 (5.1.8) 可推得 (5.1.9).

(ii) 假设 $\lim_{n\to\infty}\sum_{i=1}^{n}\sigma_i^2 = \infty$, 由引理 5.1.1 知,

$$\frac{\sum_{i=1}^{n}X_i}{\left(\sum_{i=1}^{n}\sigma_i^2\right)^{1/2}\left(\log\left(\sum_{i=1}^{n}\sigma_i^2\right)\right)^{1/2+\delta}} \to 0, \text{ a.s.,}$$

进而由 (5.1.8) 也可推得 (5.1.9).

引理 5.1.3　令 $e_i = y_i - E(y_i|\mathcal{F}_{i-1})$ $(i = 1, 2, \cdots)$ 满足条件 $\sup\limits_{i \geqslant 1} E[|e_i|^r|\mathcal{F}_{i-1}] < \infty$, a.s. (对某个 $r > 2$), 令 $g(x, \beta)$ 对所有的 $\beta \in \mathcal{B}$ 是 x 的可测函数, 且对于所有 $\beta \in \mathcal{B}$ 有 $E[(g(x_i, \beta)e_i)^2|\mathcal{F}_{i-1}] = \sigma_i^2(\beta) > 0$. 如果 $g(x, \beta)$ 是 $\mathcal{X} \times \mathcal{B}_1$ 上的连续函数, 这里 $\mathcal{B}_1$ 是 $\mathcal{B}$ 上的紧子集. 那么, 对任意 $\overline{N(\delta)} = \{\beta : ||\beta - \beta_0|| \leqslant \delta\} \subset \mathcal{B}_1$, 我们有对任意 $\alpha > 0$,

$$\lim_{n\to\infty} \frac{1}{n^{1/2}(\log n)^{1/2+\alpha}} \sum_{i=1}^{n} g(x_i, \beta)e_i = 0, \quad \text{a.s.} \ \text{在} \ \overline{N(\delta)} \ \text{上一致成立}. \tag{5.1.10}$$

特别地, 如果在 $\overline{N(\delta)} \subset \mathcal{B}_1$ 上 $\beta_n \to \beta_0$, 那么

$$\frac{1}{n^{1/2}(\log n)^{1/2+\alpha}} \sum_{i=1}^{n} g(x_i, \beta_n)e_i \to 0 \ \ \text{(a.s.)}.$$

证明　从条件 $\sup\limits_{i \geqslant 1} E[|e_i|^r|\mathcal{F}_{i-1}] < \infty$, a.s. (对某个 $r > 2$), $g(x, \beta)$ 的连续性以及 $\mathcal{X}_1 \times \mathcal{B}_1$ 的紧性, 我们有

$$\begin{aligned}
\sup_{\beta \in \overline{N(\delta)}} \sum_{i=1}^{n} E[(g(x_i, \beta)e_i)^2|\mathcal{F}_{i-1}] &\leqslant \sum_{i=1}^{n} \sup_{\beta \in \overline{N(\delta)}} g^2(x_i, \beta) \sup_{i \geqslant 1} E[e_i^2|\mathcal{F}_{i-1}] \\
&\leqslant c \sum_{i=1}^{n} \sup_{\mathcal{X}_1 \times \mathcal{B}_1} g^2(x, \beta) \leqslant cn, \ \text{a.s.},
\end{aligned}$$

这里 c 是独立于 β 的. 从引理 5.1.2, 我们获得 (5.1.10).

引理 5.1.4　假定假设 A, B, 以及引理 5.1.3 的条件在模型 (5.1.1)—(5.1.3) 中成立, 那么存在 $\delta > 0$ 使得对任意 $\alpha > 0$, 有

$$\frac{1}{n^{1/2}(\log n)^{1/2+\alpha}} \sup_{\beta \in N_n(\delta)} ||R_n(\beta)|| \to 0, \ \text{a.s.}, \tag{5.1.11}$$

这里

$$N_n(\delta) = \{\beta : ||F_n^{1/2}(\beta - \beta_0)|| \leqslant \delta\} \subset \mathcal{B}_1.$$

特别地, 如果 $\beta_n \to \beta_0 (\in N_n(\delta) \subset \mathcal{B}_1)$, 那么

$$\frac{1}{n^{1/2}(\log n)^{1/2+\alpha}} R_n(\beta_n) \to 0, \ \text{a.s.}.$$

证明　$\dfrac{1}{n^{1/2}(\log n)^{1/2+\alpha}} R_n(\beta)$ 在 (a, b) 处的分量可被写为

$$\left\{ \frac{1}{n^{1/2}(\log n)^{1/2+\alpha}} R_n(\beta) \right\}_{a,b}$$

$$
\begin{aligned}
&=\frac{1}{n^{1/2}(\log n)^{1/2+\alpha}}\sum_{i=1}^{n}\left\{\frac{\partial^2\mu_i}{\partial\beta\partial\beta^{\mathrm{T}}}\right\}_{a,b}(v(\mu_i))^{-1}e_i\\
&\quad-\frac{1}{n^{1/2}(\log n)^{1/2+\alpha}}\sum_{i=1}^{n}\frac{\partial\mu_i}{\partial\beta_a}\frac{1}{v^2(\mu_i)}\frac{\partial v(\mu_i)}{\partial\mu_i}\frac{\partial\mu_i}{\partial\beta_b^{\mathrm{T}}}e_i\\
&\triangleq\frac{1}{n^{1/2}(\log n)^{1/2+\alpha}}\sum_{i=1}^{n}G(x_i,\beta)e_i,
\end{aligned}
$$

这里

$$
G(x_i,\beta)=\left\{\frac{\partial^2\mu_i}{\partial\beta\partial\beta^{\mathrm{T}}}\right\}_{a,b}(v(\mu_i))^{-1}-\frac{\partial\mu_i}{\partial\beta_a}\frac{1}{v^2(\mu_i)}\frac{\partial v(\mu_i)}{\partial\mu_i}\frac{\partial\mu_i}{\partial\beta_b},
$$

$\left\{\frac{\partial^2\mu_i}{\partial\beta\partial\beta^{\mathrm{T}}}\right\}_{a,b}$ 是矩阵 $\frac{\partial^2\mu_i}{\partial\beta\partial\beta^{\mathrm{T}}}$ 在 (a,b) 处的元素; $\frac{\partial\mu_i}{\partial\beta_a}$ 是向量 $\frac{\partial\mu_i}{\partial\beta}$ 的第 a 个元素. 在假设 B (i) 下, 邻域 $N_n(\delta)$ 收缩于 β_0, 因此, 存在 $\delta>0$ 使得当 n 充分大时, $N_n(\delta)\subset N(\delta_0)\subset\mathcal{B}_1$, 这里 δ_0 是某个正的常数. 从引理 5.1.3 知, 在 $N_n(\delta)$ 上一致地有

$$
\frac{1}{n^{1/2}(\log n)^{1/2+\alpha}}\sum_{i=1}^{n}G(x_i,\beta)e_i\to 0,\ \text{a.s..}
$$

结合上面的结果, 我们获得 (5.1.11).

引理 5.1.5 (Hall 和 Heyde, 1980) 令 $\left\{S_{ni}=\sum_{j=1}^{i}X_{nj},\mathcal{F}_{ni},1\leqslant i\leqslant k_n,n\geqslant 1\right\}$ 是期望为零的平方可积鞅. 若对 $1\leqslant i\leqslant k_n$ $(n\geqslant 1)$, 有 $\mathcal{F}_{n,i-1}\subset\mathcal{F}_{n,i}$, 对任意 $\varepsilon>0$, 有

$$
\sum_{i=1}^{k_n}E(X_{ni}^2I(|X_{ni}|\geqslant\varepsilon)|\mathcal{F}_{n,i-1})\xrightarrow{P}0,\quad\sum_{i=1}^{k_n}E(X_{ni}^2|\mathcal{F}_{n,i-1})\xrightarrow{P}1,
$$

其中 $I(\cdot)$ 是示性函数, 那么

$$
S_{nk_n}=\sum_{i=1}^{k_n}X_{ni}\xrightarrow{\mathcal{L}}N(0,1).
$$

引理 5.1.6 假定假设 A, B 和 C 在模型 (5.1.1)—(5.1.3) 中成立, 那么

$$
F_n^{-1/2}S_n\xrightarrow{\mathcal{L}}N(0,I_p),\tag{5.1.12}
$$

这里 $\mathcal{L}$ 表示依分布收敛, I_p 是 $p\times p$ 单位矩阵.

证明 注意到 $F_n^{-1/2}S_n=F_n^{-1/2}\tilde{F}_n^{1/2}\tilde{F}_n^{-1/2}S_n$, 由假设 C, 我们只需要证明

$$
\tilde{F}_n^{-1/2}S_n\xrightarrow{L}N(0,I_p).\tag{5.1.13}
$$

为了得到 (5.1.13), 只要证明对任意 $\lambda^{\mathrm{T}}\lambda=1$, 有 $Z_n=\lambda^{\mathrm{T}}\tilde{F}_n^{-1/2}S_n\xrightarrow{\mathcal{L}}N(0,1)$ 成立. Z_n 可被写为

$$Z_n=\sum_{i=1}^{n}\alpha_{ni}\varepsilon_i,$$

这里 $\alpha_{ni}=\lambda^{\mathrm{T}}\tilde{F}_n^{-1/2}\dfrac{\partial\mu_i}{\partial\beta}(v(\mu_i))^{-1/2}$, $\varepsilon_i=(v(\mu_i))^{-1/2}(y_i-\mu_i)$. 从假设 A 和 C, 易见 $E(\alpha_{ni}\varepsilon_i|\mathcal{F}_{i-1})=0$ 及

$$\begin{aligned}&\sum_{i=1}^{n}E[(\alpha_{ni}\varepsilon_i)^2|\mathcal{F}_{i-1}]\\=&\sum_{i=1}^{n}E\left\{\lambda^{\mathrm{T}}\tilde{F}_n^{-1/2}\frac{\partial\mu_i}{\partial\beta}v^{-1}(\mu_i)e_i^2v^{-1}(\mu_i)\frac{\partial\mu_i}{\partial\beta^{\mathrm{T}}}\tilde{F}_n^{-1/2}\lambda|\mathcal{F}_{i-1}\right\}\\=&\lambda^{\mathrm{T}}\tilde{F}_n^{-1/2}\sum_{i=1}^{n}\frac{\partial\mu_i}{\partial\beta}v^{-1}(\mu_i)\frac{\partial\mu_i}{\partial\beta^{\mathrm{T}}}\tilde{F}_n^{-1/2}\lambda\\=&\lambda^{\mathrm{T}}\tilde{F}_n^{-1/2}F_n\tilde{F}_n^{-1/2}\to1,\ \text{a.s.}.\end{aligned}$$

因此, 由引理 5.1.5, 为了证明 (5.1.13), 我们只需要证明对任意 $\rho>0$, 有

$$\begin{aligned}g_n(\rho)&=\sum_{i=1}^{n}E\{\alpha_{ni}^2\varepsilon_i^2I(|\alpha_{ni}\varepsilon_i|^2>\rho^2)|\mathcal{F}_{i-1}\}\\&=\sum_{i=1}^{n}\alpha_{ni}^2E\left\{\varepsilon_i^2I\left(\varepsilon_i^2>\frac{\rho^2}{\alpha_{ni}^2}\right)\middle|\mathcal{F}_{i-1}\right\}\to0\quad(n\to\infty).\end{aligned}\tag{5.1.14}$$

从假设 B (i) 可以推得 $\lambda_{\max}F_n{}^{-1}\to0$. 由 $\mathcal{X}$ 的紧性, 我们有

$$\begin{aligned}\max_{1\leqslant i\leqslant n}\alpha_{ni}^2&=\max_{1\leqslant i\leqslant n}\left(\lambda^{\mathrm{T}}\tilde{F}_n^{-1/2}\frac{\partial\mu_i}{\partial\beta}(v(\mu_i))^{-1/2}\right)\cdot\left(v(\mu_i))^{-1/2}\frac{\partial\mu_i}{\partial\beta^{\mathrm{T}}}\tilde{F}_n^{-\mathrm{T}/2}\lambda\right)\\&\leqslant c\lambda^{\mathrm{T}}\tilde{F}_n^{-1}\lambda\to0\quad(n\to\infty).\end{aligned}\tag{5.1.15}$$

根据假设 A 和 C, 我们有

$$\begin{aligned}\sum_{i=1}^{n}||\alpha_{ni}||^2&=\sum_{i=1}^{n}\lambda^{\mathrm{T}}\tilde{F}_n^{-1/2}\frac{\partial\mu_i}{\partial\beta}(v(\mu_i))^{-1/2}(v(\mu_i))^{-1/2}\frac{\partial\mu_i}{\partial\beta^{\mathrm{T}}}\tilde{F}_n^{-\mathrm{T}/2}\lambda\\&=\lambda^{\mathrm{T}}\tilde{F}_n^{-1/2}\sum_{i=1}^{n}\frac{\partial\mu_i}{\partial\beta}(v(\mu_i))^{-1}\frac{\partial\mu_i}{\partial\beta^{\mathrm{T}}}\tilde{F}_n^{-\mathrm{T}/2}\lambda\\&=\lambda^{\mathrm{T}}\tilde{F}_n^{-1/2}F_n\tilde{F}_n^{-\mathrm{T}/2}\lambda\leqslant c,\ \text{a.s.}.\end{aligned}\tag{5.1.16}$$

根据 Markov 不等式, (5.1.15), (5.1.16) 以及假设 A(vi), 可得对于 $\alpha=r-2>0$, 有

$$g_n(\rho)=\sum_{i=1}^{n}\alpha_{ni}^2E\left(\varepsilon_i^2I\left(\varepsilon_i^2>\frac{\rho^2}{\alpha_{ni}^2}\right)\middle|\mathcal{F}_{i-1}\right)$$

$$\leqslant \sum_{i=1}^{n} ||\alpha_{ni}||^2 ||\alpha_{ni}||^\alpha \rho^{-\alpha} E(|\varepsilon_i|^r|\mathcal{F}_{i-1})$$
$$\leqslant c \max_{1\leqslant i\leqslant n} ||\alpha_{ni}||^\alpha \rho^{-\alpha} \sup_{i\geqslant 1} E(|e_i|^r|\mathcal{F}_{i-1}) \to 0, \text{ a.s.},$$

这可以推得 (5.1.13).

5.1.3 主要结果

定理 5.1.1 如果假设 A 和 B 在模型 (5.1.1)—(5.1.3) 中成立, 那么存在一个随机变量序列 $\{\hat{\beta}_n\}$ 和一个随机数 n_0 使得

(i) $P(S_n(\hat{\beta}_n) = 0$ 对所有 $n \geqslant n_0) = 1$ (渐近存在性);

(ii) $\hat{\beta}_n \to \beta_0$, a.s. (强相合性).

证明 根据 (5.1.7), 我们有 $(\lambda_{\min}F_n)^{-1}H_n(\beta) = (\lambda_{\min}F_n)^{-1}(F_n(\beta) - R_n(\beta))$, 这可以推得

$$\lambda^{\mathrm{T}} \frac{H_n(\beta)}{\lambda_{\min}F_n}\lambda \geqslant \frac{1}{\lambda_{\min}F_n}\lambda_{\min}F_n(\beta) - \frac{||R_n(\beta)||}{\lambda_{\min}F_n} \text{ (a.s.)}. \tag{5.1.17}$$

从假设 B (ii) 和引理 5.1.4, 可以推得存在一个随机数 n_1 使得对所有 $\beta \in N(\delta_0)$ 及 $n > n_1$,

$$\frac{1}{\lambda_{\min}F_n}\lambda^{\mathrm{T}} H_n(\beta)\lambda \geqslant \frac{c}{2}, \text{ a.s.}, \tag{5.1.18}$$

进而可推得

$$\lambda^{\mathrm{T}} H_n(\beta)\lambda \geqslant \frac{c}{2}\lambda_{\min}F_n > 0, \text{ a.s..} \tag{5.1.19}$$

所以 $Q(\beta;Y)$ 在 $N(\delta_0)$ 上 a.s. 是凹的, 因此我们只需要证明对任意 δ $(0 < \delta < \delta_0)$, 存在某个随机数 n_0 使得对所有 $\beta \in \partial N(\delta) = \{\beta : ||\beta - \beta_0|| = \delta\}$ 及 $n > n_0$,

$$Q(\beta;Y) - Q(\beta_0;Y) < 0, \text{ a.s..} \tag{5.1.20}$$

这意味着极大化 $Q(\beta;Y)$ 的 $\hat{\beta}_n$ 一定在 $N(\delta)$ 里. 由于 $0 < \delta < \delta_0$ 且 δ 是任意的, 定理的 (i) 和 (ii) 获证.

为了证明 (5.1.20), 令 $\lambda = (\beta - \beta_0)/\delta$, 那么由泰勒级数展开, 我们有

$$Q(\beta;Y) - Q(\beta_0;Y) = \delta\lambda^{\mathrm{T}} S_n - \frac{1}{2}\delta^2\lambda^{\mathrm{T}} H_n(\beta_n^*)\lambda, \tag{5.1.21}$$

这里 $\beta_n^* = t_n\beta_0 + (1 - t_n)\beta$ 对某个 $0 \leqslant t_n \leqslant 1$. 那么 (5.1.20) 等价于对所有的 $\lambda^{\mathrm{T}}\lambda = 1$ 及 $n > n_0$,

$$\frac{1}{\lambda_{\min}F_n}\lambda^{\mathrm{T}} S_n < \frac{1}{2\lambda_{\min}F_n}\delta\lambda^{\mathrm{T}} H_n(\beta_n^*)\lambda, \text{ a.s.}, \tag{5.1.22}$$

从 (5.1.2) 可以推得 $(\lambda_{\min}F_n)^{-1}S_n = (\lambda_{\min}F_n)^{-1}\sum_{i=1}^{n}\frac{\partial\mu_i}{\partial\beta}(v(\mu_i))^{-1}(y_i-\mu_i)$ 的第 a 个元素是

$$\frac{s_{na}}{\lambda_{\min}F_n}=\frac{1}{\lambda_{\min}F_n}\sum_{i=1}^{n}\frac{\partial\mu_i}{\partial\beta_a}(v(\mu_i))^{-1}(y_i-\mu_i).$$

在假设 A 和 B 下, 从引理 5.1.3 可推得 $(\lambda_{\min}F_n)^{-1}s_{na}\to 0$, a.s., 故 $(\lambda_{\min}F_n)^{-1}||S_n||\to 0$ a.s.. 根据 Cauchy-Schwarz 不等式, 对任意 $\lambda^{\mathrm{T}}\lambda=1$, 有

$$|\lambda^{\mathrm{T}}S_n|^2\leqslant(\lambda^{\mathrm{T}}\lambda)S_n^{\mathrm{T}}S_n=||S_n||^2,$$

因此对任何 $\lambda^{\mathrm{T}}\lambda=1$, 有

$$(\lambda_{\min}F_n)^{-1}\lambda^{\mathrm{T}}S_n\to 0,\ \text{a.s.}. \tag{5.1.23}$$

另外, 根据 (5.1.18), 存在 δ $(0<\delta<\delta_0)$ 使得

$$(\lambda_{\min}F_n)^{-1}\lambda^{\mathrm{T}}H_n(\beta_n^*)\lambda>\frac{c}{2}>0,\quad \text{a.s.}, \tag{5.1.24}$$

对任意的 $\beta\in N(\delta)$ 及 $n>n_1$. 根据 (5.1.23), 存在某个随机数 $n_0>n_1$ 使得

$$(\lambda_{\min}F_n)^{-1}\lambda^{\mathrm{T}}S_n<\frac{1}{2}\delta\cdot\frac{c}{2},\quad \text{a.s.}, \tag{5.1.25}$$

对任意的 $\beta\in N(\delta)$ 及 $n>n_0$. 从 (5.1.24) 和 (5.1.25), 易见 (5.1.22) 成立, 因此 (5.1.20) 成立. 这样定理 5.1.1 的 (i), (ii) 获证.

定理 5.1.2 假定假设 A, B (i) 和 C 在模型 (5.1.1)—(5.1.3) 中成立, 那么存在极大拟似然估计的序列 $\{\hat{\beta}_n\}$ 使得

(i) $\hat{\beta}_n\to\beta_0$ (a.s.);

(ii) $F_n^{\mathrm{T}/2}(\hat{\beta}_n-\beta_0)\xrightarrow{\mathcal{L}}N(0,I_p)$.

证明 根据 $F_n(\beta)$ 的连续性及假设 C, 对任意给定的 ε $(0<\varepsilon<1/2\lambda^{\mathrm{T}}\tilde{F}_n(\beta_0)\lambda)$, 存在某个正整数 n_0 以及 β_0 的某个邻域 $N(\delta_0)$ 使得对任意 $\beta\in N(\delta_0), n>n_0, \lambda^{\mathrm{T}}\lambda=1$, 有

$$\begin{aligned}&|\lambda^{\mathrm{T}}F_n(\beta)\lambda-\lambda^{\mathrm{T}}\tilde{F}_n(\beta_0)\lambda|\\ \leqslant&|\lambda^{\mathrm{T}}F_n(\beta)\lambda-\lambda^{\mathrm{T}}\tilde{F}_n(\beta)\lambda|+|\lambda^{\mathrm{T}}\tilde{F}_n(\beta)\lambda-\lambda^{\mathrm{T}}\tilde{F}_n(\beta_0)\lambda|<\varepsilon,\end{aligned} \tag{5.1.26}$$

那么我们可得 $\lambda^{\mathrm{T}}F_n(\beta)\lambda>\lambda^{\mathrm{T}}\tilde{F}_n(\beta_0)\lambda-\varepsilon>1/2\lambda^{\mathrm{T}}\tilde{F}_n(\beta_0)\lambda>c\lambda_{\min}F_n$, 这可推出假设 B, 因此, 从定理 5.1.1 的结论可以知道定理的 (i) 成立.

为了证明定理的 (ii), 将 S_n 在 $\hat{\beta}_n$ 进行泰勒展开, 利用引理 3.4.1 可得

$$S_n(\beta)-S_n(\beta_0)\triangleq -H_n^*(\beta)(\beta-\beta_0), \tag{5.1.27}$$

这里 $H_n^*(\beta)=\int_0^1 H_n(\beta_0+t(\beta-\beta_0))\mathrm{d}t$, $H_n(\beta)=-\dfrac{\partial S_n(\beta)}{\partial\beta^{\mathrm{T}}}$.

现在, 我们接着证明

$$\max_{\beta\in N_n(\delta)}||F_n^{-1/2}H_n^*(\beta)F_n^{-\mathrm{T}/2}-I_p||\xrightarrow{P}0 \tag{5.1.28}$$

及

$$\max_{\beta_1,\beta_2\in N_n(\delta)}||F_n^{-1/2}H_n^*(\beta_1,\beta_2)F_n^{-\mathrm{T}/2}-I_p||\xrightarrow{P}0, \tag{5.1.29}$$

这里

$$N_n(\delta)=\{\beta:||F_n^{1/2}(\beta-\beta_0)||\leqslant\delta\},\quad H_n^*(\beta_1,\beta_2)=\int_0^1 H_n(\beta_1+t(\beta_2-\beta_1))\mathrm{d}t.$$

只要证明当 $n\to\infty$ 时, 下式成立就可以了:

$$\max_{\beta\in N_n(\delta)}||F_n^{-1/2}H_n(\beta)F_n^{-\mathrm{T}/2}-I_p||\xrightarrow{P}0. \tag{5.1.30}$$

从 (5.1.7), 我们有

$$\begin{aligned}F_n^{-1/2}H_n(\beta)F_n^{-\mathrm{T}/2}-I_p&=F_n^{-1/2}F_n(\beta)F_n^{-\mathrm{T}/2}-I_p-F_n^{-1/2}R_n(\beta)F_n^{-\mathrm{T}/2}\\&\triangleq K_n(\beta)-F_n^{-1/2}R_n(\beta)F_n^{-\mathrm{T}/2},\end{aligned}$$

这里 $K_n(\beta)=F_n^{-1/2}F_n(\beta)F_n^{-\mathrm{T}/2}-I_p$. 在假设 B (i) 下, 邻域 $N_n(\delta)$ 收缩于 β_0, 因此,

$$\begin{aligned}\max_{\beta\in N_n(\delta)}||K_n(\beta)||&\leqslant\max_{\beta\in N_n(\delta)}||F_n^{-1/2}||||F_n(\beta)-F_n||||F_n^{-\mathrm{T}/2}||\\&\leqslant c(\lambda_{\min}F_n)^{-1}\max_{\beta\in N_n(\delta)}||F_n(\beta)-F_n||\to0.\end{aligned}$$

从引理 5.1.4, 我们有

$$\begin{aligned}&\max_{\beta\in N_n(\delta)}||F_n^{-1/2}R_n(\beta)F_n^{-\mathrm{T}/2}||\\&\leqslant c(\lambda_{\min}F_n)^{-1}\max_{\beta\in N_n(\delta)}||R_n(\beta)||\to0,\ \text{a.s.}.\end{aligned}$$

结合上面的结果, 我们获得 (5.1.30), (5.1.29) 及 (5.1.28).

因为 $N_n(\delta)$ 是 β_0 的邻域, 且 $\hat\beta_n\to\beta_0$, a.s., 故当 n 充分大时, 存在某个 $\hat\beta_n$ 使得

$$\hat\beta_n\in N_n(\delta)\ \text{且}\ S_n(\hat\beta_n)=0,\quad \text{a.s.} \tag{5.1.31}$$

从 (5.1.31) 和 (5.1.27), 可以推得 $S_n(\beta_0)=H_n^*(\hat\beta_n)(\hat\beta_n-\beta_0)$. 因此,

$$F_n^{\mathrm{T}/2}(\hat\beta_n-\beta_0)=[F_n^{-1/2}H_n^*(\hat\beta_n)F_n^{-\mathrm{T}/2}]^{-1}F_n^{-1/2}S_n(\beta_0). \tag{5.1.32}$$

从 (5.1.32), (5.1.31), (5.1.30) 及引理 5.1.6, 我们获得定理 5.1.2(ii).

定理 5.1.3 在定理 5.1.2 的假设下, 有

$$\mathcal{X}_n^2 \triangleq (\hat{\beta}_n - \beta_0)^{\mathrm{T}} F_n(\hat{\beta}_n)(\hat{\beta}_n - \beta_0) \xrightarrow{\mathcal{L}} \mathcal{X}(p), \tag{5.1.33}$$

这里 $F_n(\hat{\beta}_n) = \sum_{i=1}^{n} \frac{\partial \mu_i(\beta)}{\partial \beta} v^{-1}(\mu_i(\beta)) \frac{\partial \mu_i(\beta)}{\partial \beta^{\mathrm{T}}}\Big|_{\beta=\hat{\beta}_n}$.

证明 因为 $\hat{\beta}_n \to \beta_0$, a.s. $(n \to \infty)$, 用类似于证明 (5.1.30) 的方法, 可以证明

$$\max_{\hat{\beta}_n \in N_n(\delta)} ||F_n^{-1/2} F_n(\hat{\beta}_n) F_n^{-\mathrm{T}/2} - I_p|| \to 0, \text{ a.s.}. \tag{5.1.34}$$

另外,

$$\mathcal{X}_n^2 = (\hat{\beta}_n - \beta_0)^{\mathrm{T}} F_n^{1/2} F_n^{-1/2} F_n(\hat{\beta}_n) F_n^{-\mathrm{T}/2} F_n^{\mathrm{T}/2} (\hat{\beta}_n - \beta_0). \tag{5.1.35}$$

从 (5.1.34), (5.1.35) 及定理 5.1.2 可以推得等式 (5.1.33) 成立.

5.2 自适应拟似然非线性模型中的极大拟似然估计的强相合性

本节在一组适当的正则条件下, 证明了自适应拟似然非线性模型中极大拟似然估计的强相合性. Yin 和 Zhao (2005) 关于广义线性模型中极大拟似然估计的强相合性的结果被推广到自适应拟似然非线性模型中.

5.2.1 引言

为了研究自适应拟似然非线性模型 (5.1.1)—(5.1.3) 中极大拟似然估计的强相合性, 将 (5.1.4) 改写为

$$U_n(\beta) \triangleq \sum_{i=1}^{n} \frac{\partial \mu_i}{\partial \beta} (v(\mu_i))^{-1} (y_i - \mu_i(\beta)) = 0, \quad \mu_i = \mu_i(\beta) = f(x_i, \beta_0). \tag{5.2.1}$$

令 $\hat{\beta}_n$ 表示 β 的极大拟似然估计, 它是拟似然方程 $U_n(\beta) = 0$ 的解.

对于自适应设计的广义线性模型中极大拟似然估计的强相合性, 很多学者进行了探讨, 例如: Chang(1999) 研究了 $q = 1$, 且设计阵是自适应的情形. 在 $\sup_{i \geqslant 1} ||Z_i|| < \infty$, a.s., $\lambda_{\min}\left(\sum_{i=1}^{n} Z_i Z_i^{\mathrm{T}}\right) > cn^{\alpha}$, a.s. (对某个 $\alpha \in (1/2, 1]$) 和其他一些正则条件之下, 通过定义一个 “最后时” 随机变量的方法获得了 β_0 的极大拟似然估计的强相合性及收敛速度. Chen 等 (1999) 在 $\sup_{i \geqslant 1} E(|\varepsilon_i|^{\alpha} | \mathcal{F}_{i-1}) < \infty$ $(\alpha > 2, \varepsilon_i =$

$y_i - E(y_i|\mathcal{F}_{i-1})$) 且其他一些条件满足的情形下, 讨论了自适应设计的极大拟似然估计的强相合性; Yin 和 Zhao (2006) 分别对固定设计和自适应设计的广义线性模型, 研究了极大拟似然估计的渐近正态性和强相合性. 本节介绍自适应拟似然非线性模型中的极大拟似然估计的强相合性. 5.2.2 节给出了一些正则条件; 在 5.2.3 节, 我们利用 5.2.2 节所给的正则条件, 证明了自适应拟似然非线性模型中的未知参数的极大拟似然估计的强相合性.

5.2.2 条件和引理

为了后面的使用, 我们引进一些记号和自适应拟似然非线性模型的一些基本性质. 令 $\lambda_{\min}A$ ($\lambda_{\max}A$) 表示对称矩阵 A 的最小 (最大) 特征根; 对于一个矩阵 $B = (b_{ij}) \in R^{p\times q}$, 令 $||B|| = \left(\sum_{i=1}^{p}\sum_{j=1}^{q}|b_{ij}|^2\right)^{1/2}$; 用 c 表示绝对正的常数, 它在每次出现的时候, 可以取不同的值, 即使在同一个表达式中. 对于 $\beta_0 \in \mathcal{B}$ 及给定的 $\delta > 0$, 带有半径 δ 的邻域可用 $N(\delta) = \{\beta : ||\beta - \beta_0|| < \delta\}$ 表示. 因为自适应拟似然非线性模型中的兴趣参数是 β, 而且 β 和 σ^2 的极大拟似然估计可以单独进行. 因此, 为了简化, 我们令 $\sigma^2 = 1$. 为了对 β 作推断, 我们假定

假设 A (i) $\mathcal{X}$ 是 R^q 紧子集, $\mathcal{B}$ 是 R^p 开子集;

(ii) $f(x,\beta)$ 作为 β 的函数是三次可微的, 函数 $f(x,\beta)$ 和它的所有导数在 $\mathcal{X}\times\mathcal{B}$ 上是连续的;

(iii) $D(\beta) = \partial\mu(\beta)/\partial\beta^{\mathrm{T}}$ 是满秩的, $\mu(\beta) = (\mu_1, \cdots, \mu_n)^{\mathrm{T}}$;

(iv) $\sup\limits_{i\geqslant 1}\left\|\dfrac{\partial\mu_i}{\partial\beta}\right\| < \infty$, $\det\dfrac{\partial\mu_i}{\partial\beta}\dfrac{\partial\mu_i}{\partial\beta} \neq 0$ $(i = 1, 2, \cdots,)$, a.s., 对 n 充分大和某个 $\gamma \in (1/2, 1]$, $\lambda_{\min}\left(\sum_{i=1}^{n}\dfrac{\partial\mu_i}{\partial\beta}\dfrac{\partial\mu_i}{\partial\beta^{\mathrm{T}}}\right) \geqslant cn^{\gamma}$, a.s.;

(v) $\mu_i = E(y_i|\mathcal{F}_{i-1}) = f(x_i, \beta_0)$ $(i = 1, 2, \cdots)$, 对某个 $\alpha \geqslant 1/\gamma$, $\sup\limits_{i\geqslant 1} E\{|e_i|^{\alpha}|\mathcal{F}_{i-1}\} < \infty$, a.s., 这里 $e_i = y_i - E(y_i|\mathcal{F}_{i-1})$;

(vi) $0 < \inf\limits_{i\geqslant 1} v(\mu_i) \leqslant \sup\limits_{i\geqslant 1} v(\mu_i) < \infty$, a.s..

引理 5.2.1 (Azuma, 1967) 设 $X_1, \cdots, X_n$ 是 n 个随机变量, 满足

$$|X_i| \leqslant b_i, \quad 1 \leqslant i \leqslant n,$$

且

$$E\{X_{i1}X_{i2}\cdots X_{ik}\} = 0,$$

这里 $b_i, 1\leqslant i\leqslant n$ 是常数, 且 $1\leqslant i_1 < i_2 < \cdots < i_k \leqslant n, k\geqslant 1$, 那么对任给的 $\varepsilon > 0$, 有

$$P\left(\left|\sum_{i=1}^{n}X_i\right|\geqslant\varepsilon\right)\leqslant 2\exp\left\{-\frac{\varepsilon^2}{2\sum\limits_{i=1}^{n}b_i^2}\right\}.$$

引理 5.2.2 (Ortega 和 Rheinboldt, 1970, 推论 6.3.4) 假设 C 是 R^n 中的有界开集, $\overline{C}$ 和 ∂C 分别是 C 的闭包和边界, 假定 $F:\overline{C}\to R^n$ 是连续的, 且对某个 $x^0\in C$ 和所有的 $x\in\partial C$, 有 $(x-x^0)^{\mathrm{T}}F(x)\leqslant 0$, 则方程 $F(x)=0$ 在 $\overline{C}$ 中有解.

5.2.3 主要结果

定理 5.2.1 假定假设 (i)—(vi) 被满足, 那么存在 β_0 的极大拟似然估计序列 $\{\hat{\beta}_n\}$, 使得以概率为 1 当 n 充分大时, 拟似然方程 $U_n(\hat{\beta}_n)=0$ 有一解, 且

$$\hat{\beta}_n\to\beta_0,\ \text{a.s.}\quad(n\to\infty).\tag{5.2.2}$$

证明 取 $\varepsilon>0$, 使得

$$0<2\varepsilon\gamma<1,\quad t=\frac{1}{\gamma-1/2}+2\varepsilon<\alpha,$$

$$\delta=\gamma-\frac{1}{2}-\varepsilon\left(\gamma-\frac{1}{2}\right)^2-\frac{1}{t}>0,\quad\rho_n=n^{-\delta}\to 0.\tag{5.2.3}$$

令 $S_{\rho_n}=\{\beta\in R^p:||\beta-\beta_0||\leqslant\rho_n\}$ 表示闭球, $\partial S_{\rho_n}=\{\beta\in R^p:||\beta-\beta_0||=\rho_n\}$ 表示闭球的边界. 为了证明 (5.2.2), 由引理 5.2.2 知, 只需证明以概率为 1 当 n 充分大时, 有

$$\sup_{\beta\in\partial S_{\rho_n}}\{(\beta-\beta_0)^{\mathrm{T}}U_n(\beta)\}<0.\tag{5.2.4}$$

令 $\eta=\beta-\beta_0, e_i=y_i-E(y_i|\mathcal{F}_{i-1})=y_i-f(x_i,\beta_0)$. 由中值定理和 Schwarz 不等式, 可推得对 $\beta\in\partial S_{\rho_n}$, 有

$$\begin{aligned}&(\beta-\beta_0)^{\mathrm{T}}U_n(\beta)\\=&\eta^{\mathrm{T}}\sum_{i=1}^{n}\frac{\partial\mu_i}{\partial\beta}(v(\mu_i))^{-1}e_i-\eta^{\mathrm{T}}\sum_{i=1}^{n}\frac{\partial\mu_i}{\partial\beta}(v(\mu_i))^{-1}\left(\left.\frac{\partial\mu_i}{\partial\beta^{\mathrm{T}}}\right|_{\beta=\beta^{i*}}\right)\eta\\=&\eta^{\mathrm{T}}\sum_{i=1}^{n}\frac{\partial\mu_i}{\partial\beta}(v(\mu_i))^{-1}e_i-\eta^{\mathrm{T}}\sum_{i=1}^{n}\frac{\partial\mu_i}{\partial\beta}(v(\mu_i))^{-1}\frac{\partial\mu_i}{\partial\beta^{\mathrm{T}}}\eta\\&+\eta^{\mathrm{T}}\sum_{i=1}^{n}\frac{\partial\mu_i}{\partial\beta}(v(\mu_i))^{-1}\left[\frac{\partial\mu_i}{\partial\beta^{\mathrm{T}}}-\left.\frac{\partial\mu_i}{\partial\beta^{\mathrm{T}}}\right|_{\beta=\beta^{i*}}\right]\eta\\\leqslant&F_n(\beta)-G_n(\beta)+[G_n(\beta)]^{1/2}\end{aligned}$$

$$\cdot\left[\eta^{\mathrm{T}}\sum_{i=1}^{n}\left(\frac{\partial\mu_i}{\partial\beta}-\left.\frac{\partial\mu_i}{\partial\beta}\right|_{\beta=\beta^{i*}}\right)(v(\mu_i))^{-1}\left(\frac{\partial\mu_i}{\partial\beta^{\mathrm{T}}}-\left.\frac{\partial\mu_i}{\partial\beta^{\mathrm{T}}}\right|_{\beta=\beta^{i*}}\right)\eta\right]^{1/2}, \text{ a.s.},$$

这里 β^{i*} 在 β 和 β_0 的连线上. 其中

$$F_n(\beta)=\eta^{\mathrm{T}}\sum_{i=1}^{n}\frac{\partial\mu_i}{\partial\beta}(v(\mu_i))^{-1}e_i,$$

$$G_n(\beta)=\eta^{\mathrm{T}}\sum_{i=1}^{n}\frac{\partial\mu_i}{\partial\beta}(v(\mu_i))^{-1}\frac{\partial\mu_i}{\partial\beta^{\mathrm{T}}}\eta\geqslant c\eta^{\mathrm{T}}\sum_{i=1}^{n}\frac{\partial\mu_i}{\partial\beta}\frac{\partial\mu_i}{\partial\beta^{\mathrm{T}}}\eta, \text{ a.s.}. \tag{5.2.5}$$

从假设 (i)—(iv), (vi) 和 (5.2.3), 可推得对所有的 $\beta\in\partial S_{\rho_n}$, $i\geqslant 1$ 有

$$\lambda_{\min}\left\{\frac{\partial\mu_i}{\partial\beta}(v(\mu_i))^{-1}\frac{\partial\mu_i}{\partial\beta^{\mathrm{T}}}\right\}\geqslant c>0, \text{ a.s.},$$

故当 $n\to\infty$ 时, 对 $\beta\in\partial S_{\rho_n}$ 和 $i\leqslant n$ 一致地有 $\left\|(v(\mu_i))^{-1/2}\left(\frac{\partial\mu_i}{\partial\beta}-\left.\frac{\partial\mu_i}{\partial\beta}\right|_{\beta=\beta^{i*}}\right)\right\|\to 0$, a.s.. 因此, 对任何满足 $\lambda^{\mathrm{T}}\lambda=1$ 的 λ 和充分大的 n, 我们有

$$\begin{aligned}&\lambda^{\mathrm{T}}\left[\frac{\partial\mu_i}{\partial\beta}(v(\mu_i))^{-1}\frac{\partial\mu_i}{\partial\beta^{\mathrm{T}}}-\left(\frac{\partial\mu_i}{\partial\beta}-\left.\frac{\partial\mu_i}{\partial\beta}\right|_{\beta=\beta^{i*}}\right)(v(\mu_i))^{-1}\left(\frac{\partial\mu_i}{\partial\beta^{\mathrm{T}}}-\left.\frac{\partial\mu_i}{\partial\beta^{\mathrm{T}}}\right|_{\beta=\beta^{i*}}\right)\right]\lambda\\ \geqslant&\lambda_{\min}\left(\frac{\partial\mu_i}{\partial\beta}(v(\mu_i))^{-1}\frac{\partial\mu_i}{\partial\beta^{\mathrm{T}}}\right)-\left\|(v(\mu_i))^{-1/2}\left(\frac{\partial\mu_i}{\partial\beta}-\left.\frac{\partial\mu_i}{\partial\beta}\right|_{\beta=\beta^{i*}}\right)\right\|>\frac{c}{2}>0, \text{ a.s.}.\end{aligned}$$

由此可推得, 当 n 充分大时, 有

$$(\beta-\beta_0)^{\mathrm{T}}U_n(\beta)\leqslant F_n(\beta)-H_n(\beta), \text{ a.s.}, \tag{5.2.6}$$

这里 $H_n(\beta)=c\eta^{\mathrm{T}}\sum_{i=1}^{n}\frac{\partial\mu_i}{\partial\beta}\frac{\partial\mu_i}{\partial\beta^{\mathrm{T}}}\eta$ (对某个 $c>0$) . 根据 (5.2.6), 只要证明以概率为 1, 当 n 充分大时, 有

$$\sup_{\beta\in\partial S_{\rho_n}}\{F_n(\beta)-H_n(\beta)\}<0. \tag{5.2.7}$$

从假设 (iv) 可推得

$$H_n(\beta)\geqslant cn^{\gamma}n^{-2\delta}=cn^{\gamma-2\delta}, \text{ a.s.}.$$

记 $\bar{e}_i=e_iI(|e_i|\leqslant i^{1/t})$, $e_i^*=\bar{e}_i-E(\bar{e}_i|\mathcal{F}_{i-1})$, 其中 $I(\cdot)$ 是示性函数, 由 Markov 不等式, 假设 (iv), (v), (5.2.3), 我们有

$$|E(\bar{e}_i|\mathcal{F}_{i-1})|=|E(e_iI(|e_i|>i^{\frac{1}{t}})|\mathcal{F}_{i-1})|\leqslant i^{-\frac{\alpha-1}{t}}E(|e_i|^{\alpha}|\mathcal{F}_{i-1}), \text{ a.s.}, \tag{5.2.8}$$

$$\sum_{i=1}^{\infty} P(\bar{e}_i \neq e_i) \leqslant \sup_{i \geqslant 1} E|e_i|^{\alpha} \sum_{i=1}^{\infty} i^{-\alpha/t} < \infty.$$

根据 Borel-Cantelli 引理, 以概率为 1, 对 n 充分大, 有

$$\bar{e}_n = e_n. \tag{5.2.9}$$

根据 (5.2.3) 和假设 (iv), 当 $n \to \infty$ 时,

$$\inf_{\beta \in \partial S_{\rho_n}} H_n(\beta) \geqslant cn^{\gamma - 2\delta} \geqslant cn^{1/t} \to \infty, \text{ a.s..} \tag{5.2.10}$$

令

$$F_n^*(\beta) = \sum_{i=1}^{n} \eta^{\mathrm{T}} \frac{\partial \mu_i}{\partial \beta} (v(\mu_i))^{-1} e_i^*, \quad \overline{F}_n(\beta) = \sum_{i=1}^{n} \eta^{\mathrm{T}} \frac{\partial \mu_i}{\partial \beta} (v(\mu_i))^{-1} E(\bar{e}_i | \mathcal{F}_{i-1}). \tag{5.2.11}$$

由 (5.2.9) 和 (5.2.10) 式知, 为了证 (5.2.7) 式, 只需证明以概率为 1, 当 n 充分大时, 有

$$\sup_{\beta \in \partial S_{\rho_n}} \left\{ F_n^*(\beta) - \frac{H_n(\beta)}{3} \right\} < 0, \tag{5.2.12}$$

$$\sup_{\beta \in \partial S_{\rho_n}} \left\{ \overline{F}_n(\beta) - \frac{H_n(\beta)}{3} \right\} < 0. \tag{5.2.13}$$

首先证 (5.2.12) 式. 由 (5.2.3) 式, 可将 ∂S_{ρ_n} 分成 M 个部分 $U_1, U_2, \cdots, U_M$, 使得每个部分的直径小于 n^{-2}, 且 $M \leqslant [(2n^2+1)^p]$. 对任意取定的 $\beta_j \in U_j$ $(j = 1, 2, \cdots, M)$. 记 $\eta_j = \beta_j - \beta_0$ $(j = 1, \cdots, M)$, $X_i = \eta^{\mathrm{T}} \dfrac{\partial \mu_i}{\partial \beta} (v(\mu_i))^{-1} e_i^*$, 由假设 (iv), (vi), $|e_i^*| \leqslant 2i^{1/t}$ 和式 (5.2.3) 知, 对 $j = 1, 2, \cdots, M, i = 1, 2, \cdots, n$. 有

$$\begin{aligned} |X_i| &= \left| \eta^{\mathrm{T}} \frac{\partial \mu_i}{\partial \beta} (v(\mu_i))^{-1} e_i^* \right| \leqslant ||\eta^{\mathrm{T}}|| \left\| \frac{\partial \mu_i}{\partial \beta} \right\| |(v(\mu_i))^{-1}||e_i^*| \\ &\leqslant c||\eta^{\mathrm{T}}|| i^{1/t} \leqslant cn^{1/t - \delta}, \text{ a.s.,} \end{aligned} \tag{5.2.14}$$

$$\begin{aligned} \frac{1}{4} H_n(\beta_j) &= c\lambda^{\mathrm{T}} \sum_{i=1}^{n} \frac{\partial \mu_i}{\partial \beta} \frac{\partial \mu_i}{\partial \beta^{\mathrm{T}}} \lambda ||\eta_j||^2 \quad (\lambda^{\mathrm{T}} \lambda = 1) \\ &\geqslant cn^{\gamma - 2\delta}, \text{ a.s..} \end{aligned} \tag{5.2.15}$$

由于对 $1 \leqslant i_1 < i_2 < \cdots < i_k \leqslant n, k \geqslant 1$, 易证

$$E\{X_{i_1} X_{i_2} \cdots X_{i_k}\} = 0,$$

所以从引理 5.2.1, (5.2.6), (5.2.11), (5.2.14), (5.2.15) 和假设 (iv), (5.2.3), 可推得

$$P(F_n^*(\beta_j) \geqslant H_n(\beta_j)/4) \leqslant P(F_n^*(\beta_j) \geqslant cn^{\gamma - 2\delta})$$

$$\begin{aligned}&\leqslant 2\exp\left\{-\frac{c(n^{\gamma-2\delta})^2}{2n(cn^{1/t-\delta})}\right\}\\&\leqslant 2\exp\{-cn^{2\gamma-1-2\delta-2/t}\}\\&=2\exp\{-cn^{2\varepsilon(\gamma-1/2)^2}\}.\end{aligned}\tag{5.2.16}$$

因此

$$\begin{aligned}&\sum_{i=1}^{\infty}P\left(\bigcup_{1\leqslant j\leqslant M}\{F_n^*(\beta_j)\geqslant H_n(\beta_j)/4\}\right)\\\leqslant&\sum_{i=1}^{\infty}(2n^2+1)^p\cdot 2\exp\{-cn^{2\varepsilon(\gamma-1/2)^2}\}<\infty.\end{aligned}\tag{5.2.17}$$

根据 Borel-Cantelli 引理, 以概率为 1, 当 n 充分大时,

$$F_n^*(\beta_j)\leqslant H_n(\beta_j)/4,\text{a.s.}\quad j=1,2,\cdots,M.\tag{5.2.18}$$

对任意 $\beta\in\partial S_{\rho_n}$, 可找到 $\beta_j\in U_j$, 使得 $||\beta-\beta_j||\leqslant n^{-2}$, 注意到 $\eta=\beta-\beta_0$. 由假设 (iv), $||\eta||=\rho_n$ 和 $||\eta-\eta_j||\leqslant n^{-2}$ 式, 我们有

$$\begin{aligned}&|H_n(\beta)-H_n(\beta_j)|\\=&c\left|(\eta-\eta_j)^{\mathrm T})\sum_{i=1}^{n}\frac{\partial\mu_i}{\partial\beta}\frac{\partial\mu_i}{\partial\beta^{\mathrm T}}\eta-\eta_j^{\mathrm T}\sum_{i=1}^{n}\frac{\partial\mu_i}{\partial\beta}\frac{\partial\mu_i}{\partial\beta^{\mathrm T}}(\eta-\eta_j)\right.\\&\left.+\eta_j\left(\sum_{i=1}^{n}\frac{\partial\mu_i}{\partial\beta}\frac{\partial\mu_i}{\partial\beta^{\mathrm T}}-\left.\frac{\partial\mu_i}{\partial\beta}\frac{\partial\mu_i}{\partial\beta^{\mathrm T}}\right|_{\beta=\beta_j}\right)\eta_j\right|\\\leqslant&c\left|(\eta-\eta_j)^{\mathrm T}\sum_{i=1}^{n}\frac{\partial\mu_i}{\partial\beta}\frac{\partial\mu_i}{\partial\beta^{\mathrm T}}\eta\right|+c\left|\eta_j^{\mathrm T}\sum_{i=1}^{n}\frac{\partial\mu_i}{\partial\beta}\frac{\partial\mu_i}{\partial\beta^{\mathrm T}}(\eta-\eta_j)\right|\\&+c\left|\eta_j\sum_{i=1}^{n}\left(\frac{\partial\mu_i}{\partial\beta}\frac{\partial\mu_i}{\partial\beta^{\mathrm T}}-\left.\frac{\partial\mu_i}{\partial\beta}\frac{\partial\mu_i}{\partial\beta^{\mathrm T}}\right|_{\beta=\beta_j}\right)\eta_j\right|,\ \text{a.s..}\end{aligned}$$

选取矩阵

$$\frac{\partial\mu_i}{\partial\beta}\frac{\partial\mu_i}{\partial\beta^{\mathrm T}}-\left.\frac{\partial\mu_i}{\partial\beta}\frac{\partial\mu_i}{\partial\beta^{\mathrm T}}\right|_{\beta=\beta_j}$$

的一个元素, 它具有形式

$$M=(g_i(\beta)-g_i(\beta_j)),$$

对某个函数 g_i. 因为 $\beta_j\in U_j$ 和 $||\beta-\beta_j||\leqslant n^{-2}$, 从假设 (i), (ii) 和中值定理, 我们有

$$|M|=\left|\left.\frac{\partial g_i(\beta)}{\partial\beta}\right|_{\beta=\beta^{i**}}(\beta-\beta_j)\right|\leqslant\left\|\left.\frac{\partial g_i(\beta)}{\partial\beta}\right|_{\beta=\beta^{i**}}\right\|||\beta-\beta_j||\leqslant cn^{-2},\ \text{a.s.,}$$

这里 β^{i**} 在 β 和 β_j 的连线上. 因此, 从 $\eta=\beta-\beta_0$, $||\eta||=\rho_n$, $||\eta-\eta_j||\leqslant n^{-2}$ 和假设 (i), (ii), 我们有

$$|H_n(\beta)-H_n(\beta_j)|\leqslant cn^{-2}\cdot n\cdot\rho_n+c\rho_n\cdot n\cdot n^{-2}+c\rho_n\cdot n\cdot n^{-2}\rho_n\leqslant c,\ \text{a.s.}. \tag{5.2.19}$$

类似地,

$$\begin{aligned}|F_n^*(\beta)-F_n^*(\beta_j)|&=\left|\sum_{i=1}^n\eta\frac{\partial\mu_i}{\partial\beta}(v(\mu_i))^{-1}e_i^*-\sum_{i=1}^n\eta_j\left(\frac{\partial\mu_i}{\partial\beta}(v(\mu_i))^{-1}\right)\bigg|_{\beta=\beta_j}e_i^*\right|\\&\leqslant\left|(\eta-\eta_j)^{\mathrm T}\sum_{i=1}^n\frac{\partial\mu_i}{\partial\beta}(v(\mu_i))^{-1}e_i^*\right|\\&\quad+\left|\eta_j\sum_{i=1}^n\left[\frac{\partial\mu_i}{\partial\beta}(v(\mu_i))^{-1}-\left(\frac{\partial\mu_i}{\partial\beta}(v(\mu_i))^{-1}\right)\bigg|_{\beta=\beta_j}\right]e_i^*\right|,\ \text{a.s.}.\end{aligned}$$

从 $||\beta_j-\beta_0||=\rho_n, ||\beta-\beta_j||\leqslant n^{-2}, |e_i^*|\leqslant 2i^{1/t}$ 和假设 (iv), 我们有

$$|F_n^*(\beta)-F_n^*(\beta_j)|\leqslant c,\ \text{a.s.}. \tag{5.2.20}$$

由 (5.2.10) 和 (5.2.18)—(5.2.20) 式知以概率为 1, 当 n 充分大时,

$$\sup_{\beta\in\partial S_{\rho_n}}\left\{F_n^*(\beta)-\frac{H_n(\beta)}{3}\right\}<0.$$

因而 (5.2.12) 成立.

其次证明 (5.2.13) 式. 由假设 (i)—(vi) 和 (5.2.3), (5.2.8) 式知, 对 $\beta\in\partial S_{\rho_n}$, 有

$$\begin{aligned}|\overline{F}_n(\beta)|&=\left|\eta^{\mathrm T}\sum_{i=1}^n\frac{\partial\mu_i}{\partial\beta}(v(\mu_i))^{-1}E(\bar e_i|\mathcal F_{i-1})\right|\\&\leqslant c\sup_{i\geqslant1}E(|e_i|^\alpha|\mathcal F_{i-1})||\eta||\sum_{i=1}^n i^{-(\alpha-1)/t}\\&\leqslant cn^{-\delta}(n^{1-(\alpha-1)/t}+\log n)\\&\leqslant cn^{1/t-\delta},\ \text{a.s.}.\end{aligned}\tag{5.2.21}$$

显然 $\dfrac1t-\delta<\dfrac1t$, 根据 (5.2.10), (5.2.21) 式, 以概率为 1, 当 n 充分大时, 有

$$\sup_{\beta\in\partial S_{\rho_n}}\left\{\overline{F}_n(\beta)-\frac{H_n(\beta)}{3}\right\}<0,$$

因此 (5.2.13) 式成立.

由 (5.2.12) 和 (5.2.13) 式可知 (5.2.7) 式成立, 这可推得 (5.2.4) 式成立. 根据引理 5.2.2, 可推得以概率为 1, 当 n 充分大时, 拟似然方程 (5.2.1) 有一根 $\hat{\beta}_n \in S_{\rho_n}$. 因为 $\rho_n \to 0$ $(n \to \infty)$, 故当 $n \to \infty$, 有

$$\hat{\beta}_n \to \beta_0, \text{ a.s.} \quad (n \to \infty).$$

定理证毕.

5.3 方差未知的自适应拟似然非线性模型中的极大拟似然估计的强相合性收敛速度

本节提出了一些类似于 Wu(1981), Chang (1999) 所给出的那些正则条件, 基于所提的正则条件, 我们证明了方差未知的自适应拟似然非线性模型中未知参数的极大拟似然估计的强相合性, 并给出了收敛速度.

5.3.1 引言

假定 $\{(x_i, y_i), i = 1, 2, \cdots, n\}$ 是 n 对设计向量和响应变量. 在许多实际应用中, 设计变量在某个阶段的选取是根据前面的观测来确定的. 换句话说, 设计向量 x_n 在第 n 个阶段的选取依赖于前面的观测 $x_1, y_1, \cdots, x_{n-1}, y_{n-1}$. 正式地, 对 $n \in N$, 令 $\mathcal{F}_n = \sigma(x_1, y_1, \cdots, x_n, y_n)$, 那么, 设计向量在第 n 阶段, 即 x_n, 是 $\mathcal{F}_{n-1}$-可测的. 对于每个 i, 假定 (x_i, y_i) 满足

$$E(y_i|\mathcal{F}_{i-1}) = \mu_i = h(x_i, \beta), \tag{5.3.1}$$

$$\mathrm{Var}(y_i|\mathcal{F}_{i-1}) = \sigma_i^2 = \sigma^2 v(\mu_i), \tag{5.3.2}$$

这里 $x_i \in R^q, y_i \in R, h(\cdot,\cdot)$ 是已知的函数, β 是需要估计的未知的参数向量, σ^2 是散度参数, 通常被看成冗余参数, $v(\cdot)$ 是方差函数, 它可能是已知的, 也可能是未知的.

如果方差函数 $v(\cdot)$ 是已知的, 跟 McCullagh 和 Nelder (1989), Wedderburn (1974), Xia 等 (2008, 2010) 一样, 对数拟似然定义为

$$\sum_{i=1}^{n} \int_{y_i}^{\mu_i} \frac{y_i - t}{\sigma^2 v(t)} \mathrm{d}t, \quad \mu_i = h(x_i, \beta) \triangleq \mu_i(\beta). \tag{5.3.3}$$

当 $v(\cdot)$ 是未知的, 我们用适当选取的已知函数 $\Lambda(\cdot)$ 来取代 (5.3.3) 中 $v(\cdot)$, 这里 $\Lambda(\cdot)$ 称为 “工作” 方差函数 (Liang and Zeger, 1986; Zeger and Liang, 1986; Fahrmeir, 1990; Xia et al., 2014), 这样对数拟似然变成

$$Q(\beta; Y) = \sum_{i=1}^{n} \int_{y_i}^{\mu_i} \frac{y_i - t}{\sigma^2 \Lambda(t)} \mathrm{d}t, \quad \mu_i = h(x_i, \beta) \triangleq \mu_i(\beta). \tag{5.3.4}$$

那么由 (5.3.1) 和 (5.3.4) 所定义的模型就称为方差未知的自适应拟似然非线性模型. 从 (5.3.4) 易见拟似然方程为

$$\sum_{i=1}^{n}\frac{\partial\mu_i(\beta)}{\partial\beta}(\Lambda(\mu_i(\beta)))^{-1}(y_i-\mu_i(\beta))=0,\quad \mu_i(\beta)=h(x_i,\beta). \tag{5.3.5}$$

显然, 方差未知的自适应拟似然非线性模型包括一些重要的特殊情形. 例如, 如果 $\mu_i(\beta)=x_i^{\mathrm T}\beta$ 且 $\Lambda=1$, 它变成线性随机回归模型 (Nelson, 1980; Lai and Wei, 1982; Wei, 1985); 如果 $\mu_i(\beta)=h(x_i^{\mathrm T}\beta)$, $\Lambda(\cdot)=v(\cdot)$, 且 y_i 抽于单参数指数族分布, 带有密度函数

$$\exp\{\theta_iy_i-b(\theta_i)\}\mathrm d\gamma(y_i),\quad i=1,\cdots,n,$$

这里 $b(\cdot)$ 是已知函数, $\gamma(\cdot)$ 是某个测度, 那么 (5.3.5) 可被写为

$$\sum_{i=1}^{n}x_i\frac{\partial h(\eta)}{\partial\eta}\bigg|_{\eta=x_i^{\mathrm T}\beta}(b''(\theta_i))^{-1}(y_i-\mu_i(\beta))=0,\quad \mu_i(\beta)=h(x_i^{\mathrm T}\beta). \tag{5.3.6}$$

方程 (5.3.6) 正是自适应设计的广义线性模型的似然方程 (Chang, 1999, 2001). 因此, 方差未知的自适应拟似然非线性模型是线性随机回归模型和自适应设计的广义线性模型的扩展. 方程 (5.3.5) 的根, 用 $\hat\beta_n$ 表示, 称为 β_0 的极大拟似然估计 (MQLE) (这里及后面用 β_0 表示参数 β 的真值).

在过去的 40 年里, 许多学者关心自适应回归模型中回归参数估计的强相合性. 例如: 记 $e_i=y_i-E(y_i|\mathcal F_{i-1})=y_i-h(x_i,\beta_0)$, 当系统是线性的, Lai 和 Wei (1982) 在条件 $\sup\limits_{i\geqslant1}E(|e_i|^\alpha|\mathcal F_{i-1})<\infty$, a.s.(对某个 $\alpha>2$) 下获得了随机回归模型中最小二乘估计的强相合性及收敛速度. Ding 和 Chen (2006) 在一些适当的正则条件下, 证明了带随机回归的广义线性模型的极大似然估计的强相合性. 对于带典则联系函数的广义线性模型, 在类似于 Lai 和 Wei (1982) 的条件下, Chen 等 (1999) 对于自适应设计和固定设计模型证明了极大拟似然估计的强相合性. 对于更一般的联系函数和自适应的广义线性模型, Chang (1999) 在条件 $\lambda_{\min}\left(\sum\limits_{i=1}^{n}x_ix_i^{\mathrm T}\right)>cn^\alpha$ a.s. (对于某个 $\alpha\in(1/2,1]$) 及其他的正则条件下, 应用 "最后时" 的方法, 获得了极大拟似然估计的强相合性及收敛速度. 本节介绍方差未知的自适应拟似然非线性模型中的未知参数的极大拟似然估计强相合性, 并给出了收敛速度. 5.3.2 节引进了一些条件和引理, 在 5.3.3 节, 我们在 5.3.2 节所给的条件下, 证明了方差未知的自适应拟似然非线性模型中极大拟似然估计强相合性, 并给出了收敛速度.

5.3.2 条件和引理

在列出假设之前, 我们先引进一些记号. 令 $\lambda_{\min}(A)$ $(\lambda_{\max}(A))$ 表示对称矩阵

A 的最小 (最大) 特征根; 对任何矩阵 $B=(b_{ij})\in R^{p\times q}$, 令

$$||B||=\left(\sum_{i=1}^{p}\sum_{j=1}^{q}|b_{ij}|^2\right)^{1/2}=(\mathrm{tr}(B^{\mathrm{T}}B))^{1/2};$$

令 $A_{(i.j)}$ 表示矩阵 A 在 (i,j) 处的元素; 令 $\lambda_{\min}(n)$ $(\lambda_{\max}(n))$ 表示矩阵 $\sum\limits_{i=1}^{n}\frac{\partial\mu_i}{\partial\beta}\frac{\partial\mu_i}{\partial\beta^{\mathrm{T}}}$ 的最小 (最大) 特征根; 令 c 表示绝对正的常数, 在它每次出现的时候, 可以取不同的值, 即使在同一个表达式中; 对于 $\beta_0\in\mathcal{B}$ 和一个给定的 $\delta>0$, β_0 带有半径 δ 的邻域用 $N(\delta)=\{\beta:||\beta-\beta_0||<\delta\}$ 表示.

为了记号的简化, 在 $S_n(\beta_0),E_{\beta_0},P_{\beta_0}$ 等中, 我们常常省去 β_0, 简记为 S_n,E,P 等. 由于方差未知的自适应拟似然非线性模型中的兴趣参数是 β 并且 β 和 σ^2 的极大拟似然估计可以分别进行, 为了简化, 我们可以令 $\sigma^2=1$.

为了对 β 作推断, 我们假设下面的条件成立.

假设 (i) $\mathcal{X}$ 是 R^q 中的紧子集, $\mathcal{B}$ 是 R^p 中的开子集; β_0 是 $\mathcal{B}$ 中的内点.

(ii) $h(x,\beta)$, 作为 β 的函数, 是三阶可导的; 函数 $h(x,\beta)$ 以及它的所有导数在 $\mathcal{X}\times\mathcal{B}$ 上都是连续的.

(iii) $\lambda_{\min}(n)\to\infty$, a.s., 且存在某个 $\alpha>0$ 使得

$$\lim_{n\to\infty}[(\lambda_{\max}(n)\log\lambda_{\max}(n))^{1/2}(\log\log\lambda_{\max}(n))^{1/2+\alpha}]/\lambda_{\min}(n)=0,\ \text{a.s.}.$$

(iv) $\mu_i=E(y_i|\mathcal{F}_{i-1})=h(x_i,\beta_0)$ $(i=1,2,\cdots)$ a.s., $e_i=y_i-\mu_i=y_i-h(x_i,\beta_0)$ 且 $\sup\limits_{i\geqslant1}E\{|e_i|^2|\mathcal{F}_{i-1}\}<\infty$, a.s..

(v) 存在 R 的一个子集 T, 使得对任意 $t\in T,\Lambda(t)>0$ 且 $\Lambda(t)$ 是连续可微的; 存在 β_0 的某个紧邻域 $N\subset\mathcal{B}$ 使得

$$\sup_{i\geqslant1}\left\|\frac{\partial\mu_i(\beta)}{\partial\beta}\right\|<\infty,\ \text{a.s.},$$

$$0<\inf_{\beta\in N,\ i\geqslant1}\Lambda(\mu_i(\beta))\leqslant\sup_{\beta\in N,\ i\geqslant1}\Lambda(\mu_i(\beta))<\infty,\ \text{a.s.},$$

及

$$\left|\frac{\partial^2\mu_i(\beta)}{\partial\beta_j\partial\beta_k}\right|\leqslant c\sup_{\beta\in N}\left(\frac{\partial^2\mu_i(\beta)}{\partial\beta_j\partial\beta_k}\right)^2,\ \text{a.s.}$$

对所有 j,k 及 $\beta\in N$, 这里 $c>0$ 是独立于 n 的.

(vi) 当 $n\to\infty$, 对于 β, $\sum\limits_{i=1}^{n}\frac{\partial\mu_i(\beta)}{\partial\beta}\frac{\partial\mu_i(\beta)}{\partial\beta^{\mathrm{T}}}\left(\sum\limits_{i=1}^{n}\frac{\partial\mu_i}{\partial\beta}\frac{\partial\mu_i}{\partial\beta^{\mathrm{T}}}\right)^{-1}$ a.s. 一致收敛于幂等矩阵并且 $||\beta-\beta_0||\to0$.

(vii) 存在某个 $\delta > 0$ 使得

$$\limsup_{n\to\infty} \frac{1}{\lambda_{\min}(n)} \sum_{i=1}^{n} \sup_{\beta\in N(\delta)} \left(\frac{\partial^2 \mu_i(\beta)}{\partial\beta_j\partial\beta_k}\right)^2 < \infty, \text{ a.s.}$$

对所有 j, k.

注 5.3.1 假设 (i) 和 (ii) 在非线性模型中是非常普通的 (Wei, 1998; Xia et al., 2008, 2010). 假设 (iii) 和 (iv) 分别类似于 Chang (1999) 的 $(A.3)$ 和 $(A.1)$. $\mathcal{X}\times N$ 的紧性假设保证了假设 (v). 假设 (vi) 和 (vii) 是各自类似于 Wu (1981) 的假设 B(iii), (iv). 显然, 在线性回归模型的场合, 即 $\mu_i = x_i^{\mathrm{T}}\beta$ 时, 假设 (vii) 成立.

为了证明 5.3 节中的主要结果, 我们需要下面的引理.

引理 5.3.1 (Hall 和 Heyde, 1980, 定理 2.18) 令 $\left\{\sum_{i=1}^{n} X_i, \mathcal{F}_n, n\geqslant 1\right\}$ 是鞅并且 $\{U_n, n\geqslant 1\}$ 是正随机变量的非降序列, 使得对每个 n, U_n 是 $\mathcal{F}_{n-1}$-可测的. 如果 $1\leqslant p\leqslant 2$, 那么当 n 趋向无穷时,

$$\sum_{i=1}^{n} U_i^{-1} X_i \tag{5.3.7}$$

在集合 $\left\{\sum_{i=1}^{n} U_i^{-1} E(|X_i|^p|\mathcal{F}_{i-1}) < \infty\right\}$ 上 a.s. 收敛到某个有限随机变量, 并且在集合 $\left\{\lim_{n\to\infty} U_n = \infty, \sum_{i=1}^{n} U_i^{-p} E(|X_i|^p|\mathcal{F}_{i-1}) < \infty\right\}$ 上,

$$\lim_{n\to\infty} \sum_{i=1}^{n} X_i/U_i = 0, \text{ a.s..} \tag{5.3.8}$$

引理 5.3.2 (Yin et al., 2008, 引理 3.3) 令 $\{X_n, \mathcal{F}_n, n\geqslant 1\}$ 是鞅差. 定义 $v_i = E(X_i^2|\mathcal{F}_{i-1})$ 及 $V_n = \sum_{i=1}^{n} v_i$, 那么当 n 趋向无穷时,

$$\sum_{i=1}^{n} X_i \tag{5.3.9}$$

在集合 $\left\{\lim_{n\to\infty} V_n < \infty\right\}$ 上, 对任何 $\alpha > 0$, a.s. 收敛到某个有限随机变量. 在集合 $\left\{\lim_{n\to\infty} V_n = \infty\right\}$ 上,

$$\lim_{n\to\infty} \sum_{i=1}^{n} X_i/[(V_n \log V_n)^{1/2} (\log\log V_n)^{1/2+\alpha}] = 0, \text{ a.s..} \tag{5.3.10}$$

引理 5.3.3 (Chen et al., 1999) 令 H 是从 R^p 到 R^p 的光滑映射, 带有 $H(x_0) = y_0$. 定义 $B_\delta(x_0) = \{x \in R^p : ||x - x_0|| \leqslant \delta\}$ 及 $S_\delta(x_0) = \partial B_\delta(x_0) = \{x \in R^p : ||x - x_0|| = \delta\}$. 那么, $\inf\limits_{x\in S_\delta(x_0)} ||H(x) - y_0|| \geqslant r$ 可以推得:

(i) $B_r(y_0) = \{y \in R^p, ||y - y_0|| \leqslant r\} \subseteq H(B_\delta(x_0))$;

(ii) $H^{-1}(B_r(y_0)) \subseteq B_{\delta(x_0)}$.

5.3.3 主要结果

定理 5.3.1 假定假设 (i)—(vii) 满足, 那么, 当 $n \to \infty$ 时,

(i) $\hat{\beta}_n \to \beta_0$, a.s.;

(ii) $||\hat{\beta}_n - \beta_0|| = o([(\lambda_{\max}(n)\log\lambda_{\max}(n))^{1/2}(\log\log\lambda_{\max}(n))^{1/2+\alpha}]/\lambda_{\min}(n))$, a.s..

$$(5.3.11)$$

注 5.3.2 从实用的场合看, 一个重要的场合是: $\lambda_{\max}^{-1}(n) = O(n^{-1})$. 对于这个场合, (5.3.11) 有形式 $||\hat{\beta}_n - \beta_0|| = o(n^{-1/2}(\log n)^{1/2}(\log\log n)^{1/2+\alpha})$, a.s..

证明 从 (5.3.4) 可见, 拟得分函数和拟观测信息矩阵各自可表示为

$$S_n(\beta) \triangleq \frac{\partial Q(\beta;Y)}{\partial\beta} = \sum_{i=1}^n \frac{\partial\mu_i(\beta)}{\partial\beta}\Lambda^{-1}(\mu_i(\beta))(y_i - \mu_i(\beta)), \tag{5.3.12}$$

$$\begin{aligned}
H_n(\beta) &\triangleq -\frac{\partial^2 Q(\beta;Y)}{\partial\beta\partial\beta^{\mathrm{T}}} \\
&= \sum_{i=1}^n \frac{\partial\mu_i(\beta)}{\partial\beta}\Lambda^{-1}(\mu_i(\beta))\frac{\partial\mu_i(\beta)}{\partial\beta^{\mathrm{T}}} \\
&\quad - \sum_{i=1}^n \frac{\partial\mu_i(\beta)}{\partial\beta}\left(-\frac{\Lambda'(\mu_i(\beta))}{\Lambda^2(\mu_i(\beta))}\right)\frac{\partial\mu_i(\beta)}{\partial\beta^{\mathrm{T}}}(y_i - \mu_i(\beta)) \\
&\quad - \sum_{i=1}^n \frac{\partial^2\mu_i(\beta)}{\partial\beta\partial\beta^{\mathrm{T}}}\Lambda^{-1}(\mu_i(\beta))(y_i - \mu_i(\beta)).
\end{aligned} \tag{5.3.13}$$

令 $\rho_n = [(\lambda_{\max}(n)\log\lambda_{\max}(n))^{1/2}(\log\log\lambda_{\max}(n))^{1/2+\alpha}]/\lambda_{\min}(n)$ $(n \geqslant 1)$. 令 $N(\rho_n) = \{\beta : ||\beta - \beta_0|| \leqslant \rho_n\}$, $\partial N(\rho_n) = \{\beta : ||\beta - \beta_0|| = \rho_n\}$. 从假设 (iii), 我们知道邻域 $N(\rho_n)$ a.s. 收缩到 β_0.

我们首先证明: 存在常数 $c_0 > 0$ 和独立于 n 的 $\delta_0 > 0$, 使得当 n 充分大时, 对于 $\beta \in N(\delta_0)$ 及任何满足 $||\lambda|| = 1$ 的 $p \times 1$ 向量 λ, 有

$$\lambda^{\mathrm{T}} H_n(\beta)\lambda \geqslant c_0\lambda_{\min}(n), \text{ a.s.}. \tag{5.3.14}$$

为了证明等式 (5.3.14), 令 $K_n(\beta) = \sum\limits_{i=1}^n \dfrac{\partial\mu_i(\beta)}{\partial\beta}\dfrac{\partial\mu_i(\beta)}{\partial\beta^{\mathrm{T}}}$. 通过直接的计算和分解, 我们得到

$$K_n^{-1/2}H_n(\beta)K_n^{-1/2}$$

$$
\begin{aligned}
&= A_n(\beta) - [B_{1n}(\beta) + B_{2n}(\beta) + B_{3n}(\beta)] \\
&\quad - [C_{1n}(\beta) + C_{2n}(\beta) + C_{3n}(\beta)],
\end{aligned} \tag{5.3.15}
$$

这里

$$
\begin{aligned}
A_n(\beta) &= \sum_{i=1}^{n} K_n^{-1/2} \frac{\partial \mu_i(\beta)}{\partial \beta} \Lambda^{-1}(\mu_i(\beta)) \frac{\partial \mu_i(\beta)}{\partial \beta^{\mathrm{T}}} K_n^{-1/2}, \\
B_{1n}(\beta) &= K_n^{-1/2} \frac{\partial \mu_i(\beta)}{\partial \beta} \left(-\frac{\Lambda'(\mu_i)}{\Lambda^2(\mu_i)} \right) \frac{\partial \mu_i(\beta)}{\partial \beta^{\mathrm{T}}} e_i K_n^{-1/2}, \\
B_{2n}(\beta) &= K_n^{-1/2} \frac{\partial \mu_i(\beta)}{\partial \beta} \left(-\frac{\Lambda'(\mu_i(\beta))}{\Lambda^2(\mu_i(\beta))} + \frac{\Lambda'(\mu_i)}{\Lambda^2(\mu_i)} \right) \frac{\partial \mu_i(\beta)}{\partial \beta^{\mathrm{T}}} e_i K_n^{-1/2}, \\
B_{3n}(\beta) &= K_n^{-1/2} \frac{\partial \mu_i(\beta)}{\partial \beta} \left(-\frac{\Lambda'(\mu_i(\beta))}{\Lambda^2(\mu_i(\beta))} \right) \frac{\partial \mu_i(\beta)}{\partial \beta^{\mathrm{T}}} (\mu_i - \mu_i(\beta)) K_n^{-1/2}, \\
C_{1n}(\beta) &= K_n^{-1/2} \sum_{i=1}^{n} \frac{\partial^2 \mu_i(\beta)}{\partial \beta \partial \beta^{\mathrm{T}}} \Lambda^{-1}(\mu_i) e_i K_n^{-1/2}, \\
C_{2n}(\beta) &= K_n^{-1/2} \sum_{i=1}^{n} \frac{\partial^2 \mu_i(\beta)}{\partial \beta \partial \beta^{\mathrm{T}}} [\Lambda^{-1}(\mu_i(\beta)) - \Lambda^{-1}(\mu_i)] e_i K_n^{-1/2}, \\
C_{3n}(\beta) &= K_n^{-1/2} \sum_{i=1}^{n} \frac{\partial^2 \mu_i(\beta)}{\partial \beta \partial \beta^{\mathrm{T}}} \Lambda^{-1}(\mu_i(\beta)) (\mu_i - \mu_i(\beta)) K_n^{-1/2}.
\end{aligned}
$$

根据假设 (v), 存在某个常数 $c_0 > 0$ 使得对于任何满足 $\lambda^{\mathrm{T}}\lambda = 1$ 的 $p \times 1$ 向量 λ, 当 n 充分大时,

$$
\begin{aligned}
&\inf_{\beta \in N} \lambda^{\mathrm{T}} A_n(\beta) \lambda \\
\geqslant &\inf_{i \geqslant 1, \beta \in N} \Lambda^{-1}(\mu_i(\beta)) \lambda^{\mathrm{T}} \sum_{i=1}^{n} K_n^{-1/2} \frac{\partial \mu_i(\beta)}{\partial \beta} \frac{\partial \mu_i(\beta)}{\partial \beta^{\mathrm{T}}} K_n^{-1/2} \lambda \\
\geqslant &2c_0 \lambda_{\min} \left(\left(\sum_{i=1}^{n} \frac{\partial \mu_i}{\partial \beta} \frac{\partial \mu_i}{\partial \beta^{\mathrm{T}}} \right)^{-1/2} \sum_{i=1}^{n} \frac{\partial \mu_i(\beta)}{\partial \beta} \frac{\partial \mu_i(\beta)}{\partial \beta^{\mathrm{T}}} \left(\sum_{i=1}^{n} \frac{\partial \mu_i}{\partial \beta} \frac{\partial \mu_i}{\partial \beta^{\mathrm{T}}} \right)^{-1/2} \right) \\
&\cdot \lambda^{\mathrm{T}} K_n^{-1/2} \left(\sum_{i=1}^{n} \frac{\partial \mu_i}{\partial \beta} \frac{\partial \mu_i}{\partial \beta^{\mathrm{T}}} \right) K_n^{-1/2} \lambda \\
\geqslant &2c_0, \ \text{a.s.}.
\end{aligned} \tag{5.3.16}
$$

令 λ_s 是一个 $p \times 1$ 向量, 带有第 s 个元素是 1, 其余元素是零. 根据假设 (iii)—(v), 存在某个常数 $c > 0$ 使得

$$
\sup_{i \geqslant 1} \left\{ \left\| \lambda_s^{\mathrm{T}} \frac{\partial \mu_i(\beta)}{\partial \beta} \right\|^2 \left(-\frac{\Lambda'(\mu_i)}{\Lambda^2(\mu_i)} \right)^2 E(e_i^2 | \mathcal{F}_{i-1}) \right\} \leqslant c, \ \text{a.s.}. \tag{5.3.17}
$$

因此, 当 n 充分大时, 对于任何 $1 \leqslant s,t \leqslant p$,

$$
\begin{aligned}
&\sum_{i=1}^{n} E\left\{\left(\lambda_s^{\mathrm{T}}\frac{\partial\mu_i(\beta)}{\partial\beta}\left(-\frac{\Lambda'(\mu_i)}{\Lambda^2(\mu_i)}\right)\frac{\partial\mu_i(\beta)}{\partial\beta^{\mathrm{T}}}e_i\lambda_t\right)^2 \middle| \mathcal{F}_{i-1}\right\}\\
\leqslant &\sup_{i\geqslant 1}\left\{\left\|\lambda_s^{\mathrm{T}}\frac{\partial\mu_i(\beta)}{\partial\beta}\right\|^2\left(-\frac{\Lambda'(\mu_i)}{\Lambda^2(\mu_i)}\right)^2 E(e_i^2|\mathcal{F}_{i-1})\right\}\sum_{i=1}^{n}\left\|\lambda_t^{\mathrm{T}}\frac{\partial\mu_i(\beta)}{\partial\beta}\right\|^2\\
\leqslant &c\sum_{i=1}^{n}\lambda_t^{\mathrm{T}}\frac{\partial\mu_i(\beta)}{\partial\beta}\frac{\partial\mu_i(\beta)}{\partial\beta^{\mathrm{T}}}\lambda_t\\
\leqslant &c\lambda_{\max}\left[\sum_{i=1}^{n}\frac{\partial\mu_i(\beta)}{\partial\beta}\frac{\partial\mu_i(\beta)}{\partial\beta^{\mathrm{T}}}\left(\sum_{i=1}^{n}\frac{\partial\mu_i}{\partial\beta}\frac{\partial\mu_i}{\partial\beta^{\mathrm{T}}}\right)^{-1}\right]\lambda_{\max}\left(\sum_{i=1}^{n}\frac{\partial\mu_i}{\partial\beta}\frac{\partial\mu_i}{\partial\beta^{\mathrm{T}}}\right)\\
\leqslant &c\lambda_{\max}(n),\ \text{a.s.}.
\end{aligned}
\tag{5.3.18}
$$

从 (5.3.18), 引理 5.3.2, 假设 (iii), 我们有

$$
\frac{\left(\lambda_s^{\mathrm{T}}\sum_{i=1}^{n}\frac{\partial\mu_i(\beta)}{\partial\beta}\left(-\frac{\Lambda'(\mu_i)}{\Lambda^2(\mu_i)}\right)\frac{\partial\mu_i(\beta)}{\partial\beta^{\mathrm{T}}}e_i\lambda_t\right)}{[(\lambda_{\max}(n)\log\lambda_{\max}(n))^{1/2}(\log\log\lambda_{\max}(n))^{1/2+\alpha}]}\to 0,\ \text{a.s.},
\tag{5.3.19}
$$

这可以推出

$$
\frac{\left\|\sum_{i=1}^{n}\frac{\partial\mu_i(\beta)}{\partial\beta}\left(-\frac{\Lambda'(\mu_i)}{\Lambda^2(\mu_i)}\right)\frac{\partial\mu_i(\beta)}{\partial\beta^{\mathrm{T}}}e_i\right\|}{[(\lambda_{\max}(n)\log\lambda_{\max}(n))^{1/2}(\log\log\lambda_{\max}(n))^{1/2+\alpha}]}\to 0,\ \text{a.s.}.
\tag{5.3.20}
$$

因此, 当 n 充分大时, 对任何长度为 1 的 $p\times 1$ 向量 λ,

$$
\begin{aligned}
\lambda^{\mathrm{T}}B_{1n}(\beta)\lambda \leqslant &\lambda^{\mathrm{T}}K_n^{-1/2}\sum_{i=1}^{n}\frac{\partial\mu_i(\beta)}{\partial\beta}\left(-\frac{\Lambda'(\mu_i)}{\Lambda^2(\mu_i)}\right)\frac{\partial\mu_i(\beta)}{\partial\beta^{\mathrm{T}}}e_iK_n^{-1/2}\lambda\\
= &\left\|\sum_{i=1}^{n}\frac{\partial\mu_i(\beta)}{\partial\beta}\left(-\frac{\Lambda'(\mu_i)}{\Lambda^2(\mu_i)}\right)\frac{\partial\mu_i(\beta)}{\partial\beta^{\mathrm{T}}}e_i\right\|\lambda^{\mathrm{T}}K_n^{-1/2}K_n^{-1/2}\lambda\\
\leqslant &\left\|\sum_{i=1}^{n}\frac{\partial\mu_i(\beta)}{\partial\beta}\left(-\frac{\Lambda'(\mu_i)}{\Lambda^2(\mu_i)}\right)\frac{\partial\mu_i(\beta)}{\partial\beta^{\mathrm{T}}}e_i\right\|/\lambda_{\min}(n)\\
\leqslant &\frac{c_0}{6},\ \text{a.s.}.
\end{aligned}
\tag{5.3.21}
$$

从 (5.3.20) 和假设 (v), 我们有

$$
\left\|\sum_{i=1}^{n}\frac{\partial\mu_i(\beta)}{\partial\beta}\frac{\partial\mu_i(\beta)}{\partial\beta^{\mathrm{T}}}e_i\right\|\Big/[(\lambda_{\max}(n)\log\lambda_{\max}(n))^{1/2}(\log\log\lambda_{\max}(n))^{1/2+\alpha}]
$$

$$\leqslant \sup_{i\geqslant 1}\left|\frac{\Lambda^2(\mu_i)}{\Lambda'(\mu_i)}\right| \frac{\left\|\sum_{i=1}^{n}\frac{\partial\mu_i(\beta)}{\partial\beta}\left(-\frac{\Lambda'(\mu_i)}{\Lambda^2(\mu_i)}\right)\frac{\partial\mu_i(\beta)}{\partial\beta^{\mathrm{T}}}e_i\right\|}{[(\lambda_{\max}(n)\log\lambda_{\max}(n))^{1/2}(\log\log\lambda_{\max}(n))^{1/2+\alpha}]} \to 0, \text{ a.s.}. \tag{5.3.22}$$

因此, 当 n 充分大时,

$$\begin{aligned}\lambda^{\mathrm{T}}B_{2n}(\beta)\lambda =&\lambda^{\mathrm{T}}K_n^{-1/2}\sum_{i=1}^{n}\frac{\partial\mu_i(\beta)}{\partial\beta}\left(-\frac{\Lambda'(\mu_i(\beta))}{\Lambda^2(\mu_i(\beta))}+\frac{\Lambda'(\mu_i)}{\Lambda^2(\mu_i)}\right)\frac{\partial\mu_i(\beta)}{\partial\beta^{\mathrm{T}}}e_iK_n^{-1/2}\lambda\\ &\leqslant \sup_{i\geqslant 1,\beta\in N}\left|-\frac{\Lambda'(\mu_i(\beta))}{\Lambda^2(\mu_i(\beta))}+\frac{\Lambda'(\mu_i)}{\Lambda^2(\mu_i)}\right|\left\|\sum_{i=1}^{n}\frac{\partial\mu_i(\beta)}{\partial\beta}\frac{\partial\mu_i(\beta)}{\partial\beta^{\mathrm{T}}}e_i\right\|\lambda^{\mathrm{T}}K_n^{-1}\lambda\\ &\leqslant c\left\|\sum_{i=1}^{n}\frac{\partial\mu_i(\beta)}{\partial\beta}\frac{\partial\mu_i(\beta)}{\partial\beta^{\mathrm{T}}}e_i\right\|\Big/\lambda_{\min}(n)<\frac{c_0}{6}, \text{ a.s.}.\end{aligned} \tag{5.3.23}$$

因为 $\sup_{\beta\in N,i\geqslant 1}|\mu_i-\mu_i(\beta)|$ 在 β_0 的一个邻域 N 可以任意小, 从假设 (vi) 可以推得对于大的 n,

$$\begin{aligned}&\lambda^{\mathrm{T}}B_{3n}(\beta)\lambda\\ =&\lambda^{\mathrm{T}}K_n^{-1/2}\sum_{i=1}^{n}\frac{\partial\mu_i(\beta)}{\partial\beta}\left(-\frac{\Lambda'(\mu_i(\beta))}{\Lambda^2(\mu_i(\beta))}\right)\frac{\partial\mu_i(\beta)}{\partial\beta^{\mathrm{T}}}(\mu_i-\mu_i(\beta))K_n^{-1/2}\lambda\\ \leqslant&\sup_{\beta\in N,i\geqslant 1}\left|-\frac{\Lambda'(\mu_i(\beta))}{\Lambda^2(\mu_i(\beta))}(\mu_i-\mu_i(\beta))\right|\lambda^{\mathrm{T}}K_n^{-1/2}\sum_{i=1}^{n}\frac{\partial\mu_i(\beta)}{\partial\beta}\frac{\partial\mu_i(\beta)}{\partial\beta^{\mathrm{T}}}K_n^{-1/2}\lambda\\ \leqslant&c\sup_{\beta\in N,i\geqslant 1}|\mu_i-\mu_i(\beta)|\lambda^{\mathrm{T}}K_n^{-1/2}K_n(\beta)^{1/2}K_n^{1/2}(\beta)K_n^{-1/2}\lambda\\ <&\frac{c_0}{6}, \text{ a.s. 对所有的 } \beta\in N(\rho_n).\end{aligned} \tag{5.3.24}$$

根据假设 (iii)—(v), 存在某个常数 $c>0$ 使得

$$\sup_{i\geqslant 1}\{(\Lambda^{-1}(\mu_i(\beta)))^2E(e_i^2|\mathcal{F}_{i-1})\}\leqslant c, \text{ a.s.}.$$

因此, 从假设 (vii) 可以推得对任何 $1\leqslant s,t\leqslant p$,

$$\begin{aligned}&\sum_{i=1}^{n}E\left\{\left(\lambda_s^{\mathrm{T}}\frac{\partial^2\mu_i(\beta)}{\partial\beta\partial\beta^{\mathrm{T}}}\Lambda^{-1}(\mu_i(\beta))e_i\lambda_t\right)^2|\mathcal{F}_{i-1}\right\}\\ \leqslant&\sup_{i\geqslant 1}\{(\Lambda^{-1}(\mu_i(\beta)))^2E(e_i^2|\mathcal{F}_{i-1})\}\sum_{i=1}^{n}\left(\lambda_s^{\mathrm{T}}\frac{\partial^2\mu_i(\beta)}{\partial\beta\partial\beta^{\mathrm{T}}}\lambda_t\right)^2\\ \leqslant&c\sum_{i=1}^{n}\sup_{\beta\in N(\delta)}\left(\frac{\partial^2\mu_i(\beta)}{\partial\beta_s\partial\beta_t}\right)^2\leqslant c\lambda_{\max}(n), \text{ a.s.}.\end{aligned} \tag{5.3.25}$$

从 (5.3.25), 引理 5.3.2, 假设 (iii), 我们有

$$\frac{\left(\lambda_s^{\mathrm{T}}\sum_{i=1}^{n}\frac{\partial^2\mu_i(\beta)}{\partial\beta\partial\beta^{\mathrm{T}}}\Lambda^{-1}(\mu_i(\beta))e_i\lambda_t\right)}{[(\lambda_{\max}(n)\log\lambda_{\max}(n))^{1/2}(\log\log\lambda_{\max}(n))^{1/2+\alpha}]}\to 0,\ \text{a.s.},\tag{5.3.26}$$

这可以推得

$$\frac{\left\|\sum_{i=1}^{n}\frac{\partial^2\mu_i(\beta)}{\partial\beta\partial\beta^{\mathrm{T}}}\Lambda^{-1}(\mu_i(\beta))e_i\right\|}{[(\lambda_{\max}(n)\log\lambda_{\max}(n))^{1/2}(\log\log\lambda_{\max}(n))^{1/2+\alpha}]}\to 0,\ \text{a.s.}.\tag{5.3.27}$$

因此, 当 n 充分大时,

$$\begin{aligned}
&\lambda^{\mathrm{T}}C_{1n}(\beta)\lambda\\
=&\lambda^{\mathrm{T}}K_n^{-1/2}\sum_{i=1}^{n}\frac{\partial^2\mu_i(\beta)}{\partial\beta\partial\beta^{\mathrm{T}}}\Lambda^{-1}(\mu_i)e_iK_n^{-1/2}\lambda\\
\leqslant&\left\|\sum_{i=1}^{n}\frac{\partial^2\mu_i(\beta)}{\partial\beta\partial\beta^{\mathrm{T}}}\Lambda^{-1}(\mu_i(\beta))e_i\right\|\lambda^{\mathrm{T}}K_n^{-1/2}K_n^{-1/2}\lambda\\
\leqslant&\left\|\sum_{i=1}^{n}\frac{\partial^2\mu_i(\beta)}{\partial\beta\partial\beta^{\mathrm{T}}}\Lambda^{-1}(\mu_i(\beta))e_i\right\|/\lambda_{\min}(n)\\
\leqslant&\frac{c_0}{6},\ \text{a.s.}.
\end{aligned}\tag{5.3.28}$$

从 (5.3.27), 我们有

$$\begin{aligned}
&\left\|\sum_{i=1}^{n}\frac{\partial^2\mu_i(\beta)}{\partial\beta\partial\beta^{\mathrm{T}}}e_i\right\|\Big/[(\lambda_{\max}(n)\log\lambda_{\max}(n))^{1/2}(\log\log\lambda_{\max}(n))^{1/2+\alpha}]\\
\leqslant&\sup_{\beta\in N,i\geqslant 1}\Lambda(\mu_i(\beta))\frac{\left\|\sum_{i=1}^{n}\frac{\partial^2\mu_i(\beta)}{\partial\beta\partial\beta^{\mathrm{T}}}\Lambda^{-1}(\mu_i(\beta))e_i\right\|}{[(\lambda_{\max}(n)\log\lambda_{\max}(n))^{1/2}(\log\log\lambda_{\max}(n))^{1/2+\alpha}]}\to 0,\ \text{a.s.}.
\end{aligned}\tag{5.3.29}$$

因此, 当 n 充分大时,

$$\begin{aligned}
&\lambda^{\mathrm{T}}C_{2n}(\beta)\lambda\\
=&\lambda^{\mathrm{T}}K_n^{-1/2}\sum_{i=1}^{n}\frac{\partial^2\mu_i(\beta)}{\partial\beta\partial\beta^{\mathrm{T}}}[\Lambda^{-1}(\mu_i(\beta))-\Lambda^{-1}(\mu_i)]e_iK_n^{-1/2}\lambda\\
\leqslant&\sup_{i\geqslant 1,\beta\in N}[\Lambda^{-1}(\mu_i(\beta))-\Lambda^{-1}(\mu_i)]\lambda^{\mathrm{T}}K_n^{-1/2}\sum_{i=1}^{n}\frac{\partial^2\mu_i(\beta)}{\partial\beta\partial\beta^{\mathrm{T}}}e_iK_n^{-1/2}\lambda
\end{aligned}$$

$$
\begin{aligned}
&\leqslant \sup_{i\geqslant 1,\beta\in N}[\Lambda^{-1}(\mu_i(\beta))-\Lambda^{-1}(\mu_i)]\left\|\sum_{i=1}^n \frac{\partial^2\mu_i(\beta)}{\partial\beta\partial\beta^{\mathrm{T}}}e_i\right\|/\lambda_{\min}(n))\\
&\leqslant \frac{c_0}{6}, \text{ a.s..}
\end{aligned}
\tag{5.3.30}
$$

从假设 (v) 和 (vii), 对于所有 j,k 和 $\beta\in N$, 我们有

$$
\frac{1}{\lambda_{\min}(n)}\sum_{i=1}^n\left|\frac{\partial^2\mu_i(\beta)}{\partial\beta_j\partial\beta_k}\right|\leqslant c\frac{1}{\lambda_{\min}(n)}\sum_{i=1}^n\sup_{\beta\in N}\left(\frac{\partial^2\mu_i(\beta)}{\partial\beta_j\partial\beta_k}\right)^2, \text{ a.s.,}
$$

这可以推得 $\left\|\frac{1}{\lambda_{\min}(n)}\sum_{i=1}^n\frac{\partial^2\mu_i(\beta)}{\partial\beta\partial\beta^{\mathrm{T}}}\right\|$ 对于所有 $\beta\in N$ 是几乎处处有界的. 因为 $\sup\limits_{\beta\in N,i\geqslant 1}|\mu_i-\mu_i(\beta)|$ 在 β_0 的邻域 N 可以任意小, 可以推得对充分大的 n,

$$
\begin{aligned}
&\lambda^{\mathrm{T}}C_{3n}(\beta)\lambda\\
=&\lambda^{\mathrm{T}}K_n^{-1/2}\sum_{i=1}^n\frac{\partial^2\mu_i(\beta)}{\partial\beta\partial\beta^{\mathrm{T}}}\Lambda^{-1}(\mu_i(\beta))(\mu_i(\beta_0)-\mu_i(\beta))K_n^{-1/2}\lambda\\
\leqslant&\sup_{\beta\in N,i\geqslant 1}(\mu_i(\beta_0)-\mu_i(\beta))\sup_{\beta\in N,i\geqslant 1}\Lambda^{-1}(\mu_i(\beta))\lambda^{\mathrm{T}}K_n^{-1/2}\sum_{i=1}^n\frac{\partial^2\mu_i(\beta)}{\partial\beta\partial\beta^{\mathrm{T}}}K_n^{-1/2}\lambda\\
\leqslant&c\sup_{\beta\in N,i\geqslant 1}(\mu_i(\beta_0)-\mu_i(\beta))\lambda^{\mathrm{T}}\sum_{i=1}^n\frac{\partial^2\mu_i(\beta)}{\partial\beta\partial\beta^{\mathrm{T}}}\lambda\lambda_{\max}(K_n^{-1})\\
=&c\sup_{\beta\in N,i\geqslant 1}(\mu_i(\beta_0)-\mu_i(\beta))\lambda^{\mathrm{T}}\left(\frac{1}{\lambda_{\min}(n)}\sum_{i=1}^n\frac{\partial^2\mu_i(\beta)}{\partial\beta\partial\beta^{\mathrm{T}}}\right)\lambda\\
\leqslant&\frac{c_0}{6}, \text{ a.s..}
\end{aligned}
\tag{5.3.31}
$$

从 (5.3.21), (5.3.23), (5.3.24), (5.3.28), (5.3.30) 和 (5.3.31) 可以推得存在 β_0 的充分小的邻域 $N(\delta)$, 使得当 n 充分大时, 对于任何长度为 1 的 $p\times 1$ 向量 λ,

$$
\begin{aligned}
&\lambda^{\mathrm{T}}\{B_{n1}(\beta)+B_{n2}(\beta)+B_{n3}(\beta)+C_{n1}(\beta)+C_{n2}(\beta)+C_{n3}(\beta)\}\lambda\\
\leqslant&c_0 \text{ a.s. 对所有 } \beta\in N(\delta).
\end{aligned}
\tag{5.3.32}
$$

根据 (5.3.16) 和 (5.3.32), 我们有

$$
\begin{aligned}
&\lambda^{\mathrm{T}}H_n(\beta)\lambda\\
=&\lambda^{\mathrm{T}}K_n^{1/2}\{A_n(\beta)-[B_{1n}(\beta)+B_{2n}(\beta)+B_{3n}(\beta)\\
&+C_{1n}(\beta)+C_{2n}(\beta)+C_{3n}(\beta)]\}K_n^{1/2}\lambda\\
\geqslant&c_0\lambda_{\min}(n), \text{ a.s.}
\end{aligned}
\tag{5.3.33}
$$

这样 (5.2.14) 获证.

用类似于证明 (5.3.20) 的方法, 我们有

$$||S_n(\beta_0)||/[(\lambda_{\max}(n)\log\lambda_{\max}(n))^{1/2}(\log\log\lambda_{\max}(n))^{1/2+\alpha}] \to 0, \text{ a.s.}. \tag{5.3.34}$$

根据引理 3.4.1,

$$S_n(\beta_1) - S_n(\beta_2) = -H^*(\beta_1, \beta_2)(\beta_1 - \beta_2), \tag{5.3.35}$$

这里

$$H^*(\beta_1, \beta_2) = \int_0^1 H_n(\beta_1 + t(\beta_2 - \beta_1))\mathrm{d}t.$$

根据 (5.3.14), 对任何长度为 1 的向量 λ,

$$\inf_{\beta_1, \beta_2 \in N} \lambda^{\mathrm{T}} H^*(\beta_1, \beta_2)\lambda \geqslant c_0\lambda_{\max}(n), \text{ a.s.}. \tag{5.3.36}$$

令 $\eta = \beta_1 - \beta_2$. 根据 (5.3.35),(5.3.36) 及 $||\eta||||H^*(\beta_1, \beta_2)\eta|| \geqslant |\eta^{\mathrm{T}} H^*(\beta_1, \beta_2)\eta|$, 我们有

$$S_n(\beta_1) - S_n(\beta_2) = ||H^*(\beta_1, \beta_2)\eta|| \geqslant \frac{|\eta^{\mathrm{T}} H^*(\beta_1, \beta_2)\eta|}{||\eta||^2}||\eta|| \geqslant c_0\lambda_{\min}(n)||\beta_1 - \beta_2||, \text{ a.s.}. \tag{5.3.37}$$

对任何 $\beta_1, \beta_2 \in N(\delta)$.

从 (5.3.37) 和条件 $\lambda_{\min}(n) \to \infty$ 可以推得 $S_n(\beta)$ 是一个映射. 根据 (5.3.37),

$$\begin{aligned}&\inf_{\beta \in \partial N(\rho_n)} ||S_n(\beta) - S_n||\\ \geqslant & c_0 \cdot (\lambda_{\max}(n)\log\lambda_{\max}(n))^{1/2}(\log\log\lambda_{\max}(n))^{1/2+\alpha}, \text{ a.s.}.\end{aligned} \tag{5.3.38}$$

从 (5.3.34) 和 (5.3.38), 我们有, 对充分大的 n,

$$\inf_{\beta \in \partial N(\rho_n)} ||S_n(\beta) - S_n|| \geqslant ||S_n||, \text{ a.s.}.$$

从引理 5.3.3, 可以推得存在某个 $\hat{\beta}_n \in N(\rho_n)$ 使得 $S_n(\hat{\beta}_n) = 0$. 因为当 $n \to \infty$ 时, $\rho_n \to 0$, a.s., 从而 $\hat{\beta}_n \to \beta_0$, a.s., 并且有收敛速度 (5.3.11).

定理 5.3.1 的证明完成了.

第 6 章　带随机效应的拟似然非线性模型中参数估计的渐近性质

第 3—5 章分别介绍了带固定设计的拟似然非线性模型、带随机回归的拟似然非线性模型和自适应拟似然非线性模型的参数估计的渐近性质. 本章将介绍带随机效应的拟似然非线性模型中参数估计的渐近性质. 本章的内容主要来自 Xia 等 (2018) 的文献.

6.1.1　引言

在过去的几十年里, 带随机效应的广义线性模型和广义非线性模型已得到很多的关注. 例如: Schall (1991) 讨论了带随机效应的广义线性模型的参数估计的问题, Zeger 和 Karim (1991) 给出了带随机效应的广义线性模型的 Gibbs 抽样的方法, Lin (1997) 研究了带随机效应的广义线性模型中方差分量的检验, Zhong 等 (2003) 研究了带随机效应的指数族非线性模型的影响分析. 在上面的模型中, 响应变量被假定为服从指数族分布. 然而, 在许多实际问题中响应变量不服从指数族分布, 这时, 用带随机效应的广义线性模型和带随机效应的指数族非线性模型去拟合数据, 效果就不理想. 因此, 我们提出了带随机效应的拟似然非线性模型. 在这一章中, 我们介绍带随机效应的拟似然非线性模型中固定效应的极大拟似然估计的渐近性质. 在 6.1.2 节, 我们引进了带随机效应的拟似然非线性模型; 在 6.1.3 节, 我们给出了一些正则条件和引理; 在 6.1.4 节, 我们在 6.1.3 节所给的正则条件下, 证明了带随机效应的拟似然非线性模型中固定效应的极大拟似然估计的渐近性质.

6.1.2　带随机效应的拟似然非线性模型

设 $Y=(y_1,\cdots,y_n)^{\mathrm{T}}$ 为 n 维响应变量, $b=(b_1,\cdots,b_q)^{\mathrm{T}}$ 为 q 维随机效应因子, 并假设 y_i 在 b 的条件下是独立的, 且 y_i 满足

$$\begin{cases} E(y_i|b)=\mu_i=h(x_i,\beta)+z_i^{\mathrm{T}}b, \\ \mathrm{Cov}(y_i|b)=\sigma^2 v(\mu_i), \end{cases} \tag{6.1.1}$$

这里 x_i 是 $p\times 1$ 的协变量; z_i 是 $q\times 1$ 的协变量; $\beta=(\beta_1,\cdots,\beta_r)^{\mathrm{T}}(r<n)$ 是需要估计的固定效应向量; σ^2 是散度参数, 它是已知的或是能单独估计的. 为了简化, 在这一章中, 我们假定 σ^2 是已知的, x_i, z_i, β 分别定义在 R^p 的子集 $\mathcal{X}$、R^q 的子集

$\mathcal{Z}$、R^r 的子集 $\mathcal{B}$ 上; $h(\cdot,\cdot)$ 是定义在 $(\mathcal{X},\mathcal{B})$ 上的已知的连续可微函数; $v(\cdot)$ 是已知的方差函数; 函数 $h(x,\beta)+z^{\mathrm{T}}b$ 的值域用 $\mathcal{U}$ 来表示, 它是 R 的开子集. 在这一章中, 类似于 Zhong 等 (2003) 和 Tang 等 (2006) 的做法, 我们假定 $b\sim N(0,\sigma^2\Lambda)$, 这里 Λ 是已知的正定矩阵. 跟 McCullagh 和 Nelder (1989), Xia 等 (2008, 2014, 2015, 2017) 一样, 在给定 b 下, $y=(y_1,y_2,\cdots,y_n)^{\mathrm{T}}$ 的条件对数拟似然定义为

$$Q_1(\mu(\beta);y)=\sum_{i=1}^{n}\int_{y_i}^{\mu_i}\frac{y_i-t}{\sigma^2v(t)}\mathrm{d}t,\quad \mu_i=h(x_i,\beta)+z_i^{\mathrm{T}}b,\quad i=1,2,\cdots,n,\tag{6.1.2}$$

这里 $\mu(\beta)=(\mu_1(\beta),\mu_2(\beta),\cdots,\mu_n(\beta))^{\mathrm{T}}$, $\mu_i(\beta)=\mu_i=h(x_i,\beta)+z_i^{\mathrm{T}}b$, 那么由 (6.1.1), (6.1.2) 所定义的模型称为带随机效应的拟似然非线性模型 (QLNMWRE).

显然, QLNMWRE 包括一些重要的模型. 例如, 如果 $\Lambda=0$, 它就是由 Xia 等 (2008) 所讨论的拟似然非线性模型; 如果 $\mu_i(\beta)=h(x_i^{\mathrm{T}}\beta)+z_i^{\mathrm{T}}b$, 且 y_i 是抽自单参数指数族分布, 具有密度

$$\exp\{\theta_iy_i-k(\theta_i)\}d\gamma(y_i),\quad i=1,\cdots,n,$$

这里 $\gamma(\cdot)$ 是某个测度, 它就是带随机效应的广义线性模型 (Lin, 1997; Breslow and Clayton, 1993). 因此, QLNMWRE 是拟似然非线性模型和带随机效应的广义线性模型的扩展.

6.1.3　条件和引理

假定 $p_1(b|\sigma^2)$ 是随机效应 b 的概率密度函数. 从 $b\sim N(0,\sigma^2\Lambda)$, 我们有

$$\log p_1(b|\sigma^2)=-\frac{k}{2}\log(2\pi\sigma^2)-\frac{1}{2}\log|\Lambda|-\frac{1}{2\sigma^2}b^{\mathrm{T}}\Lambda^{-1}b.\tag{6.1.3}$$

$y=(y_1,\cdots,y_n)^{\mathrm{T}}$ 的联合对数拟似然定义为

$$\begin{aligned}Q(\beta,\sigma^2;y,b)&=Q_1(\mu(\beta);y)+\log p_1(b|\sigma^2)\\&=\sum_{i=1}^{n}\int_{y_i}^{\mu_i}\frac{y_i-t}{\sigma^2v(t)}\mathrm{d}t-\frac{k}{2}\log(2\pi\sigma^2)-\frac{1}{2}\log|\Lambda|-\frac{1}{2\sigma^2}b^{\mathrm{T}}\Lambda^{-1}b.\end{aligned}\tag{6.1.4}$$

联合对数拟似然与边际对数拟似然的关系为

$$Q(\beta,\sigma^2;y,b)=Q(\beta,\sigma^2;y)+Q(\beta,\sigma^2;b|y),$$

这里 $Q(\beta,\sigma^2;y)$ 是 y 的边际对数拟似然函数, $Q(\beta,\sigma^2;b|y)$ 是给定 y 的 b 的对数拟似然函数, 即

$$Q(\beta,\sigma^2;y)=\log\int \mathrm{e}^{Q(\beta,\sigma^2;y,b)}\mathrm{d}b,\tag{6.1.5}$$

$$Q(\beta,\sigma^2;b|y)=\log\left\{\frac{\mathrm{e}^{Q(\beta,\sigma^2;y,b)}}{\int \mathrm{e}^{Q(\beta,\sigma^2;y,b)}\mathrm{d}b}\right\}. \tag{6.1.6}$$

一般而言, (6.1.5) 和 (6.1.6) 中的积分没有显示解, 需要用近似的方法. 这时 Laplace 逼近方法可被用来近似 y 的边际对数拟似然函数. 跟 Breslow 和 Clayton(1993), Wolfinger (1993) 一样, 采用 Laplace 逼近的方法可将 $Q(\beta,\sigma^2;y)\triangleq Q(\beta)$ 近似表示为

$$Q(\beta)=Q(\beta,\sigma^2;y)\approx\frac{k}{2}\log(2\pi)+A(\beta)+Q(\beta,\sigma^2;y,\tilde{b}), \tag{6.1.7}$$

这里 $A(\beta)=-\log|D^*|/2$, $D^*=E(-\partial^2Q(\beta,\sigma^2;y,b)/\partial b\partial b^{\mathrm{T}})|_{b=\tilde{b}}$, 对于固定的 β, $\tilde{b}\triangleq\tilde{b}(\beta)$ 是 $\partial Q(\beta,\sigma^2;y,b)/\partial b=0$ 的根. 由于 $A(\beta)$ 的复杂性, 基于 (6.1.7) 的右边难于对 β 作推断. 为了解决上面的难点, Breslow 和 Clatyton (1993) 提出了一个简单的方法, 就是省略 (6.1.7) 中 $A(\beta)$, 从而获得广义线性混合模型中兴趣参数的极大似然估计 (MLE). 受 Breslow 和 Clatyton (1993) 所提方法的启发, 我们假定

条件 A $\partial A(\beta)/\partial\beta=o_p(1)$, $\partial^2A(\beta)/\partial\beta\partial\beta^{\mathrm{T}}=o_p(1)$.

注 6.1.1 条件 A 在一些场合下是成立的, 例如: 假定给定 b 时响应变量 y_i 是独立地抽自 Gumbel 分布 (Gumbel,1958), 具有密度函数 $p(y;\theta|b)=\exp\{y_i-\theta_i-\exp(y_i-\theta_i)\}$; 进一步假定 $\mu_i=E(y_i|b)=h(x_i;\beta)+z_i^{\mathrm{T}}b$ $(i=1,2,\cdots,n)$, 那么根据 Gumbel(1958) 的文献, 有 $\mathrm{Var}(y_i|b)=\pi^2/6=\sigma^2v(\mu_i)$, 这里 $\sigma^2=\pi^2/6$, $v(\cdot)=1$. 通过简单的计算, 我们有 $\partial A(\beta)/\partial\beta=0$, $\partial^2A(\beta)/\partial\beta\partial\beta^{\mathrm{T}}=0$, 这样, 条件 A 成立.

在条件 A 下, 我们能够省略 (6.1.7) 中的 $A(\beta)$, 进而对参数 β 作推断. 因此, 我们将利用边际拟似然 $Q(\beta,\sigma^2;y,\tilde{b})\triangleq Q_p(\beta)$ 来研究 β 的估计. 从 (6.1.4) 可推得

$$\begin{aligned}Q_p(\beta)&=\sum_{i=1}^{n}\int_{y_i}^{\tilde{\mu}_i}\frac{y_i-t}{\sigma^2v(t)}\mathrm{d}t-\frac{k}{2}\log(2\pi\sigma^2)-\frac{1}{2}\log|\Lambda|-\frac{1}{2\sigma^2}\tilde{b}^{\mathrm{T}}\Lambda^{-1}\tilde{b}\\&=Q_1(\mu(\beta);y)|_{\mu_i=\tilde{\mu}_i}-\frac{k}{2}\log(2\pi\sigma^2)-\frac{1}{2}\log|\Lambda|-\frac{1}{2\sigma^2}\tilde{b}^{\mathrm{T}}\Lambda^{-1}\tilde{b},\end{aligned} \tag{6.1.8}$$

这里 $\tilde{\mu}_i=h(x_i,\beta)+z_i^{\mathrm{T}}\tilde{b}$, $\tilde{b}$ 是 (6.1.7) 中所定义的.

为了后面的使用, 现在引入一些记号. 令 $l(\mu(\beta);y)\triangleq l(\beta)$ 是 y 的边际对数似然, 令 $\hat{\beta}_n$ 表示 β 的极大拟似然估计 (MQLE), 它是方程 $\dot{Q}_p(\beta)=0$ 的解; 令 $e=(e_1,\cdots,e_n)^{\mathrm{T}}$, 这里 $e_i=(v(\mu_i))^{-1}(y_i-\mu_i)$ $(i=1,\cdots,n)$; 令 $\tilde{\mu}=(\tilde{\mu}_1,\cdots,\tilde{\mu}_n)^{\mathrm{T}}$, $\tilde{e}=\left.\dfrac{\partial Q_1(\mu;y)}{\partial\mu}\right|_{\mu=\tilde{\mu}}=(\tilde{e}_1,\cdots,\tilde{e}_n)^{\mathrm{T}}$, 这里 $\tilde{e}_i=\sigma^{-2}(v(\mu_i))^{-1}(y_i-\mu_i)|_{\mu_i=\tilde{\mu}_i}$ $(i=1,\cdots,n)$; 令 $D=D(\beta)=\dfrac{\partial h(X,\beta)}{\partial\beta^{\mathrm{T}}}$, $W=W(\beta)=\dfrac{\partial^2h(X,\beta)}{\partial\beta\partial\beta^{\mathrm{T}}}$, 这里 $h(X,\beta)=(h(x_1,\beta),\cdots,h(x_n,\beta))^{\mathrm{T}}$; 令 $Z=(z_1,\cdots,z_n)^{\mathrm{T}}$, $U=\dfrac{\partial^2Q_1(\mu;y)}{\partial\mu\partial\mu^{\mathrm{T}}}|_{\mu=\tilde{\mu}}$, $\Omega=U^{-1}-Z\Lambda Z^{\mathrm{T}}$; 令 $\lambda_{\min}A$ $(\lambda_{\max}A)$ 表示对称矩阵 A 的最小 (最大) 特征根; 令 $A^{1/2}(A^{\mathrm{T}/2})$

表示正定矩阵 A 的左 (右) 平方根, 即, $A^{1/2}A^{\mathrm{T}/2}=A$, $A^{-1/2}=(A^{1/2})^{-1}$, $A^{-\mathrm{T}/2}=(A^{\mathrm{T}/2})^{-1}$. 对于一个矩阵 $B=(b_{ij})\in R^{p\times q}$, 令 $||B||=\left(\sum_{i=1}^{p}\sum_{j=1}^{q}|b_{ij}|^2\right)^{1/2}$. 用 c 表示一个绝对正的常数, 即使在同一个表达式中, 它也可以取不同的值, 函数上面的点用来表示导数, 用 $[\cdot][\cdot]$ 来表示立体矩阵的乘积. 对于 $\beta_0\in R^p$ 和给定的 $\delta>0$, 令 $N(\delta)=\{\beta:||\beta-\beta_0||<\delta\}$, $\bar{N}(\delta)=\{\beta:||\beta-\beta_0||\leqslant\delta\}$. 由于本章中 σ^2 被假定是已知的, 不失一般性, 为了简化, 我们令 $\sigma^2=1$.

为了获得关于 β 的拟得分函数、拟观测信息阵和拟 Fisher 信息阵, 我们需要下面的一些基本条件.

条件 B　(i) $\mathcal{X}$ 和 $\mathcal{Z}$ 分别是 $\mathcal{R}^p$ 和 $\mathcal{R}^q$ 中的紧子集, $\mathcal{B}$ 是 $\mathcal{R}^r$ 中的开子集, $h(x,\beta)$, 作为 β 的函数, 具有三阶导数; 函数 $h(x,\beta)$ 以及它的所有导数在 $\mathcal{X}\times\mathcal{B}$ 上连续.

(ii) 对所有的 $x_i\in\mathcal{X}$ 和 $\beta\in\mathcal{B}$, 均有 $\mu_i=\mu_i(\beta)=h(x_i,\beta)+z_i^{\mathrm{T}}b\in\mathcal{U}, i=1,2,\cdots$.

(iii) β_0 是未知参数 β 的真值, β_0 是 $\mathcal{B}_1$ 的内点 ($\mathcal{B}_1$ 是 $\mathcal{B}$ 的紧子集).

(iv) $D=D(\beta)=\partial h(X,\beta)/\partial\beta^{\mathrm{T}}$ 是满秩的, 这里 $h(X,\beta)=(h(x_1,\beta),\cdots,h(x_n,\beta))^{\mathrm{T}}$.

(v) 在 $\mathcal{U}$ 上 $v(\mu_i)$ 关于 μ_i 是连续可微的; 存在 β_0 的一个闭邻域 $N\subset\mathcal{B}$ 和某个常数 $c_1>0$ 使得

$$0<c_1\leqslant\inf_{i\geqslant 1,\beta\in N}v(\mu_i).$$

条件 C　(i) $E(v(\mu_i))^{-1}(y_i-\mu_i)|_{\mu_i=\tilde{\mu}_i}=0, i=1,\cdots,n$;

(ii) 存在某个常数 $M>0$ 使得

$$\sup_{i\geqslant 1,\beta\in\mathcal{B}_1}E((v(\mu_i))^{-1}(y_i-\mu_i)|_{\mu_i=\tilde{\mu}_i})^2\leqslant M.$$

在条件 A, B 和 C 下, 我们有下面的引理.

引理 6.1.1　对于由 (6.1.1) 和 (6.1.2) 所定义的模型, 在条件 A, B, C 和 $\tilde{b}$ 下, 拟得分函数, 拟观测信息矩阵、拟 Fisher 信息矩阵可以分别表示为

$$S_n(\beta)\triangleq\dot{Q}_p(\beta)=\frac{\partial Q_p(\beta)}{\partial\beta}=D^{\mathrm{T}}\tilde{e}, \tag{6.1.9}$$

$$H_n(\beta)\triangleq-\ddot{Q}_p(\beta)=D^{\mathrm{T}}\Omega^{-1}D+[\tilde{e}^{\mathrm{T}}][W],$$

$$F_n(\beta)\triangleq E(-\ddot{Q}_p(\beta))=D^{\mathrm{T}}\Omega^{-1}D,\quad H_n(\beta)=F_n(\beta)+R_n(\beta), \tag{6.1.10}$$

这里 $R_n(\beta)=[\tilde{e}^{\mathrm{T}}][W]$.

证明　将 (6.1.8) 关于 β 求导可得

$$\begin{aligned}\dot{Q}_p(\beta) &= \frac{\partial Q_1(\tilde{\mu};y)}{\partial\beta} - \left(\frac{\partial\tilde{b}}{\partial\beta^{\mathrm{T}}}\right)^{\mathrm{T}}\Lambda^{-1}\tilde{b} \\ &= \left(D + Z\frac{\partial\tilde{b}}{\partial\beta^{\mathrm{T}}}\right)^{\mathrm{T}}\left.\frac{\partial Q_1(\mu;y)}{\partial\mu}\right|_{\mu=\tilde{\mu}} - \left(\frac{\partial\tilde{b}}{\partial\beta^{\mathrm{T}}}\right)^{\mathrm{T}}\Lambda^{-1}\tilde{b}. \end{aligned}\tag{6.1.11}$$

根据 $\tilde{b}$ 的定义, 从 (6.1.4) 可推得

$$Z^{\mathrm{T}}\tilde{e} - \Lambda^{-1}\tilde{b} = 0. \tag{6.1.12}$$

将 (6.1.12) 代入 (6.1.11) 可得 (6.1.9).

将 (6.1.9) 关于 β 求导得

$$\begin{aligned}\ddot{Q}_p(\beta) &= \left[\left(\left.\frac{\partial Q_1(\mu;y)}{\partial\mu}\right|_{\mu=\tilde{\mu}}\right)^{\mathrm{T}}\right]\left[\frac{\partial^2 h(X,\beta)}{\partial\beta\partial\beta^{\mathrm{T}}}\right] + \left(\frac{\partial h(X,\beta)}{\partial\beta^{\mathrm{T}}}\right)^{\mathrm{T}}\left.\frac{\partial Q_1(\mu;y)}{\partial\mu\partial\beta^{\mathrm{T}}}\right|_{\mu=\tilde{\mu}} \\ &= [\tilde{e}^{\mathrm{T}}][W] + D^{\mathrm{T}}\left.\frac{\partial^2 Q_1(\mu;y)}{\partial\mu\partial\mu^{T}}\right|_{\mu=\tilde{\mu}}\frac{\partial\tilde{\mu}}{\partial\beta^{\mathrm{T}}} \\ &= [\tilde{e}^{\mathrm{T}}][W] + D^{\mathrm{T}}U\frac{\partial\tilde{\mu}}{\partial\beta^{\mathrm{T}}}. \end{aligned}\tag{6.1.13}$$

将 (6.1.12) 关于 β 求导可得

$$Z^{\mathrm{T}}\left.\frac{\partial^2 Q_1(\mu;y)}{\partial\mu\partial\mu^{\mathrm{T}}}\right|_{\mu=\tilde{\mu}}\frac{\partial\tilde{\mu}}{\partial\beta^{\mathrm{T}}} - \Lambda^{-1}\frac{\partial\tilde{b}}{\partial\beta^{\mathrm{T}}} = Z^{\mathrm{T}}U\frac{\partial\tilde{\mu}}{\partial\beta^{\mathrm{T}}} - \Lambda^{-1}\frac{\partial\tilde{b}}{\partial\beta^{\mathrm{T}}} = 0. \tag{6.1.14}$$

由等式 $\tilde{\mu} = h(X,\beta) + Z\tilde{b}$, 我们有

$$\frac{\partial\tilde{\mu}}{\partial\beta^{\mathrm{T}}} = \frac{\partial h(X,\beta)}{\partial\beta^{\mathrm{T}}} + Z\frac{\partial\tilde{b}}{\partial\beta^{\mathrm{T}}}. \tag{6.1.15}$$

结合 (6.1.14) 和 (6.1.15) 可得

$$\frac{\partial\tilde{\mu}}{\partial\beta^{\mathrm{T}}} = D + Z\frac{\partial\tilde{b}}{\partial\beta^{\mathrm{T}}} = D + Z\Lambda Z^{\mathrm{T}}U\frac{\partial\tilde{\mu}}{\partial\beta^{\mathrm{T}}},$$

因此,

$$\begin{aligned}\frac{\partial\tilde{\mu}}{\partial\beta^{\mathrm{T}}} &= (I - Z\Lambda Z^{\mathrm{T}}U)^{-1}D \\ &= U^{-1}(U^{-1} - Z\Lambda Z^{\mathrm{T}})^{-1}D \\ &= U^{-1}\Omega^{-1}D. \end{aligned}\tag{6.1.16}$$

将 (6.1.16) 代入 (6.1.13) 可得 (6.1.10).

为了对 β 作推断, 我们进一步假定

条件 D $\dfrac{\partial l(\beta)}{\partial\beta}=\dfrac{\partial Q(\beta)}{\partial\beta},\ \dfrac{\partial^2 l(\beta)}{\partial\beta\partial\beta^{\mathrm{T}}}=\dfrac{\partial^2 Q(\beta)}{\partial\beta\partial\beta^{\mathrm{T}}}.$

注 6.1.2 易见条件 D 对带随机效应的广义线性模型及带随机效应的指数族非线性模型成立. 因此条件 D 在一些场合下是成立的.

条件 E 存在一个正定且连续的矩阵 $K(\beta)$ 使得在 $\overline{N}(\delta)=\{\beta:||\beta-\beta_0||\leqslant\delta\}$ $(\delta>0)$ 一致有

$$n^{-1}F_n(\beta)=\frac{D^{\mathrm{T}}\Omega^{-1}D}{n}\to K(\beta),$$

这里 $K(\beta)$ 是非随机的.

注 6.1.3 条件 E 可被看成是关于拟 Fisher 信息矩阵 $F_n(\beta)$ 的稳定性的假设, 在非线性模型中是常见的 (Wu, 1981; Jennrich, 1969).

引理 6.1.2 假定假设 A—假设 C 在模型 (6.1.1) 和 (6.1.2) 成立, 那么存在 $\delta>0$ 使得

$$\frac{1}{n}\sup_{\beta\in\overline{N}(\delta)}||R_n(\beta)||\to 0\quad(\text{a.s.}).\tag{6.1.17}$$

特别地, 如果在 $\overline{N}(\delta)\subset\mathcal{B}_1$ 上, 有 $\beta_n\to\beta_0$, 那么

$$n^{-1}R_n(\beta_n)\to 0\quad(\text{a.s.}).\tag{6.1.18}$$

证明 $n^{-1}R_n(\beta)$ 的分量在 (i,j) 处可写为

$$\left\{\frac{1}{n}R_n(\beta)\right\}_{i,j}=\frac{1}{n}\sum_{k=1}^{n}\frac{\partial^2 h(x_k,\beta)}{\partial\beta_i\partial\beta_j}(v(\mu_i)^{-1}(y_i-\mu_i))|_{\mu_i=\tilde{\mu}_i}.$$

从条件 C(ii), 我们知道

$$\limsup_{n\to\infty}n^{-1}\sum_{i=1}^{n}\sup_{\beta\in\mathcal{B}_1}\tilde{e}_i<+\infty.$$

从条件 B(i), 我们知道 $\partial^2 h(x_k,\beta)/\partial\beta_i\partial\beta_j$ 在 $\chi\times\mathcal{B}_1$ 上是连续的, 这样, 从引理 3.1.2 可推得在 $\mathcal{B}_1$ 上一致有

$$\left\{\frac{1}{n}R_n(\beta)\right\}_{i,j}\to 0(\text{a.s.}).$$

由于 β_0 是 $\mathcal{B}_1$ 的一个内点, 所以存在某个 $\delta\ (>0)$ 使得在 $\overline{N}(\delta)$ 上一致有

$$\left\{\frac{1}{n}R_n(\beta)\right\}_{i,j}\to 0\ (\text{a.s.}),$$

因此, 对所有 $\beta \in \overline{N}(\delta)$ 一致有

$$n^{-1} R_n(\beta) \to 0 \text{ (a.s.)}, \tag{6.1.19}$$

这样 (6.1.17) 成立. 再次从引理 3.1.2, 可推得 (6.1.18) 成立.

引理 6.1.3 假定假设 A—假设 E 在模型 (6.1.1) 和 (6.1.2) 中成立, 那么

$$\frac{1}{\sqrt{n}} S_n \xrightarrow{\mathcal{L}} N(0, K(\beta_0)), \tag{6.1.20}$$

这里 $\mathcal{L}$ 表示依分布收敛.

证明 由于 $\exp\{l(\beta)\}$ 是 y 的边际概率密度函数, 我们有

$$\int \exp\{l(\beta)\}\mathrm{d}y = 1.$$

将 $l(\beta)$ 在 β_0 处泰勒展开可得

$$\int \exp\left\{ l(\beta_0) + \left(\frac{i(\beta_0)}{\sqrt{n}}\right)^{\mathrm{T}} \sqrt{n}(\beta - \beta_0) \right.$$
$$\left. - \frac{1}{2}\sqrt{n}(\beta - \beta_0)^{\mathrm{T}} \left(-\frac{1}{n}\ddot{l}(\beta^*)\right) \sqrt{n}(\beta - \beta_0) \right\} \mathrm{d}y = 1,$$

这里 $\beta^* = \gamma\beta_0 + (1-\gamma)\beta, 0 \leqslant \gamma \leqslant 1$, 因此

$$E_{\beta_0}\left\{ \left(\frac{\dot{l}(\beta_0)}{\sqrt{n}}\right)^{\mathrm{T}} \sqrt{n}(\beta - \beta_0) - \frac{1}{2}\sqrt{n}(\beta - \beta_0)^{\mathrm{T}} \left(-\frac{1}{n}\ddot{l}(\beta^*)\right) \sqrt{n}(\beta - \beta_0) \right\} = 1.$$

对任何给定的 r 维向量 t, 令 $\beta = \beta_0 + it/\sqrt{n}$, 即 $it = \sqrt{n}(\beta - \beta_0)$, 那么

$$E_{\beta_0}\left\{ \exp\left[\left(\frac{\dot{l}(\beta_0)}{\sqrt{n}}\right)^{\mathrm{T}} it + \frac{1}{2} t^{\mathrm{T}} \left(-\frac{1}{n}\ddot{l}(\beta^*)\right) t \right] \right\} = 1. \tag{6.1.21}$$

根据条件 D, (6.1.21), 可得

$$E_{\beta_0}\left\{ \exp\left[\left(\frac{\dot{Q}(\beta_0)}{\sqrt{n}}\right)^{\mathrm{T}} it + \frac{1}{2} t^{\mathrm{T}} \left(-\frac{1}{n}\ddot{Q}(\beta^*)\right) t \right] \right\} = 1. \tag{6.1.22}$$

根据 (6.1.7) 和条件 A, 我们有

$$\dot{Q}(\beta) - \dot{Q}_p(\beta) = o_p(1), \quad \ddot{Q}(\beta) - \ddot{Q}_p(\beta) = o_p(1). \tag{6.1.23}$$

从 (6.1.10), 条件 E 和引理 6.1.2, 可推得存在 $\delta>0$ 使得对所有 $\beta\in\bar{N}(\delta)$ 均有

$$-\frac{1}{n}\ddot{Q}_p(\beta)=\frac{1}{n}F_n(\beta)+\frac{1}{n}R_n(\beta)\rightarrow K(\beta)\ \text{(a.s.)}. \tag{6.1.24}$$

从 $\beta-\beta_0=it/\sqrt{n}$, 易见 $n\rightarrow\infty$, $\beta\rightarrow\beta_0$, 因此 $\beta^*\rightarrow\beta_0$. 根据 (6.1.23) 和 (6.1.24), 我们得到

$$\begin{aligned}&-\frac{\ddot{Q}(\beta^*)}{n}-K(\beta_0)\\=&-\left[\frac{\ddot{Q}(\beta^*)}{n}-\frac{\ddot{Q}(\beta_0)}{n}\right]+\left[\frac{\ddot{Q}_p(\beta_0)}{n}-\frac{\ddot{Q}(\beta_0)}{n}\right]+\left[-\frac{\ddot{Q}_p(\beta_0)}{n}-K(\beta_0)\right]\xrightarrow{P}0. \end{aligned}\tag{6.1.25}$$

从 (6.1.24), 我们有

$$\begin{aligned}&E_{\beta_0}\exp\left\{it^{\mathrm{T}}\frac{\dot{Q}_p(\beta_0)}{\sqrt{n}}+it^{\mathrm{T}}\left[\frac{\dot{Q}(\beta_0)}{\sqrt{n}}-\frac{\dot{Q}_p(\beta_0)}{\sqrt{n}}\right]+\frac{1}{2}t^{\mathrm{T}}\left[-\frac{1}{n}\ddot{Q}(\beta^*)-K(\beta_0)\right]t\right\}\\=&\exp\left\{-\frac{1}{2}t^{\mathrm{T}}K(\beta_0)t\right\}.\end{aligned}\tag{6.1.26}$$

类似于 Weiss (1971) 的讨论, 从 (6.1.23), (6.1.25), (6.1.26), 我们有

$$\lim_{n\rightarrow\infty}E_{\beta_0}\exp\left\{it^{\mathrm{T}}\frac{\dot{Q}_p(\beta_0)}{\sqrt{n}}\right\}=\exp\left\{-\frac{1}{2}t^{\mathrm{T}}K(\beta_0)t\right\}.$$

根据特征函数的性质, 我们有

$$\dot{Q}_p(\beta_0)/\sqrt{n}\xrightarrow{\mathcal{L}}N(0,K(\beta_0)).$$

6.1.4　主要结果

定理 6.1.1　如果条件 A, B, C, E 在模型 (6.1.1) 和 (6.1.2) 中成立, 那么存在一个随机变量序列 $\{\hat{\beta}_n\}$ 和一个随机数 n_0 使得

(i) $P(S_n(\hat{\beta}_n)=0\ \ 对所有的\ n\geqslant n_0)=1$ (渐近存在性);

(ii) $\hat{\beta}_n\rightarrow\beta_0$ a.s. (强相合性).

证明　从 (6.1.10), (6.1.19) 和条件 E, 我们知道存在某个 $\delta_0>0$ 使得在 $\bar{N}(\delta_0)$ 上一致有

$$\lim_{n\rightarrow\infty}\frac{1}{n}H_n(\beta)=\lim_{n\rightarrow\infty}\frac{1}{n}F_n(\beta)+\lim_{n\rightarrow\infty}\frac{1}{n}R_n(\beta)=K(\beta)\ \text{(a.s.)}.$$

由于 $\bar{N}(\delta_0)$ 的紧性, 以及 $K(\beta)$ 的正定性和连续性, 可以推得存在某个 $\beta^*\in\bar{N}(\delta_0)$ 使得

$$\lim_{n\rightarrow\infty}\lambda_{\min}\left(\frac{1}{n}H_n(\beta)\right)=\lambda_{\min}(K(\beta))\geqslant\lambda_{\min}(K(\beta^*))\triangleq c_1>0\ \text{(a.s.)}, \tag{6.1.27}$$

因此, 从 (6.1.27) 可推得存在某个随机数 n_1 使得对所有 $\beta \in N(\delta_0)$ 和 $n > n_1$,

$$\lambda^{\mathrm{T}} \frac{1}{n} H_n(\beta)\lambda \geqslant \frac{c_1}{2} \text{ (a.s.)}. \tag{6.1.28}$$

进一步

$$\lambda^{\mathrm{T}} H_n(\beta)\lambda \geqslant \frac{c_1}{2} n > 0 \text{ (a.s.)}. \tag{6.1.29}$$

所以 $Q_p(\beta)$ 在 $N(\delta_0)$ 上 a.s. 是凹的, 因此我们只需要证明对任何 δ $(0 < \delta < \delta_0)$, 存在一个随机数 n_0 使得对所有 $\beta \in \partial N(\delta) = \{\beta : ||\beta - \beta_0|| = \delta\}$ 和 $n > n_0$,

$$Q_p(\beta) - Q_p(\beta_0) < 0 \text{ (a.s.)}. \tag{6.1.30}$$

这意味着极大化 $Q_p(\beta)$ 的 $\hat{\beta}_n$ 一定在 $N(\delta)$ 内. 由于 $0 < \delta < \delta_0$ 且 δ 是任意的, 定理的 (i) 和 (ii) 获证.

令 $\left(\frac{1}{n} S_n(\beta)\right)_i$ 表示 $\frac{1}{n} S_n(\beta)$ 的第 i 个分量, 那么我们有

$$\left(\frac{1}{n} S_n(\beta)\right)_i = \frac{1}{n} \sum_{j=1}^{n} \frac{\partial h(x_j, \beta)}{\partial \beta_i} (v(\mu_j))^{-1} (y_j - \mu_j)|_{\mu_j = \tilde{\mu}_j}.$$

从条件 B(i), C, 和引理 3.1.2, 可推得在 $\mathcal{B}_1$ 上一致有

$$\left(\frac{1}{n} S_n(\beta)\right)_i \to 0 \ \text{ (a.s.)} \quad \text{和} \quad n^{-1}||S_n(\beta)|| \to 0 \ \text{ (a.s.)}.$$

不失一般性, 我们假定 $N(\delta_0) \subset \mathcal{B}_1$, 那么在 $N(\delta_0)$ 上有

$$\left(\frac{1}{n} S_n(\beta)\right)_i \to 0 \ \text{ (a.s.)} \quad \text{和} \quad n^{-1}||S_n(\beta)|| \to 0 \ \text{ (a.s.)}.$$

特别地, 我们有

$$\left(\frac{1}{n} S_n(\beta_0)\right)_i \to 0 \ \text{ (a.s.)} \quad \text{和} \quad n^{-1}||S_n(\beta_0)|| \to 0 \ \text{ (a.s.)}.$$

根据 Cauchy-Schwarz 不等式, 对任何 $t^{\mathrm{T}}t = 1$, 有 $|t^{\mathrm{T}} S_n(\beta)|^2 \leqslant (t^{\mathrm{T}}t) S_n^{\mathrm{T}}(\beta) S_n(\beta) = ||S_n(\beta)||^2$. 因此, 对任何 $t^{\mathrm{T}}t = 1$, 有

$$\frac{1}{n} t^{\mathrm{T}} S_n(\beta) \to 0 \ \text{ (a.s.)}.$$

特别地, 对任何 $t^{\mathrm{T}}t = 1$, 有

$$\frac{1}{n} t^{\mathrm{T}} S_n(\beta_0) \to 0 \ \text{ (a.s.)}. \tag{6.1.31}$$

记 $t=(\beta-\beta_0)/\delta$, 那么将 $Q_p(\beta)$ 在 β_0 处进行泰勒展开可得

$$Q_p(\beta)-Q_p(\beta_0)=\delta t^{\mathrm{T}}S_n(\beta_0)-\frac{1}{2}\delta^2 t^{\mathrm{T}}H_n(\beta_n^*)t,\quad \beta\in N(\delta_0), \tag{6.1.32}$$

这里 $\beta_n^*=\lambda_n\beta_0+(1-\lambda_n)\beta$, $0\leqslant\lambda_n\leqslant 1$. 根据 (6.1.28), 我们知道对任何 δ $(0<\delta<\delta_0)$, $\beta\in\overline{N}(\delta)$ 及 $n>n_1$,

$$\frac{1}{n}t^{\mathrm{T}}H_n(\beta_n^*)t\geqslant\frac{c_1}{2}>0\ \ (\text{a.s.}). \tag{6.1.33}$$

根据 (6.1.31), 存在某个随机数 $n_0>n_1$, 使得对任何 $\beta\in N(\delta)$ 及对所有 $n>n_0$,

$$\frac{1}{n}t^{\mathrm{T}}S_n(\beta_0)<\frac{\delta c_1}{4}\ \ (\text{a.s.}). \tag{6.1.34}$$

从 (6.1.33) 和 (6.1.34), 可以推得对任何 δ $(0<\delta<\delta_0)$, 存在某个随机数 $n_0>0$, 使得对所有 $||t||=1,\beta\in\overline{N}(\delta)$ 及 $n>n_0$,

$$\frac{1}{n}t^{\mathrm{T}}S_n(\beta_0)<\frac{\delta}{2n}t^{\mathrm{T}}H_n(\beta_n^*)t\ \ (\text{a.s.}). \tag{6.1.35}$$

这样, 从 (6.1.32) 和 (6.1.35), 可以推得对所有 $\beta\in\partial N(\delta),n>n_0(Y)$,

$$Q_p(\beta)-Q_p(\beta_0)<0\ \ (\text{a.s.}).$$

这意味极大化 $Q_p(\beta)$ 的 $\hat{\beta}_n$ 一定落入 $N(\delta)$ 内. 由于 $0<\delta<\delta_0$ 及 δ 是任意的, 定理的 (i) 和 (ii) 获证.

定理 6.1.2　假定假设 A—假设 E 在模型 (6.1.1) 和 (6.1.2) 中成立, 那么存在某个极大拟似然估计序列 $\{\hat{\beta}_n\}$ 使得

(i) $\sqrt{n}(\hat{\beta}_n-\beta_0)\xrightarrow{\mathcal{L}}N(0,K^{-1}(\beta_0))$; (6.1.36)

(ii) $2\{Q_p(\hat{\beta}_n)-Q_p(\beta_0)\}\xrightarrow{\mathcal{L}}\chi^2(p)$, (6.1.37)

这里 $\mathcal{X}^2(p)$ 表示自由度为 p 的 $\mathcal{X}^2$ 分布.

证明　因为 $S_n(\hat{\beta}_n)=0$, 将 $S_n(\beta_0)$ 在 $\hat{\beta}_n$ 处进行泰勒展开可得

$$S_n(\beta_0)=S_n(\hat{\beta}_n)+H_n(\beta_n^*)(\hat{\beta}_n-\beta_0)=H_n(\beta_n^*)(\hat{\beta}_n-\beta_0), \tag{6.1.38}$$

这里 $\beta_n^*=\lambda_n^*\beta_0+(1-\lambda_n^*)\hat{\beta}_n$ 对某个 $0\leqslant\lambda_n^*\leqslant 1$. 从 (6.1.38), 我们有

$$\sqrt{n}(\hat{\beta}_n-\beta_0)=\left(\frac{1}{n}H_n(\beta_n^*)\right)^{-1}\frac{1}{\sqrt{n}}S_n(\beta_0). \tag{6.1.39}$$

根据定理 6.1.1, 当 $n\to\infty$, $\hat{\beta}_n\to\beta_0$ (a.s.), 因此, 当 $n\to\infty$ 时, $\beta_n^*\to\beta_0$ (a.s.). 因为 $n^{-1}H_n(\beta_n^*)=n^{-1}F_n(\beta_n^*)+n^{-1}R_n(\beta_n^*)$, 当 $n\to\infty$ 时, $\beta_n^*\to\beta_0$ (a.s.), 从

引理 6.1.2 和条件 E, 我们有 $n^{-1}R_n(\beta_n^*) \to 0$ (a.s.), $n^{-1}F_n(\beta_n{}^*) \to K(\beta_0)$ (a.s.), 因此, $n^{-1}H_n(\beta_n^*) \to K(\beta_0)$ (a.s.). 另外, 根据引理 6.1.3, 我们有 $n^{-1/2}S_n(\beta_0) \xrightarrow{\mathcal{L}} N(0, K(\beta_0))$.

结合上面的结果, (6.1.36) 获证.

将 $Q_p(\beta_0)$ 在 $\hat{\beta}_n$ 处进行泰勒展开可得

$$Q_p(\beta_0) = Q_p(\hat{\beta}_n) + S_n^{\mathrm{T}}(\hat{\beta}_n)(\beta_0 - \hat{\beta}_n) - \frac{1}{2}(\beta_0 - \hat{\beta}_n)^{\mathrm{T}} H_n(\beta_n^{**})(\beta_0 - \hat{\beta}_n),$$

这里 $\beta_n^{**} = \lambda_n^{**}\beta_0 + (1 - \lambda_n^{**})\hat{\beta}_n$, $0 \leqslant \lambda_n^{**} \leqslant 1$. 从 $S_n(\hat{\beta}_n) = 0$, 我们有

$$\begin{aligned}
&2\{Q_p(\hat{\beta}_n) - Q_p(\beta_0)\} \\
=&(\beta_0 - \hat{\beta}_n)^{\mathrm{T}} H_n(\beta_n^{**})(\beta_0 - \hat{\beta}_n) \\
=&[\sqrt{n}K^{1/2}(\beta_0)(\beta_0 - \hat{\beta}_n)]^{\mathrm{T}} K^{-\mathrm{T}/2}(\beta_0)\frac{H_n(\beta_n^{**})}{n}K^{1/2}(\beta_0)[\sqrt{n}K^{-1/2}(\beta_0)(\beta_0 - \hat{\beta}_n)].
\end{aligned} \tag{6.1.40}$$

显然, 当 $\hat{\beta}_n \to \beta_0$ $(n \to \infty)$ 时, $\beta_n^{**} \to \beta_0 (n \to \infty)$, 因此, 我们有

$$K^{-\mathrm{T}/2}(\beta_0)\frac{H_n(\beta_n^{**})}{n}K^{-1/2}(\beta_0) \to I_p \text{ (a.s.)}. \tag{6.1.41}$$

因此, 从 (6.1.40), (6.1.41) 和引理 6.1.3, 可推得 (6.1.37) 成立.

参 考 文 献

丁洁丽. 2006. 关于广义线性回归参数极大似然估计相合性的若干问题. 应用概率统计, 22: 1-9.

高启兵, 吴耀华. 2004. 广义线性回归拟似然估计的强相合性. 数学年刊, 25(A): 705-710.

苏淳. 2010. 概率论. 2 版. 北京: 科学出版社.

夏天, 李友光, 王学仁. 2011. 拟似然非线性模型中 MQLE 的弱相合性的充分条件. 数学的实践与认识, 41(17): 168-173.

夏天, 王学仁. 2015. 带自适应设计的拟似然非线性模型中极大拟似然估计的强相合性. 数学的实践与认识, 45(21): 252-258.

严士健, 刘秀芳. 1994. 测度与概率. 北京: 北京师范大学出版社.

周勇. 2013. 广义估计方程估计方法. 北京: 科学出版社.

宗序平, 孟国明, 孙耀东, 章山林. 2001. 指数族非线性随机效应模型的参数估计及其性质. 扬州大学学报 (自然科学版), 4(3): 10-15.

Andersen E B. 1980. Discrete Statistical Models with Social Science Applications. Amsterdam: North Holland.

Anderson T W, Taylor J B. 1979 . Strong consistency of least squares estimates in dynamic. Annals of Statistics, 7: 484-489.

Aström K J, Wittenmark B. 1973. On self-tuning regulators. Automatica, 9: 185-199.

Azuma K. 1967. Weighted sums of certain dependent random variables. Tohoku Mathematical Journal First, 19: 357-367.

Bennett G. 1962. Probability inequality for sums of independent random variables. Journal of the American Statistical Association, 57: 33-45.

Box G E P, Jenkins G. 1970. Time Series Analysis, Forecasting and Control. San Francisco: Holden-Day.

Breslow N E, Clayton D G. 1993. Approximate inference in generalized linear mixed models. Journal of the American Statistical Association, 88: 9-25.

Breslow N E, Lin X. 1995. Bias correction in generalized linear models with a single component of dispersion. Biometrika, 82: 81-92.

Carroll R J, Ruppert D.1982. Robust estimation in heteroscedastic linear models. Annals of Statistics, 10: 429-441.

Chang Y I. 1999. Strong consistency of maximum quasi-likelihood estimate in generalized linear models via a last time. Statistics & Probability Letters, 45: 237-246.

Chang Y I. 2001 . Sequential confidence regions of generalized linear models with adaptive designs. Journal of Statistical Planning Inference, 93: 277-293.

Chen D, Lu J C, Huo X, Ming Y. 2001. Robust estimation with estimating equations for nonlinear random coefficients model. Journal of Statistical Planning Inference, 37: 275-292.

Chen K, Hu I, Ying Z. 1999. Strong consistency of maximum quasi-likelihood estimation in generalized linear models with fixed and adaptive designs. Annals of Statistics, 27: 1155-1163.

Chiou J M, Müller H G. 1998. Quasi-likelihood regression with unknown link and variance functions. Journal of the American Statistical Association, 93: 1376-1387.

Chiou J M, Müller H G. 1999. Nonparametric quasi-likelihood. Annals of Statistics, 27: 36-64.

Chow Y S, Teicher H. 1988. Probability Theory. Berlin: Springer-Verlag.

Cochran W G, Davis M. 1965. The Robbins-Monro method for estimating the median lethal dose. Journal of the Royal Statistical Society. Series B (Methodological), 27: 28-44.

Davidian M, Carroll R J. 1988. A note on extended quasi-likelihood. Journal of the Royal Statistical Society. Series B (Methodological), 50:74-82.

Davidian M, Giltinan D M. 1995. Nonlinear Models for Repeated Measurement Data. London: Chapman & Hall.

Ding J L, Chen X R. 2006. Asymptotic properties of the maximum likelihood estimate in generalized linear models with stochastic regressors. Acta Mathematica Sinica, English Series, 22: 1679-1686.

Dixon W J, Mood A M.1948. A method for obtaining and analyzing sensitiving data. Journal of the American Statistical Association, 43: 109-127.

Drygas H. 1976. Weak and strong consistency of the least squares estimators in regression models. Zeitschrift Für Wahrscheinlichkeitstheorie Und Verwandte Gebiete, 34: 119-127.

Fahrmeir L. 1990. Maximum likelihood estimation in misspecified generalized linear models. Statistics: A Journal of Theoretical and Applied Statistcs, 21(4): 487-502.

Fahrmeir L, Kaufmann H. 1985. Consistency and asymptotic normality of the maximum likelihood estimator in generalized linear models. Annals of Statistics, 13: 342-368.

Fahrmeir L, Kaufmann H. 1986. Asymptotic inference in discrete response models. Statistical Papers, 27: 179-205.

Fan J, Chen J. 1999. One-step local quasi-likelihood estimation. Journal of the Royal Statistical Society. Series B (Methodological), 61: 927-943.

Fan J, Heckman N E, Wand M P. 1995. Local polynomial kernel regression for generalized linear models and quasi-likelihood functions. Journal of the American Statistical Association, 90: 141-150.

Ferguson T S. 1996. A Course in Large Sample Theory. London: Chapman & Hall.

Finney D J. 1978. Statistical Methods in Biological Assay. London: Griffin.

Firth D. 1987. On the efficiency of quasi-likelihood estimation. Biometrika, 74: 233-245.

Gay D M, Welsch R E. 1988. Maximum likelihood and quasi-likelihood for nonlinear exponential family regression models. Journal of the American Statistical Association, 83: 990-998.

Godambe V P. 1987. The foundations of finite sample estimation in stochastic processes-II. Proceeding of First World Congress of Bernoulli Society, Tashkent, Vol. 2. Utrecht: VNU Science Press: 49-54.

Godambe V P, Thompson M E. 1989. An extension of quasi-likelihood estimation. Journal of Statistical Planning Inference, 22: 137-152.

Godambe V P. 1985. The foundations of finite sample estimation in stochastic processes. Biometrika, 72: 419-428.

Goldstein H, Rasbash J. 1996. Improved approximation for multilevel models with binary responses. Journal of the Royal Statistical Society. Series A, 159: 505-513.

Gourieroux C, Monfort A. 1981. Asymptotic properties of the maximum likelihood estimator in dichotomous logit models. Journal of Econometrics, 17: 83-97.

Gumbel E J. 1958. Statistics of Extremes. New York: Columbia University Press.

Györfi L, Härdle W, Sarda P, Vieu P.1989. Non-parametric Curve Estimation from Time Series, Lecture Notes in Statistics, Vol 60. Berlin: Springer.

Haberman S J. 1974. The Analysis of Frequency Data. Chicago: University of Chicago Press.

Haberman S J. 1977. Maximum likelihood estimates inexponential response models. Annals of Statistics, 5: 815-841.

Hall P, Heyde C C. 1980. Martingale Limits Theory and Its Application. New York: Academic Press.

Hastie T J, Tibshirani R. 1990. Generalized Additive Models. London: Chapman and Hall.

Heuser, H. 1981. Lehrbuch der Analysis. Teil 2. Stuttgart: Teubner.

Hill J R, Tsai C L. 1988. Calculating the efficiency of maximum quasi-likelihood estimation. Journal of the Royal Statistical Society, 37: 219-230.

Jennrich R I. 1969. Asymptotic properties of nonlinear least squares estimators. Annals of Mathematical Statistics, 40: 633-643.

Jiang X J, Xia T, Wang X R. 2017. Asymptotic properties of maximum quasi-likelihood estimator in quasi-likelihood nonlinear models with stochastic regression. Communication in Statistics-Theory and Methods, 46(13): 6229-6239.

Jorgensen B. 1997. The Theory of Dispersion Models. London: Chapman & Hall.

Kendall M G, Stuart A. 1967. The Advanced Theory of Statistics, Vol. II. 2nd ed. London:

Griffin.

Koul H L. 1996. Asymptotic properties of some estimators and sequential residual empiricals in non-linear time series. Annals of Statistics, 24: 380-404.

Kumar P R. 1985. A survey of some results in stochastic adaptive control. SIAM Journal on Control Optimization, 23: 329-380.

Lai T L, Robbins H. 1979. Adaptive design and stochastic approxmation. Annals of Statistics, 7: 1196-1221.

Lai T L, Wei C Z. 1982. Least squares estimates in stochastic regression models with applications to identification and control of dynamic systems. Annals of Statistics, 10: 154-166.

Lai T L, Robbins H, Wei C Z. 1979. Strong consistency of least squares estimates in multiple regression II. Journal of Multivariate Analysis, 9: 343-361.

Li B. 2001. On quasi-likelihood equations with nonparametric weights. Scandinavian Journal of Statistics, 28: 577-602.

Liang K-Y, Zeger S I, Qaqish B. 1992. Multivariate regression analysis for categorical data. Journal of the Royal Statistical Society. Series B (Methodological), 54: 3-40.

Liang K-Y, Zeger S L. 1986. Longitudinal data analysis using generalized linear models. Biometrika, 73: 13-22.

Liang K-Y, Hanfelt J. 1994. On the use of the quasi-likelihood method in teratological experiments. Biometrics, 50: 827-880.

Liao Y, Zhang S G, Xue H Q. 2006. Weak consistency of quasi-maximum likelihood estimates in multivariate generalized linear models. Chinese Journal of Applied Probability and Statistics, 22(3): 288-294.

Liebscher E. 1996. Strong convergence of sums of α-mixing random variables with applications to density estimation. Stochastic Processes & Their Application, 65: 69-80.

Liebscher E. 2003. Strong convergence of estimators in nonlinear autogressive models. Journal of Multivariate Analysis, 84: 247-261.

Lin X. 1997. Variance component testing in generalized linear models with random effects. Biometrika, 84: 309-326.

Longford N T. 1993. Random Coefficient Models. New York: Oxford University Press.

Lord F. 1980. Applications of Item Response Theory to Practical Testing Problems. Hillsdale, NJ: Lawrence Erlbaum Associates.

Lord M F. 1971a. Tailored testing, an aplication of stochastic approximation. Journal of the American Statistical Association, 66: 707-711.

Lord M F. 1971b. Robbins-Monro procedures for tailored testing. Educational and Psychological Measurement, 31: 3-31.

Lu J C, Chen D, Zhou W. 2006. Quasi-likelihood estimation for GLM with random scales. Journal of Statistical Planning Inference, 136: 401-429.

Mammen E, Geer S V D. 1977. Penalized quasi-likelihood estimation in partial linear models. Annals of Statistics, 25: 1014-1035.

Masry E, Tjфstheim D. 1995. Nonparametric estimation and identification of nonlinear ARCH time series. Econometric Theory, 11: 258-289.

Mathieu J R. 1981. Tests of $\mathcal{X}^2$ in generalized linear model. Math. Operationsforch. Statist. Ser. Statist., 12: 509-527.

McCullagh P, Nelder J A. 1989. Generalized Linear Models. 2nd ed. London: Chapman & Hall.

McCullagh P. 1983. Quasi likelihood functions. Annals of Statistics, 11: 59-67.

McFadden D. 1974. Conditional logit analysis of qualitative choice behaviour//Zarembka P. Frontiers in Econometrics. New York: Academic.

Moore J B. 1978. On strong consistency of least squares identification algorithms. Automatica, 14: 505-509.

Nelder J A, Pregibon P. 1987. An extend quasi-likelihood function. Biometrika, 74: 221-232.

Nelder J A, Lee Y. 1992. Likielihood, quasi-likelihood and pseudo-likelihood: Some comparisons. Journal of the Royal Statistical Society. Series B (Methodological), 54: 273-284.

Nelder J A, Wedderburn R W M. 1972. Generalized linear models. Journal of the Royal Statistical Society. Series A, 135: 370-384.

Nelson P I. 1980. A note on strong consistency of least squares estimators in regression models with martingale difference errors. Annals of Statistics, 8: 1057-1064.

Nordbege L. 1980. Asymptotic normality of maximum likelihood estimators based on independent,unequally distributed observations in exponential family models. Annals of Statistics, 7: 27-32.

Ortega J M, Rheinboldt W C. 1970. Iterative Solution of Nonlinear Equation in Several Variables. New York: Academic Press.

Padgett W Y, Taylor R L. 1973. Laws of Large Nunbers for Normed Linear Spaces and Certain Fréchet Space. Berlin: Springer.

Petrov V V. 1975. Sums of Independent Random Variables. Berlin, New York: Springer-Verlag.

Prentice R L, Zhao I P. 1991. Estimating equations for parameters in means and covariances of multivariate discrete and continuous responses. Biometrics, 47: 825-839.

Robbins H, Monro S. 1951. A stochastic approxmation method. Annals of Mathematical Statistics, 22: 400-407.

Schall R. 1991. Estimation in generalized linear models with random effects. Biometrika, 78: 719-727.

Severini T A, Staniswalis J G. 1994. Quasilikelihood estimation in semiparametric models. Journal of the American Statistical Association, 89: 501-511.

Stoer J. 1976. Einführung in die Numerische Mathematik I. 2nd ed. Berlin: Springer.

Stout W F. 1974. Almost Sure Convergence. New York: Academic Press.

Sutradhar B C, Rao R P. 1996. On joint estimation of regression and overdispersion parameters in generalized linear models for longitudinal data. Journal of Multivariate Analysis, 56: 90-119.

Tang N S, Wang X R. 2000. Confidence regions in quasi-likelihood nonlinear models: A geometric approach. Journal of Biomathematics, 15(1): 55-64.

Tang N S, Wei B C, Zhang W Z. 2006. Influence diagnostics in nonlinear reproductive dispersion mixed models. Statistics: A Journal of Theoretical and Applied Statistics, 40: 227-246.

Tzavelas G. 1998. A note on the uniqueness of the quasi-likelihood estimator. Statistitics & Probability Letters, 38: 125-130.

Waclawiw M A, Liang K-Y. 1993. Prediction of random effects in the generalized linear model. Journal of the American Statistical Association, 88: 171-178.

Wainer H. 1990. Computerized Adaptive Testing: A Primer. Hillsdale, New Jersey: Lawrence Erlbaun Associates, inc.

Wedderburn R W M. 1974. Quasi-likelihood functions, generalized linear models, and the Gauss-Newton method. Biometrika, 61: 439-447.

Wefelmeyer W. 1996. Quasi-likelihood models and optimal inference. Annals of Statistics, 24: 405-422.

Wefelmeyer W. 1997a. Adaptive estimators for parameters of the autoregression function of a Markov chain. Journal of Statistical Planning Inference, 58: 389-398.

Wefelmeyer W. 1997b. Quasi-likelihood regression models for Markov chains// Basawa I V, Godambe V P, Taylor R L. Selected Proceedings of the Symposium of Estimating Functions. Lecture Notes-Monograph Series, 32: 149-173.

Wei B C, Tang N S, Wang X R. 2000. Some asymptotic inference in quasi-likelihood nonlinear models: A geometric approach. Applied Mathematics-A Journal of Chinese Universities. Series B, 15(2): 173-183.

Wei B C. 1998. Exponential Family Nonlinear Models. Singapore: Springer-Verlag.

Wei C Z. 1985. Asymptotic properties of least-squares estimates in stochastic regression models. Annals of Statistics, 13: 1498-1508.

Weiss L. 1971. Asymptotic properties of maximum likelihood estimators in some nonstandard cases. Journal of the American Statistical Association, 66:345-350.

Wetherill G B. 1963. Sequential estimation of quantal response curves(with discussion). Journal of the Royal Statistical Society. Series B (Methodological), 25: 1-48.

William M L, Durairajan T M. 1999. A generalized quasi-likelihood estimation. Journal of Statistical Planning Inference, 79: 237-246.

Wolfinger R. 1993. Laplace's approximate for nonlinear mixed models. Biometrika, 80:

791-795.

Wu C F J. 1985. Asymptotic inference from sequential design in a nonlinear situation. Journal of the American Statistical Association, 80: 974-984.

Wu C F J. 1986. Maximum likelihood recursion and stochastic approximation in sequential designs//van Ryzen J, ed. Adaptive Statistical Procedures and Related Topics. IMS Monograph Series, 8: 298-313.

Wu C F. 1981. Asymptotic properties of nonlinear least squares estimators. Annals of Statistics, 9: 501-513.

Xia T, Jiang X J, Wang X R. 2015. Strong consistency of the maximum quasi-likelihood estimator in quasi-likelihood nonlinear models with stochastic regression. Statistics and Pribabilty Letters, 103: 37-45.

Xia T, Wang X R, Jiang X J. 2014. Asymptotic properties of maximum quasi-likelihood estimator in quasilikelihood nonlinear models with misspecified variance function. Statistics: A Journal of Theoretical and Applied Statistics, 48(4): 778-786.

Xia T, Jiang X J, Wang X R. 2017. Diagnostics for quasi-likelihood nonlinear models. Communications in Statistics-Theory and Methods, 46(18): 8836-8851.

Xia T, Jiang X J, Wang X R. 2018. Asymptotic properties of approximate maximum quasi-likelihood estimator in quasi-likelihood nonlinear models with random effects. Communication in Statistics-Theory and Methods, (To appear).

Xia T, Kong F C, Wang S F, Wang X R. 2008. Asymptotic properties of maximum quasi-likelihood estimator in quasi-likelihood nonlinear models. Communications in Statistics-Theory and Methods, 37(15): 2358-2368.

Xia T, Kong F C. 2008. Rate of strong consistency of the maximum quasi-likelihood estimatorin quasi-likelihood nonlinear models. Appl.Math.J.Chinese. Univ., 23(4): 391-400.

Xia T, Kong F C. 2008. Strong consistency of maximum quasi-likelihood estimator in quasi-likelihood nonlinear models. Journal of Mathematical Research and Exposition, 28(1): 192-198.

Xia T, Wang S F, Wang X R. 2010. Consistency and asymptotic normality of the maximum quasi-likelihood estimator in quasi-likelihood nonlinear models with random regressors. Acta Mathematicae Applicatae Sinica, English Series, 26(2): 241-250.

Yin C M, Zhang H, Zhao L C. 2008. Rate of strong consistency of maximum quasi-likelihood estimator in multivariate generalized linear models. Communications in Statistics-Theory and Methods, 37: 3115-3123.

Yin C M, Zhao L C, Wei C D. 2006. Asymptotic normality and strong consistency of maximum quasi-likelihood estimates in generalized linear models. Science in China. Ser. A, 49: 145-157.

Yin C M, Zhao L C. 2005. Strong consistency of maximum quasi-likelihood estimates in generalized linear models. Science in China. Ser. A, 48: 1009-1014.

Yue L, Chen X R. 2004. Rate of strong consistency of quasi maximum likelihood estimate in generalized linear models. Science in China. Ser. A, 47: 882-893.

Zeger S L, Liang K-Y. 1986. Longitudinal data analysis for discrete and continuous outcomes. Biometrics, 42: 121-130.

Zeger S L, Karim M R. 1991. Generalized linear models with random effects: a Gibbs sampling approach. Journal of the American Statistical Association, 86: 79-86.

Zhang S G, Liao Y. 2008. On some problems of weak consistency of quasi-maximum likelihood estimates in generalized linear models. Science in China Series A: Mathematics, 51(7): 1287-1296.

Zhong X P, Zhao J, Wang H B, Wei B C. 2003. Influence analysis on exponential nonlinear models with random effects. Acta Mathematica Scientia (B), 23: 297-303.